Matt Higgins

VERGESST PLAN B!

Matt Higgins

VERGESST PLAN B!

Warum man
alle Brücken hinter sich
abbrechen sollte, um das
volle Potenzial seines
Unternehmens zu entfesseln

REDLINE | VERLAG

Bibliografische Information der Deutschen Nationalbibliothek
Die Deutsche Nationalbibliothek verzeichnet diese Publikation in der Deutschen Nationalbibliografie. Detaillierte bibliografische Daten sind im Internet über https://dnb.de abrufbar.

Für Fragen und Anregungen
info@m-vg.de

Wichtiger Hinweis:
Ausschließlich zum Zweck der besseren Lesbarkeit wurde auf eine genderspezifische Schreibweise sowie eine Mehrfachbezeichnung verzichtet. Alle personenbezogenen Bezeichnungen sind somit geschlechtsneutral zu verstehen.

1. Auflage 2024

Türkenstraße 89
80799 München
Tel.: 089 651285-0

Die 1. Originalausgabe erschien 2023 bei William Morrow, einem Imprint von HarperCollins Publishers LLC unter dem Titel *Burn the Boats*.

Übersetzung: Philipp Seedorf
Redaktion: Ines Lange
Umschlaggestaltung: Karina Braun
Umschlagabbildung: Shutterstock.com/Flat_Enot
Satz: ZeroSoft, Timisoara
Druck: GGP Media GmbH, Pößneck
Printed in Germany

ISBN Print 978-3-86881-967-0
ISBN E-Book (PDF) 978-3-96267-591-2
ISBN E-Book (EPUB, Mobi) 978-3-96267-592-9

INHALT

EINLEITUNG

DIE SCHIFFE HINTER SICH VERBRENNEN

Als ich hinter dem Schreibtisch am Set einer Pilotfolge für eine neue Fernsehserie saß, musste ich zwangsläufig darüber nachdenken, wie ich an den Punkt in meiner Karriere gekommen war, an dem ich meine eigene Fernsehsendung moderieren durfte. Es kam mir noch nicht so lange her vor, dass ich auf einer alten Matratze auf dem Boden in einem von Kakerlaken verseuchten Apartment in Queens, einem Viertel von New York City, geschlafen hatte. Ich war der jüngste von vier Brüdern gewesen, die bei einer alleinerziehenden Mutter aufwuchsen, welche auf Händen und Knien die Häuser anderer Leute geschrubbt hatte, um unsere Miete zu bezahlen. Meine drei älteren Brüder waren schon lange aus dem Haus, als mir klar wurde, wie verzweifelt unsere Situation eigentlich war.

Als ich mit 16 die Highschool abbrach, hätte sich bestimmt keiner meiner Klassenkameraden vorstellen können, dass sie mich weniger als 30 Jahre später als »Gast-Shark« in der Sendung *Shark Tank* sehen würden, der bedeutendsten Business-Fernsehshow der Welt. Nun erklomm ich erneut eine weitere Stufe, dieses Mal als Gastgeber und ausführender Produzent meiner eigenen TV-Pilotsendung, entwickelt von Mark Burnett von MGM, dem

Visionär hinter Reality-TV-Sendungen wie *Shark Tank*, *The Apprentice*, *The Voice*, *Survivor* und anderen.

Ich schreibe diese Worte nieder, bevor ich weiß, ob die Sendung jemals ausgestrahlt wird – aber das ist unwichtig. Was mich begeistert, ist der Weg nach vorn. Mark und sein Team sahen den Hunger in mir, den ich immer noch in meinen Knochen spüre, und die schiere Willenskraft, die ich in den Unternehmern erkennen kann, die wir gefilmt haben und die im Begriff waren, ihr erstes Unternehmen zu kaufen und damit den größten Sprung ihres Lebens zu vollziehen. Der Einsatz ist hoch. Fast alle Unternehmen scheitern in den ersten zwei Jahren. An der Stelle komme ich ins Spiel, indem ich ihre Denkweise auf die gleiche Weise anleite wie die Unternehmer, mit denen ich bei RSE Ventures arbeite, dem Unternehmen, das ich zusammen mit dem Besitzer der Miami Dolphins, Stephen Ross, gegründet habe. Dort habe ich dabei geholfen, Unternehmen für Konsumprodukte aufzubauen, die wahre Gamechanger wurden, wie David Changs Lebensmittelimperium Momofuku.

Durch meine eigene Erfahrung und Hunderte von Unternehmen und Unternehmern, mit denen ich gearbeitet habe – deren Geschichten häufig in diesem Buch auftauchen werden –, wurde mir klar, dass es in der Tat eine wirkungsvolle Formel dafür gibt, ein nie endendes, progressives Wachstum und anhaltenden Erfolg zu erzielen: Werfen Sie Ihren Plan B über Bord und *verbrennen Sie Ihre Schiffe hinter sich.*

Was meine ich mit »die Schiffe hinter sich verbrennen«?

Um Großes zu erreichen, müssen Sie sich selbst jeden Notausgang verbauen und sich keine Chance lassen, umzudrehen. Sie vergessen Ihre Notfallpläne und schreiten mutig voran, unbelastet von den unendlichen Möglichkeiten, mit denen wir unsere eigenen Erfolge absichern wollen. Mit der Zeit wurden unsere primitiven Instinkte durch die konventionelle Weisheit ersetzt, die uns dazu drängt, Notfallpläne aufzustellen. Die Wörter »Man weiß ja nie« hallen in einer Endlosschleife durch unseren Kopf. Wir haben fast verlernt, unsere eigenen, internen Navigationssysteme zu nutzen, dass unser erster Impuls, wenn wir einen mutigen Schritt wagen wollen, darin besteht, ihn mit einem Backup-Plan zu untergraben. Mit anderen Worten:

Wir vertrauen unseren Instinkten nicht mehr. Nun führt aber gerade der Aufbau eines Sicherheitsnetzes dazu, dass wir es überhaupt brauchen. Wenn Sie sich zu sehr darum sorgen, keinen Erfolg zu haben, dann sind Sie bereits gescheitert.

Ich bin der lebende Beweis dafür, dass das Universum uns keine Grenzen für unseren Ehrgeiz vorgibt. Wenn ich eines über die letzten drei Jahrzehnte gelernt habe – seit ich die Highschool abbrach, später meine Hochschulreife nachholte, um der Armut zu entkommen, um letztlich bei *Shark Tank* zu landen, wo ich jungen Unternehmern half, ihre Karrieren zu starten –, dann ist es, dass man nicht gewinnt, wenn man sich die Option offenhält, zu verlieren. Wahre Größe entsteht nicht, indem man sich absichert, zögert oder auf die Neinsager hört, die sauertöpfisch an jeder Ecke unseres Lebens lauern.

Ich hätte nichts erreicht, wenn ich nicht nach der Philosophie gelebt hätte, die Schiffe hinter mir zu verbrennen. Und mit diesem Buch will ich Sie mit all den nötigen Tools und Tipps ausstatten, um genau das Gleiche zu tun.

◉ ◉ ◉

Als Kind habe ich mich mit Klauen und Zähnen aus der furchtbaren Schuhschachtel in Queens gekämpft – aufs College, ins Jurastudium, dann wurde ich der jüngste Pressesprecher in der Geschichte von New York City und war mit Bürgermeister Rudolph Giuliani während der schrecklichen Angriffe von 9/11 vor Ort. Danach fungierte ich als Chief Operating Officer für den Wiederaufbau des World Trade Centers, hinterher als Executive Vice President für den Geschäftsbetrieb der New York Jets und anschließend als Vice Chairman der Miami Dolphins und Mitbegründer von RSE.

Ich konnte mir immer vorstellen, in der Wirtschaft zu arbeiten, aber ich habe auch Erfolge in Bereichen erzielt, die weit über meine ursprünglichen Pläne hinausgingen – von meinen Auftritten bei *Shark Tank* über die Moderation meiner eigenen Pilot-Fernsehsendung bis hin zum leitenden Mitarbeiter und Co-Dozenten bei einem der höchstrangigen Studienprogramme an der Harvard Business School. Ich habe jeden US-Präsidenten getroffen, der in den vergangenen drei Jahrzehnten im Amt war und hatte erst vor Kurzem eine Privataudienz bei Papst Franziskus erhalten, bei der wir uns über unsere gemeinsame Leidenschaft, nämlich die Menschenrechte, ausgetauscht haben.

Aber ich bin auch oft genug gescheitert, im Großen wie im Kleinen. Ich hatte mir vorgestellt, dieses Buch mit der triumphalen Geschichte zu beginnen, wie ich im Herbst 2020 auf dem Podium der New Yorker Börse stand und auf leuchtend orangefarbene Banner blickte, die von den Dachsparren hingen und das Logo eines neuen, börsennotierten Unternehmens trugen, das ich mitten im weltweiten Chaos gegründet hatte. Ich brachte 206 Millionen Dollar Finanzierung auf, um die Omnichannel Acquisition Corp. zu gründen, deren Mission es war, ein außergewöhnliches, konsumentenorientiertes Digitalunternehmen zu identifizieren, das Potenzial hatte und mit ihm zu fusionieren, um das Unternehmen zu ungekannten Höhen des Erfolgs zu führen. Ich versammelte ein Board aus wahren Giganten aus dem Consumer-Bereich und arbeitete monatelang nonstop Tag und Nacht, um das zu erreichen. Das war eine Menge unerwarteter Stress zusätzlich zu all meinen anderen beruflichen Verpflichtungen. Ich läutete die Glocke an der New York Stock Exchange, live von CNBC übertragen, nur um am nächsten Tag mit COVID-19 und beidseitiger Lungenentzündung zu enden, bevor es auch nur die Hoffnung auf einen Impfstoff gab.

Eineinhalb Jahre später, nach all der vielen Arbeit, als ich ein sehr vielversprechendes Unternehmen namens Kin Insurance an die Börse bringen wollte, scheiterte der Deal. Ich hätte die Schuld auf die wirtschaftlichen Bedingungen schieben können – die Inflation schoss nach oben, Aktien, die vorher enorm gestiegen waren, stürzten ab, und der größte Konkurrent des Unternehmens (und Benchmark) ging bankrott, was einen dunklen Schatten auf die gesamte Tech-Sparte im Versicherungsbereich warf –, aber letztlich läuft es einfach darauf hinaus, dass ich gescheitert bin.

Ich hätte meine Wunden lecken und beschließen können, mich nur noch an sichere Projekte zu halten, bei denen ich wusste, sie würden erfolgreich sein. Stattdessen habe ich auf das Risiko gepfiffen und *Shark Tank* hinter mir gelassen, um meine eigene Show zu starten, einen Metaverse-Fonds zu lancieren und dieses Buch zu schreiben. Meiner Philosophie gemäß war ich sicher, dass mein Scheitern mit Omnichannel zu etwas Besserem führen würde und ich versuchte, weiter voranzukommen auf der Suche nach mehr Freiheit und Autonomie. Ich gab meine Position bei den Dolphins auf und trat von verschiedenen Vorstandspositionen zurück, um weitere Möglichkeiten zu haben, Schiffe zu verbrennen und nach noch größeren Entlohnungen zu streben.

◉ ◉ ◉

Das ist nicht nur meine Geschichte. Es ist die Geschichte jedes Einzelnen und ebenso der gesamten Menschheit. Die Schiffe hinter sich zu verbrennen, um Erfolg zu haben, ist eine Strategie, die bis ins Alte Testament zurückreicht. »In der Antike«, schreibt Rabbi Naphtali Hoff, »belagerten die israelischen Armeen feindliche Städte nur von drei Seiten, und ließen so die Möglichkeit zur Flucht offen … Ihnen war klar, solange der Feind sah, dass ihm eine Fluchtroute zur Verfügung stand, würde er nicht mit größter Ernsthaftigkeit und Energie kämpfen.«[1]

Sun Tzu, der große chinesische General, Militärstratege, Schriftsteller und Philosoph, wiederholt dasselbe Argument. So schrieb er in seinem klassischen Ratgeber für Militärstrategie, *Die Kunst des Krieges*: »Der Anführer einer Armee bringt seine Männer weit ins feindliche Territorium, bevor er zeigt, was er vorhat. Er verbrennt die eigenen Schiffe und zerbricht die Kochtöpfe.«[2] Er gibt seinen Männern keine Möglichkeit zur Umkehr und sie werden erst dann wieder etwas essen, wenn es die Nahrung ihrer Feinde ist.

Fünf Jahrhunderte später segelte Julius Cäsar mit seiner Armee von Rom an die britische Küste, weil er England erobern wollte. Als ihre Schiffe ankamen und er und seine Männer feststellten, dass der Gegner gewaltig in der Überzahl war, hätte er genug Grund gehabt, den Rückzug anzutreten. Aber Cäsar wollte seine Mission vollenden und sichergehen, dass seine Kämpfer – und diejenigen, gegen die sie bald antreten würden – wussten, dass es keine Strategie zur Umkehr gab. Es würde ein Kampf auf Leben und Tod werden.

»Verbrennt die Schiffe!«, hat Cäsar angeordnet und dann gab es keinen Weg nach Hause mehr.

Und in jüngster Vergangenheit, im Jahr 2022, war Wolodymyr Selenskyj, der Comedian und spätere Präsident der Ukraine, von russischen Invasoren belagert, als ihm die Vereinigten Staaten einen Evakuierungsplan vorlegten. Die gesamte freie Welt war zu dem Schluss gekommen, dass die Ukraine keine Chance hatte, gegen die gesamte russische Armee anzukämpfen, und dass Selenskyj seinem Untergang ins Auge blicken würde, wenn er Kiew nicht bald verließ. Aber der ukrainische Präsident erwies sich als ein guter Schüler der Geschichte und Psychologie, als er im Fernsehen das Angebot von US-Präsident Joe Biden ablehnte. »Ich brauche keine Mitfahrgelegenheit; ich brauche Waffen«, sagte er.

Selenskyj signalisierte seinen russischen Gegnern – und der Welt –, dass er sich keinen Ausweg offenhielt. Er hatte die Schiffe verbrannt und war bereit, bis zum Tod zu kämpfen. Sein Widerstand erwies sich als ansteckend und mit diesen einfachen Worten inspirierte er sein Land – und letztlich die NATO –, der Invasion zu widerstehen.

Ich war mit den New York Jets – deren Hoffnungen auf die Playoffs nach zwei Niederlagen in Folge langsam verpufften – in einem Hotel in Pittsburgh, als unser aufgebrachter Cheftrainer, Rex Ryan, eine feurige Ansprache hielt, um etwas in den Spielern zu wecken. Mit leuchtend rotem Gesicht und brüchiger Stimme verzog sich sein Gesicht bei jedem Wort, als er dem Team von der Legende des spanischen Konquistadors Hernán Cortés erzählte, der im Jahr 1519 zahlenmäßig unterlegen war, als er versuchte, die Azteken zu besiegen, und verlangte, dass seine Soldaten die Schiffe verbrannten, um sich die Möglichkeit zu nehmen, umzukehren. Wie die *New York Times* später berichtete: »›Sie verbrannten ihre Schiffe!‹, schrie [Rex]. ›Ich bitte euch nur darum, mir sieben Wochen zu geben!‹«[3]

»Die Jets strömten adrenalingeladen aus dem Ballsaal«, fuhr die *Times* fort. »Mehrere sagten später, dass sie nicht schlafen konnten. Die Jets besiegten im Anschluss die Steelers, und sicherten sich damit ihren wichtigsten Saisonsieg.«

Es war aufregend. Ich glaube wirklich, dass die Analogie der Schiffe einen Schalter in unseren Spielern umgelegt hat, um das Extraquäntchen Anstrengung aus ihnen herauszulocken, von dem sie nicht wussten, dass sie noch darüber verfügten. Das Zitat ging mir seitdem nicht mehr aus dem Kopf, als mir klarwurde, dass diese Philosophie meine Entscheidungen beeinflusste, lange, bevor ich in der Lage war, sie in Worte zu fassen.

Ich bin nie in den Krieg gezogen wie Sun Tzu und Cäsar oder wurde jemals belagert wie Selenskyj, um die Demokratie gegen das Böse zu verteidigen, aber mein Lebensweg hat sich manchmal wie ein echter Kampf angefühlt. Es liegt nicht nur daran, dass ich in Armut aufgewachsen bin. Ich wuchs ohne Hoffnung auf. Meine Mutter – die uns vier Jungs allein aufzog – war schwerkrank und ist vor meinen Augen dahingewelkt, bis sie letztlich gestorben ist, als ich erst 26 war. Ich hätte ohne Weiteres wie so viele Jugendliche in meinem Viertel enden können – unter Drogen, im Gefängnis, ohne jeglichen Erfolg im Leben oder in vielen Fällen auch in einem frühen Grab. Meine Gabe war, dass ich einen anderen Pfad vor mir sah. Und ich habe ihn beschritten.

Ich schreibe alles, was in meinem Leben vorgefallen ist, der Tatsache zu, dass mir als Jugendlicher auf der Highschool klarwurde, dass die Kavallerie nicht kommen würde. Das Universum schuldete mir nichts. Ich hatte ein Leben zu leben und niemand würde mir zeigen, wo es langging.

Dieses Muster sehe ich auch in jedem Unternehmen, in das ich investiere und bei jeder erfolgreichen Person, die ich kenne. Sie verstehen, dass sie sich selbst helfen müssen und es egal ist, was andere Menschen tun oder gar denken. Ich werde in den kommenden Kapiteln darüber reden, wie wichtig es ist, seinen Instinkten zu vertrauen und danach zu handeln. Ich habe häufiger gesehen, dass Zögern mehr Träume tötet als Geschwindigkeit es jemals könnte. Und wenn Sie zögern oder sich absichern oder Ihre Aufmerksamkeit zwischen Ihrem Ziel und Ihrem Sicherheitsnetz aufteilen, von dem Sie glauben, es aufbauen zu müssen, dann stellt sich die Frage: Worauf warten Sie?

◉ ◉ ◉

Die Wissenschaft bestätigt das. Studien haben überzeugend gezeigt, dass Notfallpläne uns auf der Straße zum Erfolg nur wie Hindernisse im Weg stehen – zu viele Optionen lähmen uns.

Es ist in Ordnung, sich nicht sicher zu sein, ob es der richtige Schritt oder der richtige Zeitpunkt ist oder sich vorzustellen, dass Ihre guten Ideen für alle anderen um Sie herum offensichtlich sein sollten – aber wenn Sie aufgrund dieser Zweifel handeln, verspreche ich Ihnen, dass Sie sich nur selbst sabotieren. Um einen bahnbrechenden Erfolg zu erzielen, müssen Sie Ihren Geist darauf trainieren, Chancen wahrzunehmen, bevor alle Belege im freien Raum zwischen Intuition und handfesten Daten vorliegen. Indem man lernt, voller Selbstvertrauen die Schiffe hinter sich zu verbrennen und ein Streichholz an einen Plan B zu halten, der einem nur schadet, egal, wie dieser aussieht, werden Sie die Zeitperiode zwischen Einsicht und Handlung verkürzen und exponentielle Gewinne erzielen.

◉ ◉ ◉

Die Philosophie des Schiffe-Verbrennens ist die Grundlage der drei Abschnitte dieses Buches: Springen Sie ins kalte Wasser (Teil 1), Es gibt kein Zurück (Teil 2) und Bauen Sie mehr Schiffe (Teil 3). In jedem Teil wird in den einzelnen Kapiteln eine Reihe von Prinzipien durch Geschichten aus meinem eigenen Leben, den Unternehmen, mit denen ich gearbeitet habe und durch Forschungsergebnisse untermauert, die belegen, was die Vorreiter instinktiv wissen.

Am Ende dieses Buches werden Sie bereit sein, die Barrieren niederzureißen, die Sie daran hindern, das Leben zu leben, für das Sie bestimmt sind – tatsächlich werden Sie sogar bereit sein, die Welt zu verändern. Das Einzige, was zählt, ist der nächste große Schritt, egal von wo man startet. Machen Sie sich bereit, Schiffe zu verbrennen.

TEIL 1

SPRINGEN SIE INS KALTE WASSER

KAPITEL 1

VERTRAUEN SIE IHREN INSTINKTEN

Für die Menschen, die meine Story kennen, ist es oft ein Schock, wenn sie hören, dass ich die Highschool abgebrochen habe. Schulabbrecher sind mit diversen Klischees versehen – unmotivierte Versager, die sich ihre künftigen Chancen völlig verbauen. Mein gutmeinender Berufsberater auf der Highschool, Mr. Baker, sagte mir, dass ich mein Leben wegwerfen würde. Er beharrte darauf, dass mir das Stigma des Schulabbrechers ewig anhaften würde.

Er verstand es nicht – keiner tat das. Die Highschool abzubrechen ist mir nicht einfach zugestoßen, weil ich es nicht geschafft hätte, sie abzuschließen. Es war ein wohldurchdachter Plan, den ich nur deswegen umsetzen konnte, weil ich eine Vision einer möglichen Zukunft hatte, der ich mich voll und ganz verschrieb und von der ich mich nicht abbringen ließ. Ich vertraute meinen Instinkten.

Lassen Sie mich das erklären: In der winzigen Mietwohnung in Queens, in der ich aufgewachsen bin, hatten meine Mutter und ich wirklich zu kämpfen. Mein größter Traum als Kind war es, einfach genug Geld zu haben, sodass ich mir keine Sorgen mehr machen musste, etwas zum Essen auf dem Tisch zu haben. Ich erinnere mich an den fast leeren Kühlschrank, in dem nur Dosenfleisch, ein Rest ›Steak-umm‹-Fleisch und ›Regierungskäse‹ war – ein im wahrsten Sinne des Wortes über zwei Kilo schweres Stück eines mysteriösen Käseprodukts, auf dem die Wörter, »Amerikanischer Käse, gespendet vom US-Landwirtschaftsministerium«, standen.

Unser Thanksgiving-Ritual begann mit einem Klopfen an der Tür. Auf der anderen Seite stand der Priester unserer örtlichen Gemeinde. Soweit ich mich erinnern konnte, waren wir keine guten Katholiken. Ich konnte mich nie an das letzte Mal erinnern, als wir in der Kirche waren und war nie sicher, was ich sagen sollte, wenn ich direkt gefragt wurde. Aber eine meiner frühesten Erinnerungen ist, dass ich am Kleid meiner Mutter zupfte, durch die Lücke in der Tür linste und hörte, wie sie »Herr Pastor« sagte. Es wurden keine Fragen gestellt, der Priester wirkte nicht, als würde er uns verurteilen und niemand in diesem Flur musste sich schämen. Ich verspürte nur Liebe, als er uns eine Schachtel voller Lebensmittel für den Feiertag überreichte. Diese Geste war mir all die Jahre im Gedächtnis geblieben.

Es war wirklich hart. Mein Vater war verschwunden, als ich acht Jahre alt war. Meine drei Brüder, die älter waren als sich, haben das Zuhause verlassen, sobald sie genug Geld zusammenkratzen konnten. Obwohl meine Mutter blitzgescheit war und besser schreiben konnte als irgendetwas, das ich in Schulbüchern gelesen hatte, war sie ebenfalls eine Schulabbrecherin – in ihrem Fall aufgrund äußerer Umstände und nicht durch ihre eigene Entscheidung. Sie war deprimiert und hatte auch körperliche Probleme. Immer öfter musste sie sitzen, weil ihre Knie ihr Gewicht nicht mehr aushielten. Sie wurde jeden Tag dicker, bis sie schließlich auf 180 Kilo aufgedunsen war. Der einzige Segen in ihrem Leben waren die Kurse, die sie am Queens College hielt, nachdem sie ihre Hochschulreife nachgeholt hatte. Sie liebte sie. An Samstagen nahm sie mich oft in ihre Vorlesungen über Stadtkunde mit und ich liebte sie ebenfalls.

Diese Kurse inspirierten mich. Aber mit Inspiration allein bezahlt man keine Rechnungen. Mit zehn Jahren verdiente ich mein erstes Geld, als ich versuchte, meiner Mutter zu helfen, um die Familie über Wasser zu halten. Ich verkaufte Blumen an der Straßenecke und verhökerte 10 Dollar teure Lederhandtaschen aus einem Lieferwagen auf Flohmärkten. Irgendwann konnte ich eine Stelle bei McDonald's antreten, wo ich angetrockneten Kaugummi unter den Tischen im Partyraum abkratzen durfte. Aber weil ich noch minderjährig war, konnte ich nicht mehr als ungefähr fünf Dollar pro Stunde verdienen. Das war nie genug. Wir brauchten so viel mehr. Ich sah mir die Anzeigen im örtlichen *PennySaver*-Magazin an – Nur College-Studenten gesucht, 9$/Stunde – und mir wurde klar, dass ich vielleicht nicht warten musste, bis ich 18 war, um solche Stellen zu bekommen. Was, wenn ich all die Verlockungen des Erwachsenseins schon zwei Jahre früher erreichen konnte – College, einen besser bezahlten Job, Freiheit?

Mit 14 realisierte ich, dass der traditionelle Weg für mich nicht funktionieren würde. Ich beschloss, es zu tun. Ich würde die Highschool abbrechen – nicht, weil ich sie nicht abschließen konnte; nicht, weil ich nicht in die Schule gehen wollte, sondern weil ich verzweifelt versuchte, dem Schmutz und der Depression zu entkommen und meine Zukunft sofort beginnen wollte. Der Plan, die Schule zu verlassen, nahm zwei Jahre später Gestalt an, genau als ich mit 16 Jahren legal dazu in der Lage war. Ich hatte vor, ein Schlupfloch im System zu nutzen, und ließ mich dabei vom Lebensweg meiner Mutter inspirieren. Wenn ich meine Hochschulreife auf dem zweiten Bildungsweg machen konnte – das stigmatisierte General Education Diploma (GED), das als letzte Hoffnung galt –, wäre ich in der Lage, direkt aufs College zu gehen, lange, bevor mein Highschool-Jahrgang seinen Abschluss machte. Ich hätte Zugang zu den besser bezahlten Jobs und wäre auf dem besten Weg, meine Mutter und mich aus dem Elend zu retten, in dem wir lebten.

Ich erinnere mich, als ich gerade auf die Highschool gekommen war und uneingeladen zur Abendveranstaltung ging, die zur Orientierung für diejenigen gedacht war, die sich darauf vorbereiteten, aufs College zu gehen. Ich nahm all meinen Mut zusammen, mich an die Vertreter einiger der besten Colleges zu wenden und mir von ihnen meinen Plan bestätigen zu lassen. »Entschuldigen Sie, Sir. Wenn jemand keinen Highschool-Abschluss macht, aber stattdessen den GED und eine wirklich, wirklich gute Abschlussnote beim GED erhält, würden Sie in Erwägung ziehen, ihn zuzulassen? Ich frage nur für einen Freund.«

Die Antwort erfolgte stets mit einem herablassenden Grinsen im selben, diplomatischen Ton, kombiniert mit Selbstbeweihräucherung und einer gewissen Noblesse oblige: »Ich gehe davon aus. Wir glauben schließlich an zweite Chancen, junger Mann.«

Hatte irgendjemand Verständnis für mein Vorhaben? Auf keinen Fall, weder meine Freunde, noch meine Lehrer, noch meine Mutter. Aber zwei Jahre lang hielt ich mich an diesen Plan. Ich ging davon aus, dass ich in allen Kursen durchfallen musste, damit er funktionierte. Wenn ich irgendwie mit halber Leistung durchkam und dennoch genug Punkte machte, hätte es mit sinnlosen Interventionen von Beratungslehrern zu viele Versuchte gegeben, mich auf Kurs zu halten. Ich musste es völlig und umfassend verbocken.

In der neunten Klasse versagte ich völlig, zweimal nacheinander und verlor dadurch zwei Jahre. Ich saß im selben Klassenzimmer, umgeben von Highschool-Drogendealern mit Pagern am Gürtel, deren Entscheidungen für ihren künftigen Lebensweg sich drastisch von meinen unterschieden. Doch so sehr sich unsere Motivation auch unterschied, wir wurden alle über einen Kamm geschert und landeten auf derselben ›Insel der Nichtsnutz-Toys‹.* Ich arbeitete manchmal nachts im Lebensmittelladen ums Eck, schlief aus, sah mir im Fernsehen die Briefings aus dem Golfkrieg von General Norman Schwarzkopf auf CNN an und schlenderte dann mittags in die Schule, wobei ich die Einlasskontrollen vermied. Ich erhielt null Punkte, außer für die Schreibmaschinenkurse. (Ich dachte mir, dass das eine nützliche Fertigkeit sein könnte – und bis heute kann ich mehr als 90 Wörter pro Minute tippen).

Ich grub mir meine eigene Grube, die so tief war, dass ich nicht mehr herauskam, außer ich setzte meine Vision um. Die Krise war von mir selbst geschaffen. Aber es ist eine Sache, einen Plan zu haben, und eine ganz andere, ihn auch umzusetzen. Als der Tag kam, an dem ich tatsächlich die Schule abbrach, kam ich mir wie ein absoluter Versager vor. Ich weiß noch, als ich mit gesenktem Kopf zu jedem der Fachlehrer gegangen bin, um meine Bücher zurückzugeben. Es war die akademische Version eines Spießrutenlaufs. Ich

---

* Anm. d. Übers: Dies ist eine Anspielung auf den Animationsfilm *Rudolph mit der roten Nase 2*.

schlich auf Zehenspitzen in das Klassenzimmer von Mr. Rosenthals Naturwissenschaftskurs und gab ihm das Buch zurück, das ich kein einziges Mal aufgeschlagen hatte.

»Higgins, was für eine Verschwendung«, sagte er voller Verachtung, sah dann direkt das volle Klassenzimmer an und meinte. »Ich sehe Sie dann bei McDonald's.«

Ich bin größtenteils irischer Abstammung, wenn mir also etwas peinlich ist, weiß das jeder, weil mein Gesicht eine tomatenrote Farbe annimmt. Mir wurde so heiß, dass ich dachte, ich werde gleich ohnmächtig, als ich vor 35 lachenden Teenagern zur Tür schlich. Aber als ich den Türknauf drehte, fasste ich plötzlich einen Moment Mut und platzte heraus: »Wenn Sie mich bei McDonald's sehen, dann nur, weil mir der Laden gehört.«

Die letzten Worte, die ich an der Highschool hörte waren: »Oooooh, nicht schlecht«, und, »Was meinen Sie, Mr. Rosenthal?« Ich trat die Stahltür auf, die zu meiner vermeintlichen Freiheit führte. Dann setzte ich mich zum letzten Mal auf die Stufen der Cardozo Highschool, zündete eine Marlboro an und dachte mir. *Oh-oh, vielleicht hat er recht.*

◉ ◉ ◉

Mein verrückter Schachzug war letztlich erfolgreich. Zwei Monate später machte ich mein GED mit Bestnoten und bevor der Sommer vorbei war, wurde ich am Queens College aufgenommen und verdiente meine neun Dollar pro Stunde als Wahlhelfer für den Kongressabgeordneten Gary Ackerman. Als ich mit meinem Babyface im improvisierten Wahlkampfbüro des Kongressabgeordneten auftauchte, wollten sie einen Nachweis sehen, dass ich wirklich auf dem College studierte. Ich zeigte ihnen den Schuldschein für meinen Studienkredit – und ich war dabei. Irgendwann wurde ich der Präsident des Debattierklubs am Queens College und bewarb mich als Präsident der Studentenschaft. Ich erzählte der Unizeitung, dass ich von der Highschool abgegangen war, weil ich mich, »nicht herausgefordert fühlte«. Das war damals die Story, die ich allen erzählte. Vom Wahlkampfbüro des Kongressabgeordneten Ackerman ging es weiter ins Pressebüro des

Bürgermeisters von New York, Rudolph Giuliani, wo ich eine Stelle als Rechercheur erhielt, und so kam meine Karriere ins Rollen.

Als ich mich an den Schreibtisch setzte, um dieses Buch zu schreiben, rang ich damit, wie ich meine Story erzählen sollte und ob das Verbrennen der Schiffe tatsächlich eine Strategie war, die für andere Sinn ergab oder nur für Menschen, die das Glück hatten, mit gewissen strukturellen Vorteilen geboren worden zu sein. Ja, ich bin arm aufgewachsen, mit einer kranken Mutter, die im Rollstuhl saß. Aber dennoch schenkte mir die Gesellschaft das unbestreitbare Privileg, weiß und männlich zu sein. Deswegen habe ich mich auf diesen Seiten darauf konzentriert, die Geschichten von Unternehmern wiederzugeben, die nicht unbedingt so aussehen wie ich und nicht den gleichen Background haben. Als ich diese Geschichten hörte, die meiner auf vielerlei Weise ähnlich, aber auch unähnlich sind, wurde mir klar: Egal wo man startet, die Antwort ist immer dieselbe. Die Reise mag länger oder beschwerlicher sein, je nachdem, welches Blatt man auf die Hand bekommt, aber um das Beste draus zu machen und sich zu höchsten Höhen aufzuschwingen, müssen Sie alles geben, auf Ihre Instinkte vertrauen und handeln.

Tief im Inneren wissen wir alle, wozu wir fähig sind. Wir alle haben Visionen unserer Zukunft vor Augen, die nicht von anderen ratifiziert werden. Zu häufig lassen wir uns von althergebrachten Weisheiten und äußerem Druck vom Kurs abbringen. Sobald wir alt genug sind, unsere Instinkte in Worte zu fassen, werden wir darauf konditioniert, sie zugunsten der Institutionen abzulegen, die über uns bestimmen, und der Menschen, die dafür bezahlt werden, es besser zu wissen. Der Ratschlag anderer kann uns vor Katastrophen bewahren – lege keine Alufolie in die Mikrowelle! –, aber er kann uns auch davon abhalten, unsere einzigartige Brillanz in uns zu wecken und sie zu nutzen.

Dieses Buch will Sie dazu anregen, nicht zu zögern, wenn Ihre Instinkte nicht mit dem übereinstimmen, was die Welt Ihnen rät. Der Schlüssel zur Erschließung Ihres Potenzials liegt darin, Ihren größten Wettbewerbsvorteil zu nutzen: Sie sind der Einzige, der die gesamte Geschichte Ihres Lebens kennt. Sie sind das eine Thema, zu dem es nie einen größeren Experten als

Sie selbst geben wird. Und natürlich werden Sie vor allen anderen Ihren Pfad in die Zukunft erkennen.

Mit anderen Worten, wenn Sie sich selbst nicht vertrauen, werden Sie die Chance verpassen, Außergewöhnliches zu leisten.

Wie es Ralph Waldo Emerson in seinem Essay »Self-Reliance« (einem Werk, aus dem ich immer wieder Inspiration beziehe) geschrieben hat: »Ein Mann sollte lernen, diesen Lichtblitz zu erkennen und zu beobachten, der aus dem Inneren heraus durch seinen Geist leuchtet, mehr als das Leuchten des Firmaments der Barden und Weisen. Dennoch verwirft er seinen Gedanken, ohne es zu merken, weil es der seine ist.«[4]

Auf sich selbst zu hören, ist der beste Anfang, wenn man der eigenen Zukunft nachspüren will. Es gibt vier Prinzipien, die Ihnen dabei helfen:

Das Schicksal beginnt mit einer Vision

Für mich war es Freiheit. Ich musste einfach alles tun, was ich konnte, um den engen Grenzen der Highschool zu entfliehen. Für Sie ist es vielleicht etwas anderes – aber Sie brauchen etwas Konkretes. Sie können kein Ziel erreichen, das Sie nicht definiert haben. Sie müssen wissen, wohin Sie gehen wollen; erst dann können Sie sich einen Plan einfallen lassen, wie man dorthin gelangt. Die besten Träume entstehen tief in Ihrem Inneren, wo der Ehrgeiz untrennbar mit Ihrer einzigartigen Sicht auf die Welt, Ihren Gaben, Ihren Talenten und Ihrer Seele verbunden ist.

Freddie Harrel stellte sich eine neue Realität für schwarze Frauen wie sie selbst vor, die sich durch ihre Frisur ausdrücken wollten, ohne eine teure, zeitaufwendige, stigmatisierte Erfahrung über sich ergehen zu lassen. Sie wollte, dass Haarverlängerungen – ein weltweiter Markt von sieben Milliarden Dollar für schwarze Frauen – einfach anzubringen sind und das Ganze Spaß macht, und doch waren künstliche Haare weit von dieser Vorstellung entfernt. Freddie hasste es, dass man Frauen, die Perücken trugen, ein Gefühl der Scham vermittelte. Selbst das Wort »Perücke« hatte einfach einen negativen Beigeschmack. Sie und ihre Freundinnen waren es leid, dass die einzige Option Beautyshops waren, mit Produkten von zweifelhafter Qualität und einer Textur, die nicht zu ihren eigenen Haaren passte.

Also brachte Freddie mehr als zwei Millionen Dollar an Finanzierung auf, um RadSwan zu gründen, ein Beautyshop-Start-up, das den Markt für künstliche Haare für schwarze Frauen umkrempeln und eine Community aufbauen sollte, in der man dafür gefeiert und die Erfahrung mit Empowerment in Zusammenhang gebracht wurde. »Für schwarze Frauen auf der ganzen Welt kann Haar so viel darüber aussagen, wer wir sind und wo wir stehen – es ist wie eine eigene Sprache«, erzählte sie mir. Und die Marken, die den Markt beherrschten, hatten es nicht wahrgenommen, sondern nur Freddie.

Ein weiteres Beispiel: Mein Freund Brian Chesky träumte davon, allen mit einem Gästezimmer, einem zusätzlichen Sofa oder auch nur einer Luftmatratze zu etwas zusätzlichem Einkommen zu verhelfen, als ihm 2007 die Idee für Airbnb kam. Als ein Jahr später die Website TechCrunch über den Launch des Unternehmens berichtete, sagte der erste Kommentar ein sofortiges Scheitern voraus: »Wenn das jemals Mainstream wird, bricht das alles zusammen.«[5] Nach über 12 Jahren wurde Airbnb beim Börsengang des Unternehmens im Dezember 2020 mit 47 Milliarden Dollar bewertet. Mein Unternehmen RSE hatte die Chance, zu den frühen Investoren zu gehören und wir lehnten ab, da wir uns zu sehr auf die potenziellen Herausforderungen bei der regulativen Gesetzgebung konzentrierten, statt auf meinen Instinkt zu hören, dass Brian all diese Hindernisse überwinden würde. Ein Riesenfehler. Und der Beweis, dass Untätigkeit einen weit mehr kosten kann als ein Fehlschlag.

Mein Partner bei RSE, Stephen Ross – Immobilienentwickler, Besitzer der Miami Dolphins und Nummer 267 auf der Forbes-Liste der Milliardäre mit einem Gesamtvermögen von 11,6 Milliarden[6] – hatte seinen eigenen großen Traum, der für Außenstehende unerreichbar zu sein schien. Hudson Yards war ein altes Bahnbetriebswerk in Manhattan und für fast 50 Jahre eine offene Wunde auf dem Antlitz der West Side von New York City.[7] Es wurden schon Dutzende Projekte vorgeschlagen, wie man diesen innerstädtischen Bereich entwickeln könnte, von mehreren Bürgermeistern und Gouverneuren, und jeder ist gescheitert, aufgrund von Geldmangel und wenig Rückhalt für eine solche Investition in etwas, das als Brachland betrachtet wurde und zu weit von irgendeiner U-Bahnlinie entfernt, um genug Menschen anzulocken. Ich hatte ebenfalls schon einmal mit diesem Areal zu tun gehabt, da ich ursprünglich von den New York Jets engagiert worden war, um beim Vorstoß zu helfen, auf demselben Gelände der Hudson Yards ein neues Footballstadion zu bauen. Diese Bemühungen waren kläglich gescheitert, ein Opfer des »NIMHH«-Syndroms (»nicht in meinem Hinterhof«), genau wie mehrere Versuche, das Gelände in ein neues Baseballstadion für die Yankees zu verwandeln, ein Stadion für mehrere gescheiterte Versuche der Stadt New York, die Olympischen Spiele zu veranstalten und schließlich dort Bürotürme zu errichten – ein Deal, der während der Finanzkrise 2008 scheiterte.

Stephen sah etwas, das niemand sonst sah – die Gelegenheit, ein völlig neues Viertel von Grund auf zu errichten, ein Bauprojekt für gemischte Nutzung, mit Bürogebäuden, Raum für öffentliche Darbietungen, Apartments, Geschäfte, Restaurants, einer Piazza und einem neuen öffentlichen Kunstdenkmal, ein Meisterwerk, das als Magnet für dieses unentdeckte Areal dienen sollte. Es sollte das größte Bauprojekt in New York City seit dem Bau des Rockefeller Centers 1939 werden, ein letztlich 20 Milliarden Dollar schweres Projekt nach Fertigstellung und das wurde nur ermöglicht durch die fast unmögliche Kombination aus harten Verhandlungen, den komplexen baulichen Herausforderungen über den darunterliegenden U-Bahnlinien, ohne den Betrieb einzustellen, und während auch noch eine Finanzkrise und eine Pandemie drohten, was die gesamte Unternehmung hätte scheitern lassen.[8] Seine kristallklare Vision war es, welche diese Bemühungen letztlich zum Erfolg führte.

In diesem Buch werden wir immer wieder inspirierende Geschichten aller Art hören: Christina Tosis Traum, für jeden Menschen auf dem Planeten einen Keks zu backen; Lauren Books Fähigkeit, eine Möglichkeit zu finden, wie sie ihr eigenes Trauma durch Kindesmissbrauch nutzen konnte, um das Leben von Millionen von Menschen zu verbessern; und Laurie Segalls Mission, ein Medienunternehmen zu gründen, das sich dem Ziel verschrieben hat, das Metaverse für die Massen zugänglich zu machen (und damit auch ein Gegengewicht zu liefern für die größtenteils männerdominierte Vergangenheit der Tech-Branche), um nur einige wenige zu nennen. Intrinsische Motivationen, die aus persönlicher Erfahrung entstehen, sind die wichtigsten Assets, über die wir verfügen. Alle Visionen, die uns mitten in der Nacht in den Sinn kommen, können auch bei Tagesanbruch verfolgt werden. Aber wir müssen uns selbst die Erlaubnis erteilen, sie zu sehen und dann danach zu handeln.

Abhi Ramesh ist der 29 Jahre alte Gründer von Misfits Market, die preisreduzierte Lebensmittel und Konserven an Menschen im ganzen Land verschicken, welche dadurch Geld sparen können, während gleichzeitig etwas gegen Lebensmittelverschwendung getan wird. Das Unternehmen hat über 300 Millionen Dollar Finanzierung aufgebracht und wird mit mehreren Milliarden Dollar bewertet.[9] Abhi hatte eine Eingebung, als er mit seiner Freundin auf einer Farm bei der Apfelernte half. Er sah die Äpfel auf dem Boden, die leicht beschädigt waren und nachdem der Farmer ihm gesagt hatte, dass die Supermärkte diese nicht akzeptierten, fragte er sich, wieso diese verschmähten, aber absolut essbaren Äpfel im Müll landeten. Es lohnt sich, darüber nachzudenken, wie er zu dieser Einsicht gelangte, denn es verrät uns einiges darüber, wie wichtig kumulative Erfahrung ist.

»Das verbindende Thema meines Lebens war es, nach Wert an Orten zu suchen, wo es andere nicht tun«, sagte mir Abhi. Auf der Highschool sah er, wie seine Freunde ihre alten Schulbücher wegwarfen, die am Ende des Schuljahres für sie nutzlos geworden waren. Abhi kaufte sie (für etwa 30 Prozent des Wertes) und verkaufte sie auf Amazon (zu etwa 60 Prozent des Neupreises), wo er das Doppelte seines Investments erhielt. Nachdem er seinen Abschluss an der Wharton gemacht hatte, arbeitete er bei einem Hedgefonds, der in Unternehmen investierte, die in finanzielle Schwierigkeiten geraten waren und die Perlen unter den Unternehmen suchten, die kurz vor dem Konkurs standen. »Versteckte Werte zu finden, liegt mir einfach im Blut«, meint er – und als er die Äpfel auf dem Boden sah, war er bereit, daraus Kapital zu schlagen. Die Idee passte in das Gesamtbild seiner Lebensreise und zu seinem Ziel, Werte zu generieren, wo immer er konnte.

◉ ◉ ◉

Abhi wusste, was er erreichen wollte, also brauchte es keinen großen Sprung ins Ungewisse, um seine Vision zu verwirklichen. Besitzen Sie dieselbe Klarheit, um Ihre eigene Vision zu erkennen, wenn diese sich Ihnen zeigt? Wenn ich mit meinen Studenten an der Harvard Business School rede, suchen sie oft nach einem Rat, bei welcher Private-Equity-Firma sie anfangen oder welchem Beratungsunternehmen sie sich anschließen sollten, aber ich rate ihnen stets, erst einmal einen Schritt zurückzutreten und einen Blick auf das große Ganze zu werfen.

»Ich will nicht hören, was Sie werden wollen. Ich will wissen, *wer* Sie sein wollen.«

Diese existenzielle Frage sollte tatsächlich der Antrieb in unserem Leben sein. Abhi sagt, es sei seine Motivation, versteckte Werte aufzuspüren. Mich treibt das Streben an, stets handlungsbereit zu sein, ohne dass sich jemand einmischt, indem ich mir mehr Freiheit und Autonomie schaffe; ein Impuls, der aus einer Zeit stammt, als ich über beides nicht verfügte. Was ist Ihr Antrieb?

Um diese tiefen Motivationen aufzuspüren, können Sie sich selbst ein paar schwierige, aber äußerst wichtige Fragen stellen:

- Welche Eigenschaften machen mich zu jemandem, den ich respektieren und bewundern kann?

- Will ich meine Tage damit verbringen, etwas von Grund auf Neues zu erschaffen oder die Vision anderer umzusetzen?

- Kann ich das Risiko einer unsicheren Zukunft tolerieren oder brauche ich Vorhersehbarkeit, um erfolgreich zu sein?

- Will ich lieber denken oder tun?

- Ist menschliche Interaktion für mich nährend oder auslaugend?

- Wann war ich am glücklichsten und was wäre erforderlich, dieses Gefühl erneut zu empfinden?

- Was soll in meinem Nachruf stehen?

Konkrete Antworten sind in gewissem Ausmaß weniger wichtig, als über diese Ideen nachzudenken. Ich glaube, dass die meisten Menschen, die das Gefühl haben, ihnen fehle ein Ziel, vermutlich an diesen Punkt gelangten, weil sie zu Beginn ihrer Lebensreise keine Introspektion betrieben haben. Wenn sie am Ende dieser Reise angelangt sind, fühlen sie sich verloren, weil sich herausstellt, dass sie auf der falschen Reiseroute unterwegs waren. Wir müssen uns die Zeit nehmen, uns hinzusetzen, zur Ruhe zu kommen und unsere eigenen Visionen wahrzunehmen.

Und im nächsten Schritt müssen wir dem vertrauen, was wir sehen.

Daten sind zweitrangig; machen Sie ein »Bauchgefühl-Sandwich«

Stuart Landesberg hatte die Vision eines Unternehmens für Konsumgüter, das den Menschen die Möglichkeit geben sollte, nach den Werten zu leben, die sie tatsächlich vertreten. Er wusste, dass viele Menschen glaubten, man solle die Umwelt schützen, aber wenn es um die grundlegenden Dinge des Alltags geht, diktiert die Bequemlichkeit unsere Entscheidungen. Die meisten von uns wählen die gebräuchlichsten und am leichtesten zu findenden Marken, die (meistens) nicht die beste Option sind, wenn es um das Wohl des Planeten geht. Stuart beschloss, dass es ein Unternehmen geben sollte, das sich darauf konzentrierte, Konsumprodukte herzustellen, die alle von uns verwenden – wie etwa Handseife, Toilettenpapier und Waschmittel – und die nachhaltig, gesünder und ohne Einwegplastikverpackungen auskommen sollten. Er kündigte seine Stelle in einem Private-Equity-Unternehmen und verschrieb sich der Aufgabe, diese Mission in die Realität umzusetzen, aber auf 175 Pitches bei Investoren erhielt er 175 Absagen in mehr als eineinhalb Jahren. Kein einziger Investor sah das, was er sah.

Nach all diesen Ablehnungen wären die meisten Leute zu dem Schluss gekommen, dass der Markt über seinen designierten Stellvertreter gesprochen hatte – die auf Rendite abzielende Welt des Risikokapitals – und die Botschaft schien laut und deutlich zu sein. Niemand wollte Grove Collaborative, den Namen, den er für sein Unternehmen gewählt hatte. Aber Stuart war der Meinung, dass er einfach noch nicht den richtigen, vorurteilsfreien Investor gefunden hatte. Ihm war klar, dass nicht jeder es sehen konnte, wenn er es nicht bereits in eine Realität umgesetzt hatte, die man nicht ignorieren konnte. Aber er brauchte nur *einen*. Einen Investor, der es sah oder zumindest darauf vertraute, dass Stuart es sah, welcher dann unter Beweis stellen könnte, dass seine Vision sich als richtig erwies.

Stuart folgte dem zeitlosen Ratschlag von Jacob Riis:

> Wenn nichts zu helfen scheint, gehe ich hinaus und sehe einem Steinmetz zu, der mit seinem Hammer einen Felsen bearbeitet. Er schlägt vielleicht hundert Mal darauf, ohne, dass sich auch nur ein Riss zeigt. Aber beim hundertsten Schlag platzt er in zwei Teile, und ich weiß, dass es nicht der letzte Schlag war, der das bewerkstelligte, sondern alle, die vorher kamen.[10]

Stuart tat etwas, das den meisten Unternehmern zu peinlich wäre. Er wandte sich erneut an einen der Investoren, die ihn ablehnten, Paul Martino von Bullpen Capital, und versuchte ihn ein zweites Mal dazu zu bringen, anzubeißen. »Ich weiß, dass er nahe dran war«, erzählte mir Stuart. »Er wollte es tun, aber seine Teamkollegen blockierten ihn, oder so etwas in der Art. Ich sagte zu Paul: ›Ich will mit Ihnen zusammenarbeiten. Ich weiß, die Antwort war nein, aber es muss einen Preis geben.‹«

Stuart spürte, dass dies der richtige Partner wäre und wollte alles tun, um den Deal an Land zu ziehen. »Bullpens gesamte Geschichte drehte sich um gute Geschäftsideen, die irgendeinen hässlichen Aspekt hatten«, so erinnert sich Stuart. »In unserem Fall war es die Tatsache, dass E-Commerce einfach nicht mehr in Mode war. Wir entsprachen nicht dem üblichen Muster einer Erfolgsgeschichte. Bullpens gesamte Geschäftsphilosophie war es, uncoole Deals abzuschließen … und Seife zu verkaufen ist erst irgendwie in der letzten Zeit vielleicht ein bisschen cool geworden.«

Paul kam mit einem Preis zurück, mit dem Stuart schließlich leben konnte. »Das war fair gegenüber Bullpen und dem Unternehmen«, sagt er. Und so schloss er nach 175 Ablehnungen einen Deal ab. Heute, fünf Jahre später, ist Stuart der Held der Nachhaltigkeitsbewegung und Bullpen ist hocherfreut darüber, dass Stuart nicht nachgelassen hat. Grove Collaborative ist in den Schlagzeilen. Das Unternehmen wird 2023 400 Millionen Dollar Bruttogewinn machen und hat neulich seine Absicht erklärt, an die Börse zu gehen, unterstützt vom britischen Milliardär Richard Branson und einer Bewertung von 1,5 Milliarden Dollar.

◉ ◉ ◉

Die Daten sagten Stuart, er solle aufgeben. Stuart war anderer Meinung. Die besten Leader treffen Entscheidungen, die sich als datengestützt maskieren, obwohl sie in Wahrheit etwas sind, das ich als Bauchgefühl-Sandwich bezeichne: Daten, die wie ein Sandwich zwischen Einsichten und Intuition geklemmt sind, die man nicht allein mit Zahlen rechtfertigen kann. Ideen, die echte Gamechanger sind, bestehen aus zu vielen Zutaten, um auf eine einzige Formel reduziert werden zu können. Steve Jobs wusste, dass wir gerne 10.000 Lieder in unserer Tasche mit herumtragen wollten, bevor wir überhaupt wussten, dass das möglich ist. Katrina Lake, die Gründerin von Stitch Fix, verstand, dass es möglich war, ein Abonnement für Kleidung auf den Markt zu bringen, bevor es irgendwer sonst wusste – und sie wurde zu einer der jüngsten Frauen, die je ein Unternehmen an die Börse brachten. Jeff Bezos lancierte einen Online-Buchladen und, was wenige hatten kommen sehen, verwandelte ihn in ein Cloud-Unternehmen, einen Lebensmittelladen, selbstfahrende Autos (als Amazon 2020 das Self-Driving-Start-up Zoox kaufte) und so weiter und so fort.

Diese Schritte wurden nicht von Zahlen und Statistiken getrieben. Wir können diese unterstützenden Elemente später miteinbringen, aber Leader verlassen sich auf Ahnungen, die hinterher erst untermauert werden. Steve Jobs hätte einen schrittweisen Ansatz bei der Musik gehen können und seiner Version eines Sony Walkmans eine CD-Funktion hinzufügen können. Aber als Musikfan begann er mit der Problemstellung und arbeitete sich rückwärts vor, um die Lösung zu finden: Wie kann ich meine Beatles-Sammlung, die aus Hunderten Songs besteht, überall mit hinnehmen? Er trat 2001 auf die Bühne, griff in die Vordertasche seiner Jeans und zeigte der Welt zum allerersten Mal einen iPod.

Meine Kollegin von *Shark Tank*, Katrina Lake, hatte das instinktive Gefühl, dass Kleidung einkaufen für viele Konsumenten nicht besonders erfreulich war, wenn sie dabei durch einen nicht endenden Stapel von Möglichkeiten stöbern mussten, um etwas zu finden, das ihnen gefiel. Mit Stitch Fix hatte sie eine völlig neugedachte Version eines Einkaufsassistenten, der jedem zur Verfügung stand, nicht nur den Reichen. Und sie errichtete auf dieser Idee ein kuratiertes Business für Kleidung, das heute jedes Jahr fast zwei Milliarden Umsatz macht – und damit zahllose Nachahmer auf den Plan gerufen hat, die demselben Abo-Modell folgen.

Jeder mit gesundem Menschenverstand hätte darauf beharrt, dass Jeff Bezos sich damit hätte zufriedengeben können, dass Amazon der größte Buchhändler der Welt wird. *Immer am Ball bleiben und das Ziel im Auge behalten. Ein Mangel an Konzentration und Klarheit kann den Erfolg gefährden.* Aber Bezos war zu einer anderen Erkenntnis gelangt, die er »Tag Eins« nannte: Was, wenn er ein Unternehmen aufbauen konnte, in dem die Sonne nie untergeht, und in dem jeder Tag eine neue Gelegenheit bietet, eine neue Facette des Lebens zu entdecken? Er machte sich das zum Motto und zwei Jahrzehnte später ist er der reichste Mensch auf dem Planeten oder zumindest unter den Top Five.

Bei RSE haben wir in Jordana Kier und Alex Friedman investiert, die instinktiv zu der Überzeugung gelangt waren, wenn Frauen mehr darüber wussten, was sie ihrem Körper zuführten, würden sie mit Vergnügen bei einem Unternehmen einkaufen, das Hygieneprodukte für Frauen anbietet, die

100 Prozent Bio sind, und eine Kultur der Offenheit fördert sowie Stigmata beseitigt. Diese Einsicht war ihnen gekommen, als sie sich die lange Liste an Inhaltsstoffen auf einer Schachtel Tampons ansahen und auf die Worte »kann Folgendes enthalten« stießen, gefolgt von einer langen Liste an Dingen, die sie niemals freiwillig in Kontakt mit ihrem Körper bringen würden – inklusive Bleiche. Sie verfügten über keine Daten, die ihre instinktive Erkenntnis untermauert hätten – skeptische Venture-Kapitalfirmen bestanden sogar darauf, dass es keine Marktlücke dafür gäbe und dieser Marktbereich bereits von drei Megaunternehmen dominiert werde, inklusive Procter & Gamble, während die Forschung zeige, dass Frauen selten ihre Präferenzen änderten. Aber diese Forschung erwies sich als falsch oder zumindest unvollständig. Niemand hatte den Frauen je die richtigen Fragen gestellt.

»Die meisten Risikokapitalinvestoren und Führungspersonen von Marken, die weibliche Pflegeprodukte herstellen, sind – und waren stets – Männer«, erklärte mir Alex. »Ich wusste, dass das Problem tatsächlich bestand, denn ich habe es selbst erlebt! Ich konnte nicht herausfinden, was wirklich in konventionellen Tampons enthalten war, was mir das Gefühl gab, nicht respektiert zu werden. Ich benutzte immer wieder die gleiche Marke, aufgrund von Bequemlichkeit und aus Mangel an Optionen – nicht aus Loyalität. Ich hatte den Verdacht, dass andere Frauen dasselbe empfanden und sich ebenso verhielten wie ich. Ich wusste, wenn es ein Produkt für die Periode gäbe, das transparent die Inhaltsstoffe angibt und leicht verfügbar wäre, von einer Marke, die mir zusagt, würde ich sofort wechseln. Gespräche mit anderen Frauen bestätigten, dass sie das ebenso tun würden. Wir unterhielten uns mit Hunderten von Frauen, die im Stillen unzufrieden mit den Herstellern weiblicher Pflegeprodukte waren. Ihre Antworten bestätigten unsere Instinkte und wir gründeten LOLA, um ein sehr reales Problem für sie und uns zu lösen.«

Vier Jahre später gibt es LOLA-Produkte in jedem Walmart direkt neben den Produkten der Marktführer und ihr Anteil wächst jeden Tag. Das instinktive Gefühl von Alex und Jordana hätte die alteingesessenen Player nicht zum Umdenken bewegt, denn die Daten wiesen darauf hin, dass die bestehenden Produkte absolut ausreichend für die meisten Frauen waren.

Aber die beiden Gründerinnen wussten, dass die Daten nicht die ganze Geschichte erzählten und die Frauen, mit denen sie sprachen, stützten diese Überzeugung und bestärkten Alex und Jordana auf ihrem Weg nach vorn. Häufig sind Daten einfach nur eine Versicherung dagegen, sich etwas vorzumachen. Sie werden Ihnen kein grünes Licht erteilen (und sollten das auch nicht). Tatsächlich dienen Forschungsergebnisse allzu oft als Grund dafür, dass Menschen aufgeben, bevor es richtig angefangen hat. Lassen Sie sich nicht von den Zahlen zurückhalten, wenn Ihr Bauch Ihnen sagt, dass Sie auf der richtigen Spur sind; und haben Sie keine Angst, nach der Unterstützung zu suchen, von der Sie glauben, dass sie irgendwo da draußen sein muss.

Es gibt noch einen anderen, übergeordneten Aspekt und dieser zeigte sich in einer Unterhaltung, die ich mit Sean Harper führte, dem Mitbegründer und CEO von Kin Insurance, dem Unternehmen, das ich an die Börse bringen wollte, bevor unser Deal durchfiel. Wenn man sich nur auf die Daten verlässt, gibt es zu viele Möglichkeiten, die eigenen Entscheidungen infrage zu stellen. Die Daten könnten falsch sein oder deren Analyse fehlerhaft und das könnte einen in die falsche Richtung lenken. »Aber wenn man einfach tut, was einem richtig erscheint – was einem die Instinkte sagen –, dann stellt man es nicht infrage«, meint Sean mit Nachdruck. »Man kann nicht mit den eigenen Gefühlen debattieren. Und dadurch kann man letztlich inneren Frieden gewinnen, egal, wie die Entscheidung aussieht.«

Jordana und Alex vertrauten auf ihr Bauchgefühl. Sie ärgerten sich über die Pflegeprodukte für Frauen, die sie benutzt hatten. Sie wussten, dass es anderen Frauen sicherlich genauso ging – und sie lagen damit absolut richtig. Die meisten von uns reden es sich selbst aus, auf die eigenen Instinkte zu vertrauen. Gewinnertypen wie Sean Harper und die Gründerinnen von LOLA tun das nicht.

Den eigenen Instinkten zu vertrauen ist wie Muskeltraining – man wird mit der Zeit stärker

Es ist nicht einfach, sein ganzes Leben lang alles zu geben und die Schiffe hinter sich zu verbrennen, vor allem deswegen, weil es nicht nur um eine einzige richtige Entscheidung geht. Um nachhaltigen Erfolg zu erzielen, ist es erforderlich, stets in Bewegung zu bleiben und viele Entscheidungen nacheinander zu treffen. Kevin O'Leary von *Shark Tank* – auch bekannt als Mr. Wonderful – begann seine Karriere mit der Gründung eines Unternehmens für Bildungssoftware. Nach diesem Start hätte er in dieser Branche bleiben, sein Unternehmen vergrößern und zu einem Giganten werden können. Stattdessen nutzte er seine Erfahrung, um in die Private-Equity- und Risikokapital-Branche einzusteigen, und trat später im Fernsehen auf, zuerst in Kanada (bei *Dragon's Den*, der kanadischen Version von *Shark Tank*) und schließlich in den Vereinigten Staaten. Kevin hat seitdem ein ganzes Imperium quer durch verschiedene Branchen errichtet und sogar seinen Ruhm genutzt, um sich selbst bis in die kanadische Politik zu katapultieren.

Lori Greiner ist ein weiteres Beispiel. Sie hat als Erfinderin angefangen und einen Organizer für Ohrringe entwickelt, der schließlich ins Sortiment von JCPenney aufgenommen wurde – und von dort aus hat sie es zum Fernsehstar geschafft. Sie hält heute 120 Patente für einige der beliebtesten Erfindungen für den Haushalt weltweit, hat mehr als 800 Produkte entworfen und vermarktet und – aufbauend auf ihrer Erfahrung im Fernsehen – eine eigene TV-Produktionsfirma ins Leben gerufen. Keiner der »Sharks« hat sich eine Auszeit gegönnt, selbst nicht, nachdem sie massive Erfolge eingefahren hatten.

◉ ◉ ◉

Ich arbeitete als Highschool-Abbrecher im Büro des Bürgermeisters von New York City und hätte zu dem Schluss kommen können, dass dieser Job genug war, um mich auf meinen Lorbeeren auszuruhen und darauf zu vertrauen, dass mein Leben in die rechten Bahnen gelenkt war. Aber ich wollte es nicht dabei belassen. Meine Instinkte sagten mir, dass es noch so viel mehr zu tun gab. Ich wusste, dass ich zuerst das Stigma des Schulabbrechers loswerden musste. Ich plante zehn Schritte im Voraus und wollte nicht, dass dieser Schatten jemals meiner Karriere im Weg stand – nachdem ich also meinen Abschluss am Queens College gemacht hatte, beschloss ich, in Teilzeit das Abendschulprogramm einer juristischen Fakultät zu absolvieren. Ein Abschluss von Fordham Law würde meinen Lebenslauf ordentlich aufpolieren. Ich dachte mir, dass mir niemand vorhalten könnte, dass ich die Highschool verlassen hatte, wenn ich nicht nur das College abgeschlossen hätte, sondern auch noch Anwalt wäre, mit einem Abschluss einer Eliteschule und vielleicht als Krönung mit ein paar Artikeln in der *Law Review*.

Gleichzeitig bat ich im Bürgermeisteramt um eine Beförderung. Ich wollte mit 23 stellvertretender Pressesprecher werden. Meine geleistete Arbeit zeigte, dass ich es verdient hatte, darauf vertraute ich, und es wäre eine beachtliche Gehaltserhöhung damit einhergegangen, was mich meinem Ziel, gemeinsam mit meiner Mutter der Armut zu entfliehen, einen guten Schritt näherbringen würde. Angesichts meiner jungen Jahre wurde mir mitgeteilt, dass ich noch etwas warten solle und andere, die älter und schon länger dort angestellt waren, vor mir an die Reihe kamen. In diesem Moment legte mir mein Instinkt nahe, eine weitere kühne Entscheidung zu treffen: zu kündigen.

Man muss in seinem eigenen Leben stets am Steuer sitzen. Gerechtigkeit wird einem nicht einfach so zuteil. Wenn Sie das Gefühl haben, ausgebeutet oder ausgebremst zu werden, können Sie entweder in Ihrem eigenen Unmut schmoren und auf die Anerkennung warten – oder sich sogar dem Selbstmitleid hingeben, was eine noch schlechtere Idee ist. Das Gesetz der Zinseszinsen trifft auf Ideen und Leistungen genauso zu wie auf Geld. Je schneller Sie in neuen Bereichen Leistungen bringen, desto mehr Zeit haben Sie im Lauf Ihres Lebens die Früchte des exponentiellen Wachstums zu ernten. Deswegen fragte Eliza im Musical Hamilton ihren Ehemann: »Wieso schreibst du, als liefe dir die Zeit davon?« Alexander Hamilton schreibt wie besessen, weil er erkennt, dass uns allen die Zeit davonläuft.

Ich hatte nicht vor, ewig im Büro des Bürgermeisters zu warten. Ich musste Fluchtgeschwindigkeit erreichen, um sicher und dauerhaft der Armut zu entfliehen. Also nahm ich eine Stelle in der Abteilung für Regierungsangelegenheiten bei New York Life an, einem großen Versicherungsunternehmen. Sie boten mir ein höheres Grundgehalt und zahlten außerdem auch noch für mein Jurastudium. Meine Kollegen im Presseamt des Bürgermeisters meinten, ich mache einen Fehler, aber ich tat es dennoch. Natürlich. Sie mussten sich ja keine Sorgen um meine Zukunft machen; ich war der Einzige, der für meine Entscheidungen verantwortlich war.

Der Job nahm einem jede Lebenskraft und war totlangweilig – der erste und letzte reguläre Achtstundenjob, den ich jemals hatte –, aber dann rief mich vier Monate später das Rathaus an und lud mich ein, zurückzukommen und direkt als Vize-Pressesprecher anzufangen. Der Schachzug zahlte sich aus. Ich war an die Spitze der Reihe aufgerückt, aufgrund meiner Leistungen und nicht aufgrund des Alters, genau, wie ich es mir gewünscht hatte – und ich erhielt eine Gehaltserhöhung, die zwar nicht ausreichte, um für das Jurastudium zu bezahlen (ich hatte letztlich einen Berg Schulden durch das Studium), aber wenigstens war es genug, dass ich mich um meine Mutter kümmern konnte.

Ich wusste damals noch nicht, dass ich einem Muster folgte, das ich im weiteren Verlauf meiner Karriere bei so vielen anderen erkennen würde. Ich wusste nicht, dass dieser Mut, Sprünge zu wagen und Risiken einzugehen, mehr war als nur meine eigene unkonventionelle Herangehensweise, mit dem Universum umzugehen. Aber wie sich herausstellte, war das ein tatsächlich wirkungsvoller Ansatz. Dieselben Instinkte sah ich am Werk in der Karriere von Jason Feldman, dem Mitbegründer und CEO von Vault Health, dem Marktführer bei Speicheltests, um COVID-19 zu diagnostizieren. Seine Firma ging Partnerschaften mit Regierungen und Unternehmen auf der ganzen Welt ein, um Leben zu retten.

Jasons Berufspfad, bevor er Karriere im Gesundheitsbereich machte, verlief mal hierhin und mal dorthin. Er begann seine Karriere beim US-Außenministerium, aber wechselte rasch in den Einzelhandel und stieg die Karriereleiter hinauf, während er von The Home Depot über The Body Shop zu

Hanes und dann zu Amazon wechselte, wo er Leiter von Prime Video Direct wurde und den Content-Schaffenden half, ihre Videos auf der Prime-Plattform überall auf der Welt verfügbar zu machen.

Von da an war Jason im Begriff, CEO von Jenny Craig zu werden, dem bekannten Fitnessunternehmen für Menschen, die Gewicht verlieren wollen. Dann änderte ein Treffen mit den Leuten, die seine Mitbegründer bei Vault Health werden sollten, den gesamten Verlauf seiner Karriere. Das Unternehmen war kurz davor, ein neues Start-up im Bereich »Men's Health« zu werden, getrieben von der Idee, dass Männer mehr auf ihre kardiovaskuläre Gesundheit achten müssen, und sie planten, Telemedizin zu nutzen, um dieses Ziel zu erreichen. Jason wurde inspiriert von ihrer Mission. Er unterzeichnete einen Vertrag, um Mitbegründer zu werden und das Unternehmen zu leiten. Ein Jahr später brach COVID aus.

»Der Tag, an dem wir offiziell das Kernprodukt des Unternehmens lancieren wollten, wofür wir den Großteil unseres Marketingbudgets ausgegeben hatten, brach der Aktienmarkt ein«, erinnerte sich Jason. Sie mussten schnell umschwenken – und Jason, der seine ganze Karriere mit solchen Richtungswechseln verbracht hatte, war genau der Richtige für den Job. Jason stieß auf einen Speicheltest auf einem Regal in der Rutgers University und beschloss, es musste doch eine Möglichkeit geben, diesen Test auf den Markt zu bringen und damit den Menschen zu helfen, die Angst vor den COVID-Tests hatten, bei denen man einen Abstrich aus der Nase entnimmt und das Teststäbchen fast bis ins Gehirn geschoben bekommt.

Er arbeitete hart, um diesen Speicheltest für Millionen von Menschen zugänglich zu machen und schmiedete Beziehungen und Partnerschaften zu ganzen Staaten und Sportligen, um ihre Testprogramme zu leiten. Wer hätte da den Mut besessen, einfach ins kalte Wasser zu springen, wenn nicht jemand, der genau das schon seit Jahren getan hatte? »Jede Chance in meiner Karriere zu ergreifen, hat mir dabei geholfen, meinen Werkzeugkasten mit einem einzigartigen Satz an Fähigkeiten aufzubauen, die ich mir durch Erfolge und Misserfolge angeeignet habe«, erzählte mir Jason. »Ich erinnere mich noch daran, als ich einmal frustriert war, weil ein Manager zu Beginn meiner Karriere mich in einer Performance Review einen ›Generalisten‹ nannte. Dieser Manager hatte Jahre damit zugebracht, langsam die Karriereleiter des Unternehmens zu erklimmen und sagte, ich würde nie weit kommen, wenn ich mich nicht auf etwas fokussierte und Experte in einem bestimmten Bereich wurde. Ich hatte aber einen ganz anderen Pfad vor Augen.«

Im Umfeld einer Pandemie machte sich dieser Pfad bezahlt.

◉ ◉ ◉

Jasons Sprung von einer Branche in die nächste erinnerte mich an meine eigene Geschichte. Nachdem ich als Vizepressesprecher ins Rathaus zurückgekehrt war, kündigte ich später erneut – aber als das Start-up, dem ich mich angeschlossen hatte, scheiterte, wollte mich das Bürgermeisteramt zurückhaben, dieses Mal als Pressesprecher. Ich war erst 26 Jahre alt. Die Amtszeit des Bürgermeisters dauerte noch weniger als ein Jahr. Sein Team verließ das sinkende Schiff und machte sich daran, sich andere Stellen zu suchen. Ich wusste nicht wirklich, wie ich diese Stelle ausfüllen sollte – es war die anspruchsvollste Stelle als Pressesprecher in ganz Amerika, direkt auf Augenhöhe mit dem Pressesprecher des Weißen Hauses. Man musste eine der umfangreichsten Pressestellen der Welt leiten, 24 Stunden am Tag am Telefon hängen und von einer Katastrophe zur anderen hetzen – während ich immer noch ein geheimes Leben der Scham im Elend führte, meine eigene Mutter baden musste und abends dem Jurastudium nachging. Aber ich wusste, ich musste es versuchen.

Chancen sind keine Ressource, die ewig vorhält und wenn man eine Möglichkeit sieht, muss man sie ergreifen. Als jüngster Pressesprecher in der Geschichte von New York City fühlte ich mich, als würde ich mir meinen eigenen Fahrschein in die berufliche Sicherheit ausstellen, für immer und ewig. Das würde ein unmögliches Unterfangen werden – aber ich glaubte wirklich, dass die Annahme des Jobs die letzte schwere Entscheidung meines Lebens werden würde. Meine Story würde nicht mehr die des Highschool-Abbrechers sein; »jüngster Pressesprecher« würde die erste Zeile bei jeder Vorstellung lauten, zumindest, bis ich etwas Besseres leistete. Ich konnte meine angestrebte Zukunft taghell vor mir sehen. Ich hatte die Schiffe hinter mir verbrannt und in nur einem Jahrzehnt mich selbst und meine Mutter aus der Armut befreit.

Es sollte etwas anders kommen.

Ihre Instinkte werden Sie retten – selbst, wenn alles den Bach runtergeht

Es war der 2. April 2001, mein erster Arbeitstag. Ich war so aufgeregt, endlich genug Geld zu verdienen, dass ich eine Hilfskraft für meine Mutter einstellen und sogar eine kleine eigene Wohnung mieten könnte, in die ich vielleicht zum ersten Mal in meinem Leben ein Date einladen würde. Meine Mutter hatte mehr und mehr gesundheitliche Probleme, aber wenn man in einem nie endenden Albtraum lebt, wird man leicht immun gegen Anzeichen dafür, dass sich die Dinge verschlechtern. In der Rückschau sah das Gesicht meiner Mutter an diesem Morgen fast lila aus – aber ich konnte nicht an ihrer Sauerstoffmaske oder an unserem leeren Bankkonto vorbeiblicken. Ich hatte Geld verdient, aber die Kosten, mich um sie zu kümmern, überstiegen mein Gehalt. Ich konnte nicht mehr für eine Pflegekraft bezahlen, die kommen und sie baden konnte. Wir hatten nichts. Ich war 26 und fühlte mich durch den Druck wie ein Ertrinkender. Die neue Stelle als Pressesprecher hätte mein Rettungsboot sein sollen. Meine Mutter sagte mir an diesem Morgen, dass sie sich nicht gut fühle und bat mich, zu Hause zu bleiben – aber sie fühlte sich nie gut und ich musste an meinem ersten Tag wieder im Rathaus pünktlich sein.

Als ich die Marmorstufen zum Vordereingang in Downtown Manhattan hochsprintete, drückte Chris, ein junger Polizist mit einem Brooklyn-Akzent wie aus dem Bilderbuch, den Türöffner, um mich hereinzulassen und begrüßte mich mit einem High Five.

»Matty-Boy, du bist zurück!«

Ich setze mich an meinen Schreibtisch in der Ecke. Um 10 Uhr vormittags rief Angela Banks, die das Büro leitete: »Matt, deine Mutter ist am Telefon.«

Sie hatte einen Krankenwagen gerufen, weil sie Atemprobleme hatte.

Meine erste Reaktion war Erleichterung. Endlich konnte jemand anderes die Zügel übernehmen und etwas tun – egal was. Ich sagte ihr, dass ich sie im Krankenhaus in Queens treffen würde.

Ich hielt bei unserem ärmlichen kleinen Apartment, um ein paar Kleidungsstücke zu holen für den, wie ich hoffte, längeren Aufenthalt meiner Mutter im Krankenhaus – Wunschdenken, da jeder vorherige Besuch in der Notaufnahme damit geendet hatte, dass wir keine Antworten bekamen und ich sie in ihrem Rollstuhl zurück zum Wagen schob. Als ich ankam, stand ein verlassener Krankenwagen mit offenen Türen mitten auf der Straße, das erste unheilvolle Anzeichen dafür, dass etwas nicht stimmte.

Ich werde immer die wenigen kostbaren Minuten bereuen, die ich durch meinen Zwischenstopp bei der Wohnung vergeudet hatte.

»Es tut mir so leid«, sagte die Mitarbeiterin an der Rezeption, als ich das Krankenhaus betrat. »Sie ist vor fünf Minuten gestorben.«

◉ ◉ ◉

Der größte berufliche Erfolg, den ich je erlebt hatte, stellte sich am schlimmsten Tag meines Lebens ein. Als kleiner Junge hatte ich mir sehnlichst gewünscht, meine Mutter zu retten. Bis zu diesem Tag ist es mein größtes persönliches Versagen und eine schwärende Wunde, die niemals heilt. Über manche Dinge kommt man einfach nicht hinweg.

Der Schmerz meiner Mutter fand an diesem Morgen ein Ende, aber ihr Erbe lebt in dem weiter, was ich aus ihrer Lebensreise gelernt habe – zuerst einmal die enorme Empathie, die ich gegenüber denjenigen empfinde, die ihr Leben unter dem erdrückenden Gewicht von Armut oder Behinderung verbessern wollen, und zweitens eine Lektion, die mich seitdem immer angetrieben hat – ein Happy End ist uns nicht garantiert.

Oft gehen Dinge den Bach runter – auf die ein oder andere Weise und in gewissem Umfang für uns alle, besonders, wenn wir versuchen, etwas Großes und Bedeutendes zu erreichen. Wenn das passiert, bleibt man alleine mit sich und den Entscheidungen zurück, die man auf dem Weg getroffen hat.

Genau wie Sean Harper von Kin Insurance sagte, kann man mit seinen Gefühlen nicht argumentieren. Den eigenen Instinkten zu vertrauen, ist die einzige Art, sein Leben ohne Bedauern zu leben. Für mich bedeutete das – egal, was mit meiner Mutter passiert ist –, dass ich immer noch mein eigenes Leben hatte, mit dem ich mich ab diesem Moment auseinandersetzen musste. Ich überlege mir, wie mein Leben verlaufen wäre, wenn ich nicht die Highschool abgebrochen hätte. Meine Mutter wäre dennoch gestorben, vielleicht sogar noch schneller, ohne mein wachsendes Einkommen, um ihr die Hilfe zu verschaffen, die sie brauchte. Und wie wäre es für mich gelaufen? Ich hätte es nicht bis ins Rathaus geschafft, vermutlich nicht einmal aufs College. Mein Kindheitstrauma hätte mir vielleicht für immer in meinem Erwachsenenleben Grenzen gesetzt und ich hätte meine Mutter gehasst, weil ich wegen ihr mein Potenzial nicht entfalten konnte.

Stattdessen hatte ich, obwohl ich emotional am Boden zerstört war, eine berufliche Zukunft vor mir.

◉ ◉ ◉

Was machen Sie, wenn Scheitern und Aufgeben so nahe sein könnten? Sie machen weiter. Es gibt kein besseres Beispiel, um diese Lektion zu untermauern, als Kaley Young. Sie hatte mit so vielen Problemen zu kämpfen, als sie und ihre beiden Geschwister, Keira und Christian, bei *Shark Tank* durch die berühmte Holztür stürmten. Sie hatte mit 19 das College abgebrochen, als ihre Mutter mit Brustkrebs im Sterben lag. Sie half ihrem Vater, einem Feuerwehrmann namens Keith, ihre zwei jüngeren Geschwister großzuziehen – und dann bekam er ebenfalls Krebs, was mit seinem Einsatz auf Ground Zero zu tun hatte, wo ich ihm vermutlich über den Weg gelaufen sein könnte, als ich nach den Anschlägen von 9/11 eine Pressekonferenz gab.

Wenn Keith gerade keine Brände löschte, kochte er mit Leidenschaft – er war schon im Food Network aufgetreten und hatte Bobby Flay beim Wettkochen eines Hähnchen Cacciatore geschlagen – und er war ein innovativer Unternehmer. Er hatte ein neues Schneidebrett erfunden mit einer Schale, die über den Rand der Arbeitsfläche hing, um Stückchen des Schneidguts oder Säfte aufzufangen. Nach mehreren Ablehnungen wurde er endlich zu *Shark Tank* eingeladen und bekam das Ticket zugeschickt … drei Monate nachdem er gestorben war.

Kaley, die immer noch in tiefer Trauer gefangen war, hätte den Brief auch wegwerfen können. Aber sie beschloss, das Erbe ihres Vaters zu ehren – und das, was er hinterlassen hatte, zu nutzen, um die Lage ihrer Familie zu verbessern. Gemeinsam mit ihren zwei Geschwistern, die sie nun alleine aufzog, flog sie nach Los Angeles, um in der Show aufzutreten. Es war ein sehr emotionaler Moment. Ich wäre am liebsten aufgesprungen, um Kaley zu beschützen, hätte ihr gesagt, dass sie das alles überstehen und alles am Ende gut ausgehen würde.

Das Schneidebrett war brillant, aber die Familie brauchte Unterstützung. Die Werkzeuge, in die Keith investiert hatte, um weitere Schneidebretter herzustellen, waren während seiner Erkrankung verrostet. Die Kinder brauchten 30.000 Dollar, nur für neue Werkzeuge und um das Produkt auf den Markt zu bringen. Wir baten sie, einen Moment rauszugehen, damit wir uns unterhalten konnten. Ich besprach mich mit Mark Cuban und wir fünf ›Sharks‹ gemeinsam fassten den Plan, diese Familie zu unterstützen und 100.000 Dollar für 20 Prozent Anteil an ihrem Geschäft zu bezahlen. Alle unsere Gewinne sollten an die Familien von Feuerwehrmännern gehen, die mit Krankheiten infolge von 9/11 zu kämpfen hatten. Wir taten uns zusammen, um die Träume dieser Familie wahrwerden zu lassen.

Innerhalb von drei Monaten besorgte das Team von Daymond John ihnen einen Termin bei Williams-Sonoma und mittlerweile ist es das meistverkaufte Schneidebrett der gesamten Kette. Kaley und ihre Familie sind finanziell abgesichert und es war eine unglaubliche Story – das alles ist nur passiert, weil Kaley sich weigerte, aufzugeben, selbst angesichts einer so niederschmetternden Tragödie. Sie gab alles und erntete den Lohn.

◉ ◉ ◉

Ihre Lebensumstände sorgen nicht dafür, dass Ihnen ein bestimmter Lebensweg vorherbestimmt ist. Bei mir sah es so aus, als würde ich im Leben scheitern; das Vertrauen auf meine Instinkte gab mir einen Ausweg. Das Gleiche gilt für Kaley. Wir alle tragen dieses Potenzial tatsächlich in uns. Wir müssen nur auf die Stimme in unserem Inneren hören – selbst wenn wir sie kaum verstehen können.

KAPITEL 2

ÜBERWINDEN SIE IHRE DÄMONEN UND FEINDE

Wenn es Ihnen so geht wie mir, haben Sie sich als Kind vielleicht vorgestellt, dass Ihnen, wenn Sie wirklich alt sind – vielleicht mit 30 – endlich das umfangreiche Wissen zuteil werden wird, das Sie brauchen, um sich in dieser verrückten Welt zurechtzufinden. Bis dahin hätten Sie Ihre Kindheitstraumata überwunden, all die Dämonen gezähmt, die Sie zurückhalten oder Sie zu schlechten Entscheidungen drängen, und Sie wüssten all die Antworten. Sie wären ruhig, stabil und hätten sich völlig im Griff.

Aber ach, ich warte immer noch auf diesen magischen Augenblick.

Verstehen Sie mich nicht falsch. Ich kann gut mit Krisen umgehen. Nachdem ich die Medienreaktion auf die Angriffe von 9/11 koordinierte und zwei Jahre auf Ground Zero verbrachte, um rund um die Uhr beim Wiederaufbau von New York City zu helfen, wie hätte ich da nicht den Eindruck haben sollen, dass ich mit allem fertigwerden kann? Letztendlich half ich dabei, das Unterfangen zum Bau des 9/11-Denkmals zu leiten –während ich gleichzeitig mein Jurastudium abschloss – und erhielt dann unerwartet einen Anruf von den New York Jets, um ihnen beim unmöglichen Versuch zu helfen, ein neues Footballstadion auf der West Side von Manhattan zu errichten. Sie hofften, dass es das Herzstück für New Yorks letztendlich erfolglosen Versuch sein würde, die Olympischen Spiele 2012 auszurichten, und meine Erfahrung im Umgang mit der New Yorker Bürokratie machte mich zur perfekten Wahl. Und obwohl es mir beruflich gut ging, hatte ich im Persönlichen zu kämpfen, und zwar mehr, als mir damals bewusst war.

Ich wurde Teil des Vorstands bei den Jets und war letztlich mit dem gesamten geschäftlichen Bereich betraut. Ich hatte einen neuen Deal vor Augen, einen drei Monate alten Jungen und ein wunderschönes Apartment in Brooklyn Heights. Ich fühlte mich endlich sicher, glücklich, sogar etwas geheilt. Es kam mir vor, als hätte ich die Tragödien meiner Kindheit überwunden.

Dann bekam ich Krebs – Hodenkrebs, der auf der Liste der Krebsarten steht, die vielleicht mit den Schadstoffen zu tun haben könnten, denen ich auf Ground Zero nach 9/11 ausgesetzt war. Es wuchs ein enormer Tumor heran, der erst nach schmerzvollen Wochen diagnostiziert wurde, in denen ich versucht hatte, es zu leugnen. Auch wenn mein Leben möglicherweise auf dem Spiel stand, konnte ich nur daran denken, wie ich diese Diagnose am besten geheim hielt. Die Scham war immer noch so groß, ebenso wie die Unsicherheit aufgrund meiner ärmlichen Herkunft, dass ich Angst hatte, irgendeine Schwäche zu zeigen. Ich dachte, meine neueste berufliche Position war sicher Geschichte, wenn irgendjemand wusste, dass ich Krebs hatte. Und diese Stelle hätte mir die Sicherheit gegeben, nach der ich mich immer gesehnt hatte. Auch wenn ich wusste, dass ich den Jets schon meinen Wert bewiesen hatte, machte ich mir Sorgen, alles in einem Augenblick zu verlieren und wieder in dem dreckigen Apartment in Queens zu sitzen und »Regierungskäse« zu essen.

Einen Tag nach der Operation zur Entfernung des Hodens ging ich wieder zur Arbeit, mit einer knapp acht Zentimeter langen Narbe auf dem Bauch, die immer noch blutverkrustet war. Es war ein Abendessen mit den Jets und einer Reihe von Trainern angesetzt. Ich quälte mich aus dem Bett, warf die Schmerztabletten weg und beschloss zu beweisen, wie unbesiegbar ich immer noch war. Im privaten Esszimmer saß schon der Cheftrainer der Jets, Eric Mangini, der an einem Tisch voller Angestellter Hof hielt. Ich schnappte mir nonchalant einen Stuhl, als wäre nichts passiert. Man konnte unmöglich übersehen, dass ich einen großen Eisbeutel zwischen den Beinen hatte. Ich sprach mit einem Glas Wein einen Toast aus, der mein neues Motto werden sollte, das ich bald auf einer Metallplakette um den Hals tragen würde: DIE HÄLFTE DER EIER UND DOCH DOPPELT SO VIEL MANN.

Ich dachte, ich sei ein Held, der Stärke und Durchhaltevermögen zeigt – aber heute ist mir der Auftritt an diesem Abend höchst peinlich. Alles, was ich demonstrierte, war meine eigene Schwäche. Und ich vermittelte die Botschaft an alle, die mir unterstellt waren – wenn ich einen Tag nach einer Operation wieder in der Arbeit war, sollten sie besser auch ihre eigenen Sorgen verdrängen und sich zusammenreißen. Ich weiß heute, was für ein mangelhafter Leader ich damals war – mit hohen Ansprüchen, der keine Kompromisse einging und unnachgiebig war –, denn genauso ging ich auch mit mir selbst um. Man kann kein Mitgefühl mit anderen haben, wenn man sich selbst diese grundlegende Empathie verwehrt. Ich glaubte nicht daran, dass jemand mir Vorschusslorbeeren geben würde oder die Zügel schleifen ließ oder akzeptierte, dass ich kein Übermensch war. Ich lag falsch.

◉ ◉ ◉

Egal, was Sie erreichen, Sie können sich nur zu leicht einreden, dass es nicht genug ist; dass *Sie* nicht genug sind und dass die Geier nur auf das kleinste Zeichen der Schwäche warten, um Sie zu fressen. Aber egal, ob diese Geier real sind oder nur die Stimmen in unserem Kopf, wir dürfen nicht zulassen, dass sie unser Selbstvertrauen zerstören. Bevor wir die Schiffe hinter uns verbrennen, müssen wir selbstbewusst sein und dürfen keine Angst davor haben, dass Kräfte, die unseren Untergang wollen, uns niederringen könnten. Wir müssen die Kraft von denen zurückerobern, die uns niederdrücken wollen, von vergangener Scham und Niederlagen und aus tiefstem Inneren, indem wir alle Zweifel überwinden und uns für die harte Arbeit des Erfolgs wappnen. In diesem Kapitel werde ich die Prinzipien besprechen, die meiner Meinung nach so entscheidend sind, um die Vergangenheit zu überwinden und uns auf eine Zukunft ohne Grenzen vorzubereiten.

Überwinde die Hater – und nähre fürsorglich deine Ideen

Als Dave Chang sich vorgenommen hatte, das erste Mal in einem seiner Momofuku-Restaurants in New York 2016 den »Impossible Burger« zu servieren, schlug ihm jede Menge Skepsis entgegen. »Niemand wird einen veganen Burger wollen«, sagten ihm alle, inklusive der *New York Post*. »[Erfinder Patrick O.] Brown's Impossible Foods Labor hat fünf Jahre und 80 Millionen – 80 Millionen – Dollar gebraucht, um einen Burger zu produzieren, für den ich keine 80 Cent zahlen würde«, schrieb Steve Cuozzo, ein Kolumnist der *Post* und Restaurantkritiker. »Und ich würde definitiv keine 12 Dollar dafür bezahlen, den Preis, den er bei Momofuku Nishi kosten soll.«

Ich stand damals im hinteren Teil des Raumes neben Steve Cuozzo, als Dave den Burger in Anwesenheit der Presse vorstellte. Ich habe pflichtgemäß einen gegessen – und mir insgeheim dieselben Gedanken gemacht. Da ich selbst mein gesamtes Erwachsenenleben mit meinem Gewicht zu kämpfen hatte, war mir völlig schleierhaft, wieso jemand sich diesen Burger aussuchen sollte, als ich sah, dass die Kalorien des Impossible Burgers fast die gleichen waren wie bei einem normalen. Entweder ganz oder gar nicht, richtig? Dennoch war ich Daves loyaler Partner und lächelte zustimmend, als er vorhersagte, dass dies der Beginn einer seismischen Verschiebung innerhalb der Gesellschaft sein würde.

Was die anderen und ich selbst nicht wirklich würdigten, war die eskalierende Klimakrise und der ethische Trend zu veganen Lebensmitteln, der bald an Fahrt gewinnen sollte. Dave hatte schon vor den meisten anderen ein Gespür für diese Bedrohung entwickelt. Ihm war klar, dass Fleisch zu den katastrophalen Entwicklungen auf dem Planeten beitrug und man deshalb nach Alternativen suchen würde. Momofuku Nishi wurde das erste Restaurant, das einen Deal mit Impossible Foods abschloss – und Daves Instinkt erwies sich als absolut richtig. Wir brachten einen kleinen Anteil Kapital ein und wurden dafür Early Adopter. Vier Jahre nachdem die *Post* verkündet hatte, sie würde nicht einmal 80 Cent dafür zahlen, wurde der Impossible Burger von den Investoren, die anderer Meinung waren, mit vier Milliarden Dollar bewertet – und während ich diese Zeilen niederschreibe, hat das Unternehmen gerade seine letzte Finanzierungsrunde mit 500 Millionen Dollar abgeschlossen.[11] Dave hatte die Zukunft so viel deutlicher vor Augen gehabt als der Rest von uns – aber wenn er auf die *New York Post* oder mich gehört hätte, hätte er gewartet und diese Chance an sich vorbeiziehen lassen.

»Man sieht es, wenn man mittendrin steckt«, erklärt Dave. »Wenn man jeden Tag in einer Branche arbeitet, hat man den Durchblick, man weiß mehr als ein Außenstehender, man sieht, wohin die Trends sich entwickeln. Es gibt keine Garantien, aber ich weiß natürlich besser als der Durchschnitt, wohin die Lebensmittelindustrie steuert. Beim Impossible Burger hatte ich das Gefühl, ein Künstler zu sein, der nicht immer wieder dasselbe Album aufnehmen will. Ich wusste, dass wir eine Veränderung brauchten, dass wir etwas anderes machen mussten. Es ist lustig, als ich jünger war, haben mich die Leute dafür kritisiert, dass ich die Wünsche von Veganern und Vegetariern nicht erfüllen wollte – aber mit der Zeit wurde mir klar, wohin sich die Welt entwickelt. Leute wollen gesünder essen und gehen bewusster mit unserem Planeten um; nicht zu vergessen, dass wir bis 2050 auf eine Proteinknappheit zusteuern. Der Wandel ist unausweichlich. Und ich wollte handeln, bevor der Kipppunkt kommt, vor allem in dem Wissen, dass ich durch mein Handeln – indem ich beschloss, mich daran zu beteiligen – den Fortschritt beschleunigen würde.«

◉ ◉ ◉

Als ich das erste Mal in Drohnenrennen investierte, wurde ich genauso verspottet wie Dave. Niemand sah darin einen Sport. Keiner konnte sich vorstellen, dass andere Menschen die Welt aus der Perspektive einer Drohne sehen oder zuschauen wollten, wie diese teuren »Spielzeuge« mit 160 km/h ineinander knallten und durch eine Rennstrecke aus Rohren und zerbrochenen Fenstern in einem verlassenen Lagerhaus rasten. Aber ich hatte etwas, das die Skeptiker nicht hatten – das Vertrauen in einen Gründer, dessen Vision ich vollumfänglich nachvollziehen konnte.

Ein weitsichtiger Mitarbeiter Anfang zwanzig aus meinem Team brachte Nicholas Horbaczewski das erste Mal in mein Büro und der Gründer schilderte mir seine Vision der Zukunft: Welches Kind würde nicht gern fliegen können? Drohnen geben Menschen die Gelegenheit, eine außerkörperliche Erfahrung zu machen und die Welt zum ersten Mal aus einer neuen Perspektive zu sehen. Nicht nur machte dieses Gefühl süchtig, sondern es sollte auch den Massen zugänglich sein, dank der Hochleistungs-Drohnen, die durch diesen neuen Sport das Licht der Welt erblicken sollten. Das hörte sich toll an, aber die Vision wäre wertlos, wenn der Gründer nicht das Zeug dazu hatte, sie zum Leben zu erwecken, profitabel zu machen und zu skalieren. Nicholas hatte die perfekten Referenzen für diese Mission: einen MBA von Harvard, Erfahrung als Chief Revenue Officer bei Tough Mudder (einem früher relativ unbekannten Hinderniskurs für Wochenendkrieger, der zum Mainstream wurde) und als Produzent für Kurzfilme, mit den nötigen Fertigkeiten, um Drohnenrennen so ausgefeilt aussehen zu lassen, wie nur möglich.

Ich gehörte nicht zur selben Welt, in der Nicholas verkehrte, aber mein Team und ich führten die nötige Recherche durch, um frühe Anzeichen dafür zu finden, dass Nicholas' Vision auf Interesse stoßen könnte. Eine Suche auf YouTube zeigte mir eine Subkultur, von der ich keine Ahnung gehabt hatte: Jugendliche in Parks und Garagen veranstalteten bereits Drohnenwettfliegen auf der ganzen Welt und mir wurde klar, dass angesichts des Aufstiegs von E-Sports Drohnen gut in diesen Trend passen würden.

Das waren keine professionellen Rennen, aber Early Adopters organisierten sich bereits selbst und hielten Amateurwettkämpfe ab. Und obwohl der Content grobkörnig und von den Usern selbst erstellt worden war, sah er dennoch toll aus. Es war kein großer Sprung, um sich vorzustellen, dass es – mit Investitionen in die Technologie, um die Akkulebensdauer zu verlängern; logistische Unterstützung für die Veranstaltung der Rennen und die Produktion, um ein fesselndes, fertiges Produkt abzuliefern – zu einem legitimen Sport werden konnte. So wie Menschen anderen dabei zusahen, wie sie Videospiele spielten, würden sie auch zusehen, wenn sie Drohnen in Rennen gegeneinander antreten ließen. Und die Möglichkeit, Sponsoren an Land zu ziehen – was entscheidend ist, wenn man den Sprung vom Hobby zu einem überlebensfähigen Ligasport vollziehen will –, schien absolut vorstellbar, angesichts der bereits vorhandenen Präsenz von Drohnen auf YouTube und angesichts von Nicholas' Background.

Aber die meisten erkannten das nicht. Sie wollten Umsatzzahlen, aber es gab keine. Wenn man in etwas investiert, bevor es Umsatz generiert, darf man sich keine Sorgen machen, ob es so aussieht, als würde man recht behalten. Man muss einfach nur recht *haben*.

»Es war ein Riesenprojekt«, erinnert sich Nicholas. »Ich versuchte, herauszufinden, wie man einen weltweiten Sport etabliert, der auf ungetesteter und unvollständiger Technologie beruht. Es war das Coolste, was ich je gesehen hatte, aber ich wusste, dass es komplex, riskant und kapitalintensiv war. Wenn ich auf einen Neinsager stieß, der mir sagte, dass ich scheitern würde, sagte er mir in gewisser Weise nur, was ich bereits wusste: dass es nicht einfach werden würde und es Hindernisse zwischen mir und meiner Vision eines weltweiten Sport-Franchises gab. Ich versuchte, zuzuhören. Dachten sie an ein Risiko, das ich bereits berücksichtigt hatte? Was musste ich erreichen, damit sie an mich glauben würden?«

Nicholas hatte genau die richtige Einstellung. »Wie die meisten Unternehmer«, so fuhr er fort, »hatte ich ein komplexes Problem vor mir, mit unvollständigen Informationen, also musste ich jede Chance nutzen, meine Annahmen zu testen und meine Überlegungen zu verfeinern, selbst wenn die Kritik von einem Neinsager stammte. Aber abgesehen davon, sah ich um mich herum auch bedeutende kulturelle Verschiebungen. Es war eindeutig, dass die Integration von Gaming und innovativer Technologie in den Sport kein vorübergehender Trend war, sondern die Grundlage der Zukunft des gesamten Geschäfts mit Sportveranstaltungen.«

Ich musste kein Genie sein, um die Puzzleteile zusammenzusetzen und zu verstehen, worauf Nicholas hinauswollte – aber ich musste ausreichend darüber nachdenken und genug Recherchen anstellen, um zu verstehen, was die meisten nicht verstanden. Das war kein Hobby, es war ein Sport oder hatte zumindest das Potenzial dazu. Natürlich gibt es viele, die versucht haben, eine Nischenaktivität in einen Sport zu verwandeln. Also weiß ich zugegebenermaßen nicht, wie die Geschichte ausgehen wird, wenn es um die

Drone Racing League geht und wie sie zum Mainstream werden wird. Was ich weiß, ist, dass Nicholas stets neue Ansätze bei allen Herausforderungen ausprobieren und es herausfinden wird. Wir haben bereits ein neues Unternehmen auf die Beine gestellt, um Nicholas' fortschrittliche Technologie zu nutzen. Performance Drone Works entwickelt kleine, unbemannte Flugroboter, die an unzugänglichen Stellen als Augen und Ohren dienen, taktische Vorteile fürs Militär und die Polizei liefern und menschliche Leben in gefährlichen Situationen schützen können.

◉ ◉ ◉

Wir dürfen nicht zulassen, dass die bösen Zungen recht behalten. Um im Leben Fortschritte zu machen, müssen wir die Negativität ignorieren und unseren Leidenschaften folgen, egal, was andere sagen. Das Leben ist ein konstantes Seilziehen zwischen den Schöpfern und Zerstörern. Schöpfer werden am Ende gewinnen – soviel ist vorherbestimmt, das zeigt sich in der Geschichte –, aber das bedeutet nicht, dass es einfacher wird, die Zerstörer zu überwinden. Sich zu beklagen, dass es Neinsager gibt, die versuchen, uns niederzumachen, ist dasselbe, als würde man sich wünschen, es gäbe keine Schwerkraft. Je höher Sie aufsteigen, desto mehr Menschen werden versuchen, Sie in die Schranken zu weisen.

Aber Sie müssen nicht zulassen, dass Sie attackiert werden. Sehen Sie stattdessen die Kritiker als eine Quelle nützlicher Daten, ein stellvertretender Ausschnitt der Gesellschaft, der reflexartig Ihre Idee ablehnen wird. Durch diese Menschen wird nur Ihre Entschlusskraft auf die Probe gestellt und gestärkt. Wenn Sie den Nutzen Ihres Unternehmens nicht gegen jemanden verteidigen können, der seine Existenzberechtigung anzweifelt, dann ist es vielleicht tatsächlich zweifelhaft, ob es existieren sollte. Und die Neinsager belegen, dass es ein »Alpha« – die Chance auf gesteigerte Gewinne – gibt, wenn man ein Risiko eingeht. Wenn jeder die Weisheit einer Idee erkennen würde oder den Mut hätte, sie zu verfolgen, gäbe es auch keine Chance, es als Erster zu tun und damit auf den Markt zu kommen, bevor die anderen das Potenzial erkannt haben.

Die Neider und Spotter hassen, weil sie selbst gebrochen sind. Ich hege keinen Groll gegen sie; ich habe Mitleid mit ihnen, weil ich weiß, dass der Hass aus einem dunklen Ort in ihnen selbst stammt. Und doch kann es schmerzlich sein, wenn es Ihnen zustößt.

Um zu verhindern, dass der Hass sich einnistet, sollte man einige der üblichen Motivationsfaktoren der Menschen kennen, die versuchen, uns aus der Bahn zu werfen, und darüber nachdenken, wie sich diese auswirken können:

Fehlende Informationen

Es kann passieren, dass man gegenüber den Chancen blind ist, die sich bieten, weil der Kontext fehlt, man die Vision nicht versteht oder nicht in die Zukunft blicken kann. Der Impossible Burger und die Drohnenrennen sind ein gutes Beispiel. Ein weiteres war bei meiner Arbeit als COO das Projekt des Mahnmals für 9/11. Als wir die Pläne entwarfen, war die Stadt sehr gespalten, was zu dem Vorhaben denn tatsächlich gehören sollte. Ein Teil wollte das gesamte 6,5 Hektar große Gelände zu einem Friedhof erklären und gar nichts dort wiederaufbauen. Aber für zahllose andere hätte es wie eine Kapitulation gewirkt, wenn an diesem Ort nicht wieder der Alltag Einzug gehalten hätte. Wieder andere wollten einfach nur eine Kopie der Twin Towers errichten (das Originaldesign wurde aber tatsächlich von vielen Architekten verschmäht, weil es nicht in Proportion zum Rest der New Yorker Skyline stand – einige meinten, es sei von »unmenschlichem Umfang und Größe«[12]) und konnten nicht verstehen, wieso wir etwas anderes tun sollten.

Es war für uns eine einzigartige Situation. Normalerweise werden Denkmäler nicht gebaut, wenn die Menschen noch Trauer tragen, sondern Jahre nach einem Ereignis, wenn genügend Zeit verstrichen ist, um es von einer historischen Perspektive aus einzuordnen. Normalerweise werden Denkmäler auf Geländen im finanziellen Herzen einer Stadt errichtet, weil man einerseits daran erinnern will, was passiert ist, aber auch andererseits eine angeschlagene Wirtschaft revitalisieren will. Häufig werden Denkmäler auch auf dem Boden errichtet, der als letzte Ruhestätte dient, besonders, wenn einige menschliche Überreste nicht geborgen werden konnten. Wir hatten die Aufgabe, die widerstrebenden Impulse unter einen Hut zu bringen und damit vermutlich niemanden wirklich glücklich zu machen.

Gemeinsam mit meinen Kollegen von der Lower Manhattan Development Corporation besuchte ich eine Reihe verschiedener Orte – das Pentagon kurz nach den Attacken, die Absturzstelle von Flug 93 auf einem Feld in Shanksville, Pennsylvania, das Bürgerrechtsdenkmal in Montgomery, Alabama, und das Oklahoma City National Memorial. Zu sehen, wie diese Denkmäler mit den damit verbundenen Herausforderungen umgegangen sind, gab uns eine neue Perspektive. Uns wurde klar, wenn der Fokus einzig darauf lag, an die Toten zu erinnern, war es weniger wahrscheinlich, dass ein Denkmal über lange Zeit in der Geschichte relevant blieb. Wenn eine Generation vorbei ist, verlieren diese Art Denkmäler ihre emotionale Resonanz – und damit erweist man denjenigen, an die man erinnern will, einen Bärendienst, indem man nicht wirklich im historischen Kontext vermittelt, was passiert ist und warum es passiert ist. Wir erkannten, dass die größte Herausforderung darin bestand, an diejenigen zu erinnern, die gestorben waren und einen Ort zu haben, der diese buchstäbliche Bedeutung übersteigt und es künftigen Generationen ermöglicht, unmittelbar zu erfassen, welch schwere Gewalttat unserer Nation widerfahren ist.

Maya Lin gelangte das erste Mal zu zweifelhaftem Ruhm, als die 21jährige Yale-Studentin im Jahr 1981 einen öffentlichen Wettbewerb gewann, bei dem es um das Design des Denkmals für Vietnamveteranen ging. Maya wurde in der Presse geschmäht, weil sie für eine Vision plädierte, die eher abstrakt statt konkret war und man warf ihr vor, dass der Entwurf die Toten nicht ehren würde. Das fertige Produkt wurde von einigen als »Die schwarze Scharte der Schande« bezeichnet, bevor man es schließlich akzeptierte und es zu einer Art Prototyp für Denkmäler dieser Art wurde.[13] Uns war klar, dass sie mehr als jeder andere die widerstreitenden Prioritäten verstanden hatte, die auf dem Spiel standen, also beriefen wir sie in die Jury für das World Trade Center Memorial.

Es wurden bei unserem Wettbewerb 5201 Vorschläge eingereicht, aus 49 Bundesstaaten und 63 Ländern.[14] Maya und der Rest der Jury standen unter enormem Druck, als sie alle diese Vorschläge genau unter die Lupe nahmen. Schließlich entwickelten sie einen übergreifenden Plan für die Denkmalstätte, wozu ein ›Fußabdruck‹ der Türme gehörte. Wir reservierten 1,8 Hektar für das Denkmaldesign, das gewonnen hatte (mit dem Titel »Reflecting Absence«) mit einer Grabstätte für nicht identifizierte menschliche Überreste unter dem Gelände, die von den Familien der Opfer besucht werden konnte; zusammen mit einem Museum, in dem die tragischen Verluste erläutert und die Geschichte der Tragödie erzählt wurde. Daneben errichteten wir das höchste Gebäude der nördlichen Hemisphäre, das One World Trade Center, auch als Freedom Tower bekannt – mit einer Höhe von 541 Metern. Hätte man dies als zwei getrennte Objekte bewertet, hätte das Ergebnis niemanden befriedigt, aber wenn man es in der Gesamtschau betrachtete, konnte man den gesamten Ort effektiv als eine vollständige Komposition betrachten. Es wurde zur wohl meistbewunderten Denkmalstätte der Welt.

Durch die Zeit, die wir mit der Recherche und Entwicklung verbrachten, verstanden wir den Kontext, was es uns letztlich ermöglichte, ohne uns vom Kurs abbringen zu lassen, selbstbewusst etwas wahrlich Besonderes zu erschaffen. Aber wir konnten den Kontext unmöglich der gesamten Welt vermitteln. Wir mussten unseren Frieden damit machen, missverstanden zu werden und das letztliche Urteil der Geschichte überlassen.

Neid

Manchmal werden Menschen wütend, weil sie sich von Ihnen an den Erfolg erinnert fühlen, den sie in ihrem eigenen Leben auch gerne hätten. Eine Studie untersuchte die Auswirkungen von Auszeichnungen, die von Wirtschaftsmedien an Führungskräfte von Unternehmen vergeben wurden für ihre Vision und Performance.[15] Sie ist ein überraschendes Beispiel dafür, welch verrückte Dinge Menschen tun, wenn sie neidisch sind. Wenn ein Leiter oder eine Leiterin eines Unternehmens einen begehrten Preis erhält und zu dem wird, was die Studie einen »Superstar-CEO« nennt, zeigen die Daten, dass seine oder ihre Rivalen mit größerer Wahrscheinlichkeit eine Menge Geld für neue Firmenübernahmen ausgeben. Diese Deals scheitern häufiger, als es statistisch wahrscheinlich wäre. Eifersucht treibt die Rivalen dazu an, von ihren Plänen abzuweichen und schlechte Entscheidungen zu treffen – einfach nur, weil ihre Konkurrenten von den Medien gefeiert wurden – und dieser Effekt ist sogar noch ausgeprägter für die CEOs, die am nächsten dran gewesen wären, ebenfalls einen Preis zu gewinnen. Die direkten Rivalen um die Spitze machen mit größter Wahrscheinlichkeit Dummheiten, nachdem sie verloren haben.

Neid ist eine sehr wirkungsvolle Emotion. Die Neinsager um uns herum, die von unserem Erfolg verzehrt werden, lassen sich davon zu schlechten Entscheidungen verleiten. Daher sollten wir ihren davon beeinträchtigten Meinungen nicht allzu viel Glauben schenken.

Unbehagen

Eine dritte Gruppe von Kritikern will, dass die Welt so bleibt, wie sie ist, einfach nur weil Wandel Unbehagen auslöst. Diese Menschen wollen, dass Sie scheitern, um ihre eigene Untätigkeit zu rechtfertigen und ihren Glauben zu bestätigen, dass es gefährlich ist, seine Komfortzone zu verlassen. Sie bleiben, wo sie sind, machen weiter, was sie bisher getan haben und sind glücklich, wenn ein momentaner Fehlschlag Sie zum Rückzug zwingt.

Das wurde mir besonders deutlich vor Augen geführt, als ich bei den Jets arbeitete. Ich war davon überzeugt, dass die Fans den Spielern so nahe wie möglich kommen wollten, und das bewegte mich dazu, in den Wild-West-Tagen des Internets die Grenzen auszuloten und die NFL in die moderne Zeit zu bringen. Ich glaubte, dass es für die Teams von entscheidender Bedeutung ist, dorthin zu gehen, wo die Fans sind, und nicht zu erwarten, dass sich die Öffentlichkeit immer mit unseren offiziellen Teamkanälen zufriedengibt – die damals nur aus einer Website bestanden. Mein Mantra bestand darin, mit den Fans überall den Kontakt zu pflegen, egal wo, und sich später darüber Gedanken zu machen, wie man diese Eindrücke monetarisieren kann, wenn man ein Publikum aufgebaut hat. Wir gewannen eine Menge Follower auf MySpace, einem Vorläufer von Facebook – und dann schickte uns die Liga einen Brief, der besagte, wir dürften nicht auf dieser Plattform sein. Ich wechselte zu Twitter und verwandelte unsere Spieler in Superstars der Popkultur, doch abermals stieß ich auf den Widerstand der Liga. Sie wollte unsere Möglichkeit beschränken, Inhalte auf anderem Weg als über die offiziellen Kanäle zu verbreiten, um die Kommunikation mit den Fans unter der Kontrolle der Liga zu belassen. Unsere Meinungsverschiedenheit war fundamentaler Natur, wenn es um den richtigen Ansatz ging, das Publikum zu erreichen. Einmal im Jahr nutzten wir Twitter, um unsere Auswahl neuer Spieler zu präsentieren, bevor der NFL-Commissioner sie vom Podium herab verkündete (was in der Rückschau vielleicht nicht die feine englische Art war), angeblich aufgrund der Tatsache, dass wir wussten, wie sehnsüchtig unsere Fans von den Neuigkeiten erfahren und nicht länger warten wollten. In Wahrheit taten wir es, um unsere Fangemeinde aufzubauen. Wir wussten, dass die Spielerauswahl Tausende Male in Retweets auf Twitter auftauchen würde. Es ist einfacher, um Vergebung als um Erlaubnis zu bitten.

Die Liga war verständlicherweise wütend, aber anstatt unsere Strategie als innovativ zu betrachten und unserem Beispiel zur Steigerung der Fangemeinde zu folgen, verabschiedeten sie eine Regel, die unsere Aktivitäten verbot. Es war unglaublich frustrierend und extrem fehlgeleitet. Stattdessen hätten sie sich einen Spruch von Wayne Gretzky merken sollen – »skate dorthin, wo der Puck ist« – und sich uns anschließen sollen, um so nah wie möglich an die Fans zu kommen. Dieses Problem besteht im Profisport bis heute. Mit wenigen Ausnahmen wollen Sportteams und Sportligen den Status quo aufrechterhalten und wehren sich mit Händen und Füßen, wenn man ihnen neue Mittel der Kommunikation ans Herz legen will. Die Regierung von Nordkorea nutzte TikTok, noch bevor es die meisten Sportteams taten.

Bloßstellung

Und zu guter Letzt gibt es einige, die fürchten, dass unsere Kühnheit– unsere wagemutigen Schritte – sie im Vergleich dazu als schwach und minderwertig entlarven. Deswegen haben sie das Gefühl, sie müssten uns vorsorglich vernichten. Menschen, die an ihre eigene Unzulänglichkeit glauben, stehen oft in Versuchung, jemanden auf ihr Level herabzuziehen oder zu beschämen, weil derjenige allzu strahlend erscheint. Das »Tall-Poppy-Syndrom« ist ein Begriff, der sich in Australien und Neuseeland verbreitete. Er bezieht sich auf die Vorstellung, dass alle Blumen die gleiche Länge haben sollten, und wenn eine zu hoch aufschießt, muss sie abgeschnitten werden. Eine Studie aus Kanada, mit dem Titel, »The Tallest Poppy: Erfolgreiche Frauen bezahlen einen hohen Preis für den Erfolg«, befragte mehr als 1500 Frauen, die an ihrem Arbeitsplatz leistungsstark waren und stellte fest, dass 87 Prozent erleben mussten, wie Mitarbeiter versuchten, ihre Erfolge zu untergraben.[16]

Die Anekdoten, die in der Studie berichtet werden, reichen von nervig bis zu erschreckend:

»In meinen ersten paar Wochen im neuen Job«, sagte eine der Teilnehmerinnen, »erhielt ich ein Lob in einer wöchentlichen E-Mail vom Chef für etwas, das ich getan hatte … Mitarbeiter waren offen neidisch und redeten die ganze Woche darüber.«

»Drei leitende Angestellte, die vorherigen Besitzer des Unternehmens, umringten mich und drängten mich an das Geländer, unter dem das tiefere Stockwerk lag«, berichtete eine andere Teilnehmerin der Umfrage. »Sie waren feindselig, beleidigend und physisch bedrohlich. Dann haben sie mich in mein Büro gedrängt, die Tür blockiert und mir den Ausgang versperrt.«[17]

Statt eine Umgebung zu schaffen, in der Stars wirklich glänzen können, ziehen es die Neinsager vor, jeden bis auf den kleinsten gemeinsamen Nenner niederzumachen.

Der Begriff der »Poppies« hat sogar eine Facebook-Community angestoßen, in der zig Tausende Eltern begabter oder anderweitig außergewöhnlicher Kinder Geschichten über Bildungssysteme auf der ganzen Welt austauschten, die es für die Schüler schwierig machen, die Unterstützung zu erhalten, die sie bräuchten, um richtig zu glänzen, nur um die anderen Schüler nicht als typisch oder durchschnittlich erscheinen zu lassen. Das schafft eine Kultur der Mittelmäßigkeit – genau das Gegenteil dessen, was wir anstreben sollten.

Das sind alles wirkungsvolle Motive, wieso Menschen versuchen, einen niederzumachen – aber letztlich sind diese Motive auch egal. Es geht tatsächlich darum, wie wir mit der Kritik umgehen.

Zum Glück gibt es ein Schlüsselgeheimnis, wie man das richtig angeht.

Die Macht des Selbstgesprächs

Als ich zum ersten Mal auf der Bühne von *Shark Tank* saß, war ich völlig gelähmt. Ich hatte Panik, meine Angst übernahm das Ruder und ich hätte fast meinen Einsatz vermurkst. Zehn Sekunden nach Aufnahmebeginn, als ich bereits den Boden unter den Füßen verloren und kein Wort beigetragen hatte, warf mir Mark Cuban einen fragenden Blick zu und dachte sich vermutlich, »Wer hat den Typen eingeladen?« Aber ich erinnere mich genau an den Augenblick, als sich alles änderte. Ich gewann die Kontrolle über die Stimme in meinem Kopf und bestand darauf, dass sie mich nicht auf den Pfad steuern würde, der ins Versagen führte. »Hör zu, Matt«, sagte ich zu mir selbst. »Du gehörst hierher und der Beweis dafür ist, dass du tatsächlich hier bist.«

Es funktionierte und jeder, der sich täglich aufbauende Sätze vorsagt, weiß wieso. Selbstgespräche haben eine erwiesenermaßen stimmungsaufhellende Wirkung – aber es kommt darauf an, wie man es angeht. Beachten Sie, dass ich mich selbst in der zweiten Person ansprach: »Matt, du gehörst hierher.« Den eigenen Namen statt »ich« zu benutzen, ermöglicht es Ihnen, sich etwas von sich selbst zu distanzieren und damit der motivierenden Ansprache mit großer Wahrscheinlichkeit zu mehr Wirkung verhelfen. Das wurde in einer Reihe von Experimenten bewiesen, die ermitteln sollten, wie wir Stress und soziale Ängste abbauen können.[18] Sie erschaffen eine Art Über-Ich-Autoritätsfigur, die nur Ihr Bestes will, jemand, den Sie nicht hinterfragen. Das ist ein erstaunliches Ergebnis und etwas, das wir alle leicht erlernen können.

Das geschriebene Wort ist sogar noch wirkungsvoller. In einer Studie haben Schüler aus marginalisierten Gruppen, die über die Werte schrieben, die ihnen am wichtigsten sind – wie Selbstvertrauen, Kreativität, Empathie und Unabhängigkeit –, bessere Noten erhalten als eine Kontrollgruppe.[19] In einer weiteren Studie haben Menschen, die Diät hielten, aufgeschrieben, was ihnen am wichtigsten im Leben war – Beziehungen, Religion und Gesundheit – und mehr Gewicht verloren als diejenigen, die es nicht taten.[20] Die eigene Identität zu stärken – das zu bestätigen, wofür Sie stehen und woran Sie glauben –, macht es einfacher, nicht nachzulassen, wenn man mit Herausforderungen von außen konfrontiert wird – und selbst mit denen, die aus dem Inneren stammen.

Wir alle müssen die Stimme in unserem Kopf darauf trainieren, unser größter Verbündeter zu werden, denn die wirkungsvollsten Unterhaltungen, die Sie in diesem Leben jemals führen werden, führen Sie mit sich selbst. Zu häufig lassen wir zu, dass unsere Selbstgespräche uns niedermachen, bevor die Welt überhaupt eine Chance dazu erhält. Wer macht Ihnen das Leben schwerer, Ihr Boss oder Sie selbst, weil Sie vorher schon ahnen, was Ihr Chef zu Ihnen sagen wird, aufgrund Ihrer Leistungen, die Sie für ungenügend halten? Wir sabotieren alle unsere Anstrengungen und werden sogar noch schlimmer als die Neider, die wir fürchten. Wenn Sie das tun, brauchen Sie nicht zu erwarten, erfolgreich zu sein. Stattdessen müssen Sie sich selbst mit derselben Güte behandeln, die Sie einem Freund entgegenbringen würden. Wenn wir irgendwann einsehen, dass die einzige Bestätigung im Leben, die etwas zählt, unsere eigene ist, wird uns klar, dass wir die Macht haben, uns selbst dagegen zu wappnen, wenn andere uns verächtlich und lächerlich machen.

Wir müssen dennoch unser Bestes geben und uns keine Blöße den Leuten gegenüber leisten, die uns nach Strich und Faden auseinandernehmen und die Ziele kritisieren, die wir uns gesetzt haben. Wir müssen jede Unze positiver Energie nutzen, die uns zur Verfügung steht, um große Ideen umzusetzen. Seien Sie vorsichtig, wen Sie zurate ziehen, wen Sie in Ihre Kreise lassen und wem Sie die Dinge anvertrauen, die Ihnen am wichtigsten sind. Ich warne stets diejenigen, die ein neues Unternehmen gründen wollen oder Ideen ausbrüten, dass diese Vorhaben zu Beginn sehr fragil sein können. Hegen Sie Ihre Träume mit größter Sorgfalt. Sie müssen die richtige Umgebung schaffen, um sich an Ihre frisch entworfenen Pläne zu halten und müssen aufpassen, dass Ihre Instinkte nicht übertönt werden. Viele von uns neigen zu Selbsthass, einem geheimen Gefühl, das so beschämend ist, dass wir es oft sogar vor unseren Liebsten geheim halten, die uns am nächsten stehen. Das Letzte, was wir also gebrauchen können, sind weitere negative Stimmen, die den Skeptikern in unserem Kopf weiteres Gewicht verleihen – besonders in den frühen, unsicheren Tagen eines neuen Projekts.

Die Fernsehshow *Brain Games* führte einmal ein faszinierendes Experiment durch, wobei jemand, der besonders gut Freiwürfe werfen konnte und neun Würfe nacheinander getroffen hatte, vor eine jubelnde Menge gestellt und dann mit einer Augenbinde versehen wurde.[21] Statt zu jubeln, buhte die Menge dann bei jedem Wurf, egal, ob er den Korb traf oder nicht. Als sie ihm die Augenbinde abnahmen und er wieder sehen konnte, warf der begnadete Freiwurfschütze bei jedem folgenden Wurf daneben. Vor einer Menge Menschen, die ihn hassten, brachte er nichts mehr zustande.

Wir brauchen alle behutsame Unterstützung und zärtliche, liebende Fürsorge. Wenn Sie sich mit den falschen Menschen umgeben, kann das Ihre Energie und Ihren Schwung beträchtlich drosseln. Wir sollten uns gegen solche unnötige Kritik schützen, bis wir die Anfangsphase hinter uns lassen und etwas Schwung aufgebaut haben, durch frühe, vorbehaltlose Unterstützer – oder, wie ich sie nenne, pragmatische Optimisten. Das sollten Menschen sein, die über ausreichend Kontext verfügen, um zu erkennen, was wir erreichen wollen und uns eher anfeuern statt niedermachen. Sie haben noch genügend Zeit, Ihre Ideen unter dem Druck der Kritiker zu testen – aber nicht im entscheidenden Frühstadium, wenn Sie die Idee noch ausbrüten.

Das Experiment von *Brain Games* zeigte, dass selbst externe Unterstützung in nur geringem Umfang uns überproportional aufbauen kann. Eine Frau warf bei zehn von zehn Würfen daneben. Dann legte ihr der Produzent eine Augenbinde an und die Menge jubelte wild, als sie zweimal daneben warf – wodurch sie dachte, sie hätte getroffen. Der Jubel hatte einen Schwall

Endorphine ausgelöst und ihr neues Selbstvertrauen eingeflößt. Als ihr die Augenbinde abgenommen worden war, warf sie noch zehn weitere Male – und traf viermal. Eine fast unvorstellbare Verbesserung gegenüber der ersten Runde.

◉ ◉ ◉

Das hört sich alles toll an, aber was, wenn Sie nicht von den Stimmen der Menge zurückgehalten werden oder von den Stimmen in Ihrem Kopf, sondern von Ihrer Lebensgeschichte? Die Scham, die ich so lange mit mir herumtrug, behinderte mein Wachstum bis ich herausfand, wie ich sie neu definieren und meine Herausforderungen als meine Superkräfte sehen konnte. Meine Kämpfe gaben mir das Durchhaltevermögen, die Stärke und die Erkenntnis, den vor mir liegenden Pfad zu sehen.

In einer besonders finsteren Zeit traf ich mich einmal mit Vater Leonir Chiarello, der weltweit für die Armen und Verfolgten Partei ergreift. Er ist langjähriger Kollege von Papst Franziskus und leitet als Oberster des Scalabrini-Ordens der Katholischen Kirche Migrations- und Flüchtlingshilfeprogramme auf der ganzen Welt. Dieser uralte Orden hat eine lange zurückreichende Geschichte, in der er an den Frontlinien von Krieg und Armut tätig war. Vater Leonir und ich unterhielten uns über den eisernen Griff der Scham und wie schwer es ist, den angesammelten Makel unseres Lebens loszuwerden. Er sagte mir, ich solle meine Augen schließen und mir vorstellen, wie ein Diamantring von meinem Finger rutscht und in einem Gully landet, dem ekligsten Ort, der mir in dem Moment einfiel. »Mein Sohn«, sagte er zu mir, »wenn dieser Ring Jahre später gefunden und der ganze Dreck abgewaschen wird, erkennen wir schließlich, dass es die ganze Zeit ein Diamant war.«

Verwandeln Sie Ihre größten Schwächen in Ihre erstaunlichsten Triumphe

Rex Ryan war von 2009 bis 2014 Trainer der New York Jets. Er hatte erstaunlich positive Qualitäten – nicht nachlassende Beharrlichkeit und dazu noch ein großes Herz –, aber seine Karriere wäre beinahe zu Ende gewesen, wegen einer schamvollen Geschichte aus seinem Privatleben, die er während seiner Jahre als Trainer geheim gehalten hatte. Inmitten der Playoffs der Jets 2010 tauchte ein Video auf, das zeigt, wie Rex sich als Polizist ausgibt, seine Frau anhält und dann ihre Füße auf sexuell anzügliche Weise anbetet und massiert. Weitere Videos wie dieses tauchten auf und die Berichterstattung in den Medien überschlug sich. Rex war es peinlich und er dachte, dass sowohl seine Ehe als auch seine Karriere beendet wären. Gerechtfertigt oder nicht, Rex sah diese Enthüllungsvideos als die Demaskierung eines tiefliegenden Charakterfehlers. Er machte sich Sorgen, dass alles, was er erreicht hatte, hinfällig wäre und er den Rest seines Lebens davor davonlaufen müsse. Ich erinnere mich, als ich in Rex' Büro kam. Er hatte gerade zusammen mit Bruce Speight, unserem Vizepräsidenten für Kommunikation und einem loyalen Mitglied der Organisation ein Gebet gesprochen.

»Rex, ich wusste nicht, dass du betest«, sagte ich.

»Das mache ich jetzt.«

Rex brauchte mehr als eine religiöse Bekehrung, er brauchte eine Neuausrichtung seines Denkens. Wie viele Männer lieben ihre Frauen nach 20 Jahren noch so sehr, dass sie ihnen – und ihren Füßen – derart sexuell ergeben sind? »Du solltest dich nicht schämen – du solltest bei *Oprah* auftreten! Du kriegst einen Vertrag über fünf Bücher, wie man seine Ehe aufpeppt!«, sagte ich zu ihm.

Er überstand den Skandal und die Jets schafften es ins AFC-Meisterschaftsspiel. Bis heute platzt Rex mit »Oh, da kommt Oprah!« heraus, wenn er mich sieht.

Neulich sagte er zu mir: »Du warst für mich da, als ich dich brauchte. Das werde ich nie vergessen.«

Rex' Menschlichkeit sorgte dafür, dass sich so viele hinter ihn stellten. »Ich liebe meine Frau«, erläutert Rex, »und man würde nicht glauben, wie viele Menschen nach dieser Geschichte zu mir kamen und mir sagten, dass sie mich unterstützen. Auf gewisse Weise hat es nur bewiesen, was ich vom ersten Tag an zu ihnen gesagt hatte: Ich bin nicht perfekt. Ich sagte ihnen, ich würde Fehler machen, und dann machte ich einen. Wir machen alle Fehler. Und sobald die Leute sehen, dass man diese sehr menschliche Wahrheit verstanden hat, sind sie bereit, einem zu vertrauen. Sie wissen, dass man authentisch ist – in einer Umkleidekabine der NFL sogar mehr als irgendwo sonst – und die Spieler durchschauen einen Heuchler sofort. Meine Scham wurde zu meiner Stärke.«

Ihre Scham kann ebenfalls zu Ihrer Stärke werden. Auch wenn Sie sich Sorgen machen, dass irgendetwas Sie ausbremsen könnte – es ist einfach nur ein Teil Ihrer Geschichte. Jeder hat bestimmte Aspekte seiner Lebensgeschichte, die in ihm schwelen, die er vor der Welt versteckt oder über die er nicht reden will, weil es ihm peinlich ist. Aber sobald Sie realisieren, dass wir alle solche Geheimnisse in uns tragen, wird ihre Macht über Sie schwinden. Sie sollten natürlich andere nicht schlecht behandeln und (glücklicherweise) sehen wir besonders in den letzten paar Jahren, dass derart schlechtes Verhalten – Heuchelei, Diskriminierung, Mobbing und Schlimmeres – tatsächlich berechtigterweise bestraft werden kann. Aber einfach nur menschlich zu sein und diese Menschlichkeit gelegentlich zu zeigen? Das ist ein Triumph und kein Problem.

»Ich habe alles eingeräumt«, sagt Rex. »Gute Leader müssen über Menschlichkeit verfügen.«

Sie brauchen außerdem einen Sinn für Humor. Selbst heute, mehr als ein Jahrzehnt später, verfolgt dieser Vorfall Rex manchmal noch. Im Dezember 2021 fand er sich auf ESPN wieder und diskutierte über die Zehenverletzung von Quarterback Aaron Rodgers. »Ich bin Zehenexperte«, witzelte Ryan und seine Co-Moderatoren brachen in Gelächter aus.[22] Man muss menschlich bleiben, wie Rex sagt. Und man sollte es sich offen eingestehen.

◎ ◎ ◎

Die Story meines Geschäftspartners Dave Chang illustriert dasselbe Prinzip auf andere Weise. Weit über den Impossible Burger hinaus hatte Dave das erlebt, was für Außenstehende wie ein kometenhafter Aufstieg aussah – vom ersten Restaurant, Momofuku Noodle Bar, die er 2004 im East Village von New York City eröffnete, zu einem Restaurantimperium, seinem eigenen Magazin (*Lucky Peach*), Fernsehsendungen und mehr. Nur diejenigen von uns, die ihm nahestehen, wissen, dass er hinter den Kulissen mit einer bipolaren Störung zu kämpfen hatte. 2018 äußerte er sich zu seinen inneren Dämonen und wie er sie sein ganzes Leben versteckt hatte und oft in lange Phasen der Depression verfallen war. Er machte diese Probleme öffentlich und schrieb sogar ein Buch darüber und machte sich weltweit beliebt, weil er den Mut hatte, etwas zu teilen, das einst als Tabuthema galt. »Ich erhielt jede Menge Reaktionen von Menschen, die nicht einmal in der Restaurantbranche sind«, sagt Dave. »Ich glaube, es ist für jeden wichtig, über diese Dinge zu sprechen und ich habe festgestellt, dass meine eigenen Probleme bei den Menschen auf Widerhall stoßen.«

Andere akzeptieren nicht nur unsere Fehler, sie lieben uns dafür – weil sie beweisen, dass wir authentisch sind und anderen zeigen, dass ein Weg zum Erfolg, unabhängig von Ihrem Hintergrund und Ihren Schwierigkeiten, absolut möglich ist. Bryan Stevenson, ein Anwalt, Juraprofessor und Gründer der Equal Justice Initiative (die Menschen vertritt, die zum Tode verurteilt wurden und dabei schon mehr als 130 Hinrichtungen verhindern konnte), schrieb in seinen weithin gelobten Memoiren, *Just Mercy: A Story of Justice and Redemption*: »Jeder von uns ist besser als das Schlimmste, das wir je getan haben.«

Jeder strauchelt. Wir sollten es nicht verurteilen, wenn wir nicht selbst verurteilt werden wollen.

◉ ◉ ◉

Dann gibt es noch die erstaunliche Geschichte von Isaac Wright, auch als ›Drift‹ bekannt – einem Fotografen und Stadtforscher, der mit dem Fotografieren anfing, als er 2018 Fallschirmspringer bei der Armee war. Isaac fiel auf, dass die Perspektive, die er aus großer Höhe erhielt, sowohl erstaunliche Bilder als auch ein unglaubliches Gefühl unendlicher Möglichkeiten hervorbrachte.

Issac widmete sich ganz seiner Leidenschaft, verkaufte sein Auto, um Geld für Kameraequipment zu haben und kletterte hohe Bauwerke hinauf – Brücken, Gebäude oder Ähnliches –, hoch genug, um die Aussicht zu haben, die er anstrebte. Natürlich gehörten ihm diese Bauwerke nicht und nachdem er für Hausfriedensbruch verhaftet und für einen Einbruch angeklagt wurde (illegales Eindringen, um Fotos zu machen), musste er hundert Tage im Gefängnis verbringen.

Das hätte das Ende von Issacs Story sein können: ein weiterer junger, schwarzer Mann, dessen Potenzial auf tragische Weise durch Inhaftierung zum Erliegen gekommen war. Stattdessen war es erst der Anfang. Die Kunst konnte nicht ignoriert werden – und auch während seiner Zeit im Gefängnis war er sicher, dass bessere Zeiten vor ihm lagen. »Als ich eingesperrt war, hatte ich denselben Glauben an mich selbst, wie ich ihn heute besitze«, erzählte mir Isaac. »Ich erzählte den Wachen und meinen Mitgefangenen, dass meine Kunst die Welt verändern würde und dies nur ein Sprungbrett war. Ich hatte das Gefühl, ich wurde auf die Probe gestellt, ob ich aushalten konnte, was vor mir lag, und ich musste einfach weitermachen und alles geben.«

Issac wurde am 9. April 2021 aus dem Gefängnis entlassen. Genau ein Jahr später brachte er ein NFT mit dem Titel »Der erste Tag in Freiheit« heraus – ein Foto, das seine Rückkehr zur Kunst einfing. Es wurde das meistverkaufte Foto aller Zeiten und die 10.351 NFTs des gleichen Bildes brachten ihm 6,8 Millionen Dollar ein. Er spendete mehr als eine Million Dollar des Geldes, um mithilfe des Bail Projects in Hamilton County, Ohio, Insassen desselben Gefängnisses freizubekommen, in dem er selbst gesessen hatte.

Die Lektion, dass man die schwierigsten Umstände als Antrieb für den eigenen Erfolg nutzen sollte, hätte nicht deutlicher sein können. Als er mit dem Fotografieren anfing, wusste Issac, dass er und seine Arbeit zu Großem bestimmt waren. »Mein Ziel und meine Vision für meine Kunst besteht darin, das menschliche Bewusstsein des Möglichen zu erweitern«, erklärt er.

»Wenn sie meine Arbeit betrachten, sehen die Leute eine große, weitläufige Welt – die gleiche große Welt, die ich sehe, wenn ich klettere und das öffnet meinen Geist für das, was sonst noch erweitert werden könnte und was außerdem noch im Alltag möglich ist. Mein Mindset – bis zum Mond und immer weiter – dreht sich darum, die Grenzen auszuloten und zu überschreiten. Davor haben viele Menschen Angst, aber direkt hinter dieser dünnen Linie der Verletzlichkeit finden wir menschliches Wachstum. Ich will, dass die Leute das gewaltige Ausmaß an Möglichkeiten sehen.«

◉ ◉ ◉

Ich halte Vorträge vor Schülern, die ihr GED [Hochschulreife auf dem zweiten Bildungsweg] machen, von denen einige obdachlos sind und in dem, was sie tun, kaum eine Chance sehen. Wenn ich dort auftauche, sehe ich nicht mehr wie der Jugendliche aus Queens aus, die Spuren meiner Vergangenheit unter einem maßgeschneiderten Anzug verborgen. Also gehen sie natürlich davon aus, dass ich mit einem Goldlöffel im Mund geboren worden bin. In diesen Momenten wird mir oft besonders deutlich, wieso ich als Jugendlicher so viel Probleme hatte. Seine eigene Verletzlichkeit jemandem zu zeigen, der in Not ist, bedeutet, ein Geschenk aus dem eigenen Leid zu machen. Wie Sie sich vielleicht vorstellen können, sind das hartgesottene Kinder, von denen viele in Gangs sind oder vor der Gewalt im Elternhaus geflohen sind. Wenn ich meine Geschichte in allen erbärmlichen Details offenlege, was ich in geschriebener Form lieber nicht tun würde, vertreibt das den Zynismus aus dem Raum. Tränen fließen. Plötzlich sehen sie mich nicht mehr als einen erfolgreichen Fremden, sondern einen Abglanz ihres künftigen Selbst. Sie glauben zuerst, dass ihr persönlicher Hintergrund ihrem Erfolg ewig im Weg stehen wird – das Stigma des Highschool-Abbrechers oder Obdachlosen oder Missbrauchsopfers. Aber ich erzähle ihnen, dass ich der lebende Beweis dafür bin, dass ihr Aufstieg aus elenden Verhältnissen sie nicht nur stärker, sondern zu etwas Besonderem machen wird.

»Stellen Sie sich vor, was ein Arbeitgeber denken wird, wenn er erfährt, dass Sie sich aus einem Obdachlosenheim hochgearbeitet oder Ihr GED ohne ein Dach über dem Kopf gemacht haben?«, sage ich zu ihnen. »Sie werden wissen, wozu Sie fähig sind und dass Sie alles erreichen können, was Sie sich vorgenommen haben.«

Je niedriger Ihr Status im Leben zu Beginn ist, desto extremer der Kontrast Ihres darauffolgenden Erfolgs. In der Hierarchie der Menschen, die ich auf dieser Welt bewundere, stehen die Leute an der Spitze, die gleichzeitig Überlebenstypen und ehrgeizig sind. Ich meine zum Beispiel einen jungen Menschen, der tagsüber am Tresen eines 7-Eleven arbeitet und nach der Schicht noch Uber fährt, um genug Geld für den Kauf eines Franchise zu sparen. Es ist schwer genug, nur zu überleben. Aber gleichzeitig nach Höherem zu streben ist außergewöhnlich.

Es ist mehr als nur unsere Vergangenheit, was uns niederhält. Es sind auch die unvermeidlichen Hindernisse und die blauen Flecken, die wir uns auf dem Weg einhandeln – die öffentlichen Fehlschläge, die Projekte, die nie wirklich aus den Startlöchern kamen, die falschen Entscheidungen, die Rückschläge, die jede erfolgreiche Person auf dem Weg zum Sieg hinnehmen muss. Wir alle gewinnen und verlieren und je mehr ich die erfolgreichen Menschen um mich herum unter die Lupe nahm, desto mehr fiel mir auf, dass sie alle einen bestimmten Trick anwenden.

Absorbieren Sie Ihre Gewinne und reflektieren Sie Ihre Niederlagen

Michael Rubin ist noch kein bekannter Name, aber er wird es sein. Er ist der geborene Unternehmer und hat als Highschool-Schüler eine Ski-Werkstatt eröffnet. Obwohl er 125.000 Dollar Umsatz machte, war er bald pleite. Er hatte 100.000 Dollar Schulden und sein wertvollster Besitz war ein Porsche, den er sich mit 16 Jahren gekauft hatte. Rubin engagierte einen Insolvenzanwalt und da er noch zu jung war, um selbst Insolvenz anzumelden, beglich er schließlich seine Schulden und schloss die Werkstatt. Dann ging er aufs College – aber brach nach sechs Wochen ab, um ein weiteres Geschäft zu eröffnen, das zu einem Riesenerfolg wurde. Er orientierte sich neu und gründete ein E-Commerce-Unternehmen, das er schließlich für 2,4 Milliarden Dollar an eBay verkaufte. Michael kaufte den kleinen Teil des Unternehmens zurück, den eBay nicht wollte – Fanatics, ein Anbieter von Lizenzwerbeartikeln für verschiedene Sportarten. Er baute das zu einem gigantischen Unternehmen aus, dem größten Unternehmen weltweit für Sport-Werbeartikel. Das Unternehmen hält die Rechte für Spielerkarten der Major League im Baseball, der National Football League und der National Basketball Association und sorgte dafür, dass andere langjährige Partnerschaften beendet wurden, wie die der MLB mit Topps. Fanatics hat heute einen Marktwert von 18 Milliarden Dollar.

Ich weiß aus Erfahrung: Die NFL ist vergleichbar mit den United Nations – es ist fast unmöglich, alle Besitzer dazu zu überreden, zusammenzuarbeiten und mit einer einzelnen Person Geschäfte zu machen. Einige legen großen Wert auf die richtige Herkunft – und die hat Michael nicht. Aber er hat nicht nur erfolgreiche Deals mit den reichsten Menschen der Welt abgeschlossen, sondern ist selbst zu einem von ihnen geworden. Was ist sein Geheimnis? Eine Ablehnung nach der anderen und er macht einfach weiter, um wieder anzuknüpfen. »Ich mag meine Verluste«, sagte er mir. »Für mich ist ein Verlust nur die Vorstufe zum Sieg. Ich lerne daraus. Ich wachse daran.«

Mit anderen Worten: Er lässt sich nicht durch seine Niederlagen definieren. Er scheitert vielleicht, aber das macht ihn nicht zum Versager. Das ist die wohl wichtigste Eigenschaft, die ich bei Menschen wahrnehme, die einen unerklärlichen Erfolgsdurchbruch erzielten. Diejenigen, die am meisten erreichen, machen ihre Gewinne zu einem Teil ihrer Identität, um ihren Glauben an sich selbst zu untermauern – genau wie die schlechte Freiwurfschützin bei *Brain Games*, die von der Illusion gestützt wurde, dass sie zwei Treffer mit einer Augenbinde erzielt habe. Der Unterschied zwischen Sieg und Niederlage besteht darin, die Verluste hinter sich zu lassen. Sie sollten natürlich eine Lektion daraus lernen, aber sobald Sie den Kadaver Ihres Fehlschlags sauber abgenagt haben, vergraben Sie ihn im Wüstensand und kommen Sie nie wieder, auch nicht, um Ihren Respekt zu erweisen. Er ist vorbei, ein für allemal. Jedes Mal, wenn diese Menschen, die Höchstleistungen erbringen, scheitern, weiten sie einfach ihre Definition von Erfolg aus, um diesen Fehschlag als Sprungbrett auf dem Weg zu betrachten.

Dave Chang sagt, dass ein Fehlschlag, »der Preis dafür ist, die nächste Stufe zu erklimmen. Wir wollen alle einen Homerun schlagen und wir alle wollen so gut sein, dass wir jeden um uns herum in Grund und Boden stampfen – aber um das zu tun, müssen wir akzeptieren, dass Fehlschläge möglich sind und wir müssen diese sogar fördern, denn das bedeutet, dass wir zum nächsten großen Schlag ausholen.«

Ich verarbeite Fehlschläge in vier Stufen:

1. Ich habe versagt.
2. Aber ich bin kein Versager.
3. Ich werde herausfinden, was dieser Fehlschlag mich lehren will.
4. Und nächstes Mal werde ich gewinnen.

Es geht nicht darum, dass wir Fehlschläge ignorieren oder der Verantwortung aus dem Weg gehen. Das ist Selbsttäuschung und ich plädiere nicht dafür, sich selbst hinters Licht zu führen. Ihr Intellekt sollte neugierig diese Fehlschläge unter die Lupe nehmen, herausfinden, was schiefging und darüber nachdenken, wie man es das nächste Mal besser machen kann. Sie dürfen nicht zulassen, dass ein Fehlschlag Ihre Identität bestimmt.

◉ ◉ ◉

Diese Lektion steht in Verbindung zu einem Konzept aus der Evolutionsgeschichte, das als Verlustaversion bekannt ist. Verlustaversion ist die sehr menschliche Neigung, die Vermeidung von Verlusten über das Streben nach Gewinnen zu stellen. Bei den meisten von uns übersteigt der

Ärger, 100 Dollar verloren zu haben, die Freude, überraschend 100 Dollar zu gewinnen.

In der Frühzeit der Menschheitsgeschichte ergab diese Veranlagung Sinn. Die Lebensmittel für einen Tag zu verlieren, hätte den Tod bedeuten können, aber Nahrung darüber hinaus zu finden, hätte nicht unbedingt bedeutet, länger zu leben. Unsere Jäger-Sammler-Vorfahren mussten ihre Gewinne verteidigen, selbst wenn das bedeutete, keine neuen generieren zu können. Nicht ganz so wichtig in einem Zeitalter, in dem es an jeder Ecke Essen und Wi-Fi gibt. Und ehrlich gesagt, sich mit einem potenziellen Verlust zu arrangieren, ist ein wichtiger Punkt bei der Informations-Arbitrage, weil es ein asymmetrisches Spiel ist.

Sean Harper von Kin ist Experte für Risikoabwägung – sein gesamtes Versicherungsunternehmen basiert darauf. »Es gibt ein Limit für die Verluste, die man machen darf«, sagte er. »Man kann nur das verlieren, was man auch hat. Aber die andere Seite der Medaille ist, dass man so unheimlich viel gewinnen kann. Die Gewinne kennen kein Limit. Man kann die ganze Welt gewinnen.« Man muss einfach nur das eigene Gehirn darauf trainieren, sich weniger Sorgen um die Verluste zu machen und sich auf die Gewinne zu konzentrieren. Das zahlt sich aus – und letztlich ist das die Strategie, wie Leistungsträger auch angesichts früherer Misserfolge Fortschritte machen.

Das soll natürlich überhaupt nicht bedeuten, dass ich Fehlschläge für etwas Gutes halte. Ganz im Gegenteil. Es gibt eine gewisse Fetischisierung von Fehlschlägen in unserer Gesellschaft, so als müssten wir alle versagen, um bis zur Spitze aufzusteigen. Wir scheitern vielleicht, aber das ist keine Voraussetzung und wir sollten uns nicht so verhalten, als wäre das so. Ich glaube nicht daran, Fehlschläge zu zelebrieren. Stattdessen zelebriere ich das zugrunde liegende kalkulierte Eingehen von Risiko, egal, wie das Ergebnis aussieht. Soweit es die Fehlschläge selbst betrifft, glaube ich, dass wir sie soweit als möglich vermeiden sollten. Fehlschläge sind ärgerlich und Leute, die etwas anderes behaupten, verbreiten Lügen. Aber wenn es (fast unvermeidlich) passiert, machen Sie das Beste daraus und tun Sie dann Ihr Bestes, um sicherzustellen, dass es nicht wieder passiert.

Eine letzte Lektion, während wir das Selbstvertrauen aufbauen, das wir für alle Pfade in diesem Leben brauchen, die wir beschreiten wollen.

Es geht um Empathie – gegenüber sich selbst und gegenüber anderen

Ich verhielt mich nach meiner Krebsdiagnose katastrophal. Ich weigerte mich, mir Zeit für die Heilung zu nehmen und gestattete mir nicht, einen Gang herunterzuschalten. Das schadete nicht nur mir, sondern dem gesamten Unternehmen. Ich habe es wieder und wieder gesehen: Die Manager, die am wenigsten Empathie zeigen, sind auch diejenigen, die sich selbst gegenüber am härtesten sind. Wenn man sich selbst schlecht behandelt, tut man es auch mit anderen – und letztlich leidet die Mission darunter.

Wenn Sie sich hingegen Selbstliebe erweisen und zu Ihrer eigenen Lebensgeschichte stehen, können Sie diesen Schmerz in ein Asset verwandeln, das Sie antreibt und nicht in einen Anker, der Sie in die Tiefe zieht. Ich wünschte, ich könnte sagen, meine Krankheit hätte mich verändert, aber in Wahrheit kam diese Einsicht erst einige Jahre später während meiner Scheidung.

Bis zu diesem Punkt glaubte ich, meinen Erfolg durch pure Willenskraft erzwingen zu können – aber die Scheidung konnte ich nicht vor anderen geheim halten und sie fühlte sich zweifellos wie das größte Versagen in meinem Erwachsenleben an. Nach einer Scheidung kann es dazu kommen, dass einem eine Menge Ablehnung entgegenschlägt. Viele angebliche Freunde lassen einen im Stich, man wird anders angesehen und das Privatleben wird auf eine Weise diskutiert wie nie zuvor. Es hatte in meiner eigenen Vorstellung immer zu meiner Identität gehört, dass ich jemand bin, der sich durch Intellekt und Überlegung aus jeder schlechten Situation befreien kann, aber dieses Mal ging das nicht.

Das Problem, wenn der eigene Selbstwert vom Erfolg abhängt, besteht darin, dass die eigene Identität schweren Schaden nimmt, wenn etwas Schlimmes passiert. Mein Spitzname in der Kindheit war Doogie Howser, der von Neil Patrick Harris dargestellte Fernsehcharakter aus den frühen 1990er-Jahren, der mit 14 Arzt wird. Ohne es zu realisieren, war mein Selbstwertgefühl davon abhängig geworden, dass man mich als jemanden wahrnahm, der bestimmte Meilensteine weit vor der Zeit erreicht. Und in meinen Dreißigern kam die Scheidung – bestimmt kein Meilenstein, mit dem ich in Verbindung gebracht werden wollte.

Lange Zeit fühlte ich mich wertlos, wie in einem dunklen Loch, aus dem ich nie wieder herauskommen würde. Und eines Abends traf es mich. Ich war deprimiert und verzweifelt, alleine in einem Hotelzimmer und hatte drei Tage nicht geschlafen, während ich auf mein Handy starrte und Tränen meine Wangen hinabliefen. Ich lag im Bett und versuchte, meinen Verstand zu überreden, mir doch etwas Schlaf zu gönnen, und plötzlich flüsterte eine besänftigende Stimme in meinem Kopf mit einer Autorität, der ich mich nicht entziehen konnte: »Matthew, du bist okay.« Ich glaube nicht an Erscheinungen, aber in meinem Leben kam das wohl einer göttlichen Intervention am nächsten. Es klang für mich wie eine Wahrheit, die nicht hinterfragt werden konnte. Ich wiederholte die Worte in meinem Kopf – redete wieder in der zweiten Person mit mir – und kam zum Schluss, dass wir alle als ein Ganzes geboren werden und vom Tag unserer ersten unbeholfenen Schritte bis zu unserem letzten Atemzug auf unseren eigenen zwei Beinen stehen können. Ich war okay. Und Sie sind auch okay.

Mir wurde klar, wie katastrophal ich mich in der Arbeit benommen hatte. Ich traf schlechte Entscheidungen und war so verzehrt von der Angst, dass man »mir auf die Schliche kam«, weil ich doch nur ein Mensch war und ich fand keinen Raum mehr in meinen Gedanken für andere Menschen und ihre Bedürfnisse. Jedem in meinem Unternehmen vermittelte ich die Botschaft: Verstecke deine Probleme, leide still und setze ein wackeres Gesicht auf, egal, wie du dich wirklich fühlst.

Leader, die eine solche Atmosphäre fördern, werden dadurch keine Loyalität hervorrufen. Sie werden eine hohe Zahl an Kündigungen provozieren und können mit Krisen im Unternehmen nicht mehr umgehen. Ihre unter Druck stehenden Mitarbeiter verbergen ihre eigenen Probleme und treffen schlechte Entscheidungen. Vor meiner Scheidung hatte ich jeden unterbewusst verurteilt, der ein persönliches Problem zugab. Ich hatte meine Kindheit überwunden (glaubte ich zumindest) und dachte, jeder sollte ebenfalls seine Probleme überwunden haben. Meiner Meinung nach zerbrachen andere einfach schneller an ihren Problemen und es fehlte ihnen an der inneren Stärke, die sie geschützt hätte.

Das war alles ein Haufen Müll. Die Scheidung war der Punkt, an dem ich zerbrach. Aber ich verstand hinterher viel besser, wie man andere unterstützt und wie man eine Umgebung schafft, in der man sein ganzes Selbst mit zur Arbeit bringen kann, ohne sich zu schämen und ohne dass es einem peinlich ist, ein Problem zuzugeben. Wir müssen Menschen den emotionalen Raum geben, klug zu sein.

Was meine ich damit? Wenn wir nicht gerade schlafen, verbringen wir bis zu 70 Prozent unserer Zeit in der Arbeit. Wenn Sie in Ihrem Berufsleben genug Raum zum Durchschnaufen haben, wird der Heilungsprozess beschleunigt und Sie können viel schneller zu Ihrem normalen Selbst zurückkehren. Wir brauchen die Aufmerksamkeit anderer und wir wollen anderen wichtig sein. Selbst in der Arbeit brauchen wir Empathie. Oder vielleicht besonders in der Arbeit. Diese Empathie zu bieten, wird dafür sorgen, dass Menschen für Sie durch Wände gehen.

Ich sollte erwähnen, dass in der Arbeit Empathie zu fördern nicht dasselbe wie »Work-Life-Balance« ist. Ich halte die Suche nach einer idealen Work-Life-Balance für eine Lüge. Erfolgreiche Menschen wechseln immer zwischen Zeiten extremer Anstrengung und Ruhezeiten hin und her. Außergewöhnliche Leistungen erzielt man nur durch außergewöhnliche Anstrengung. Wir müssen uns unserer Entscheidungen absolut bewusst sein und das priorisieren, was uns wichtig ist. Ich bin jahrelang zwischen Miami und zu Hause hin und her geflogen, damit ich möglichst viel Zeit mit meinen Kindern in New Jersey verbringen konnte. Aber zu glauben, dass man alles haben kann – überdurchschnittlichen beruflichen Erfolg und eine vorhersehbare 40-Stunden-Woche, die nie unsere Freizeit beschneidet –, ist utopisch. So funktioniert die Welt nicht. Deswegen ist es so wichtig, nach etwas zu streben, das Ihnen wichtig ist. Das wird Ihre Bereitschaft fördern, die Arbeit zu leisten, die unweigerlich zu leisten ist.

◉ ◉ ◉

In der Dokumentation aus dem Jahr 2018, *Papst Franziskus – Ein Mann seines Wortes*,[23] spricht der Papst davon, dass so viele von uns ihr Leben so leben, als würden sie niemals sterben, aber dabei ignorieren wir die Tatsache, dass der Tod unvermeidlich ist und wir unseren Frieden mit dieser Realität machen müssen. Auf diese Weise können wir letztlich unsere Kritiker überwinden: indem wir uns klar machen, dass wir nur dieses eine Leben haben, es eines Tages enden wird, und es nur darauf ankommt, was wir mit unserer Zeit auf dieser Welt angefangen haben. Niemand wird uns dafür belohnen, dass wir vor Angst wie gelähmt waren oder uns selbst in den Traumata unserer Vergangenheit vergraben haben.

Ich habe eine App auf dem Handy namens WeCroak, die mich fünf Mal am Tag daran erinnert, dass ich sterben werde. Sie baut auf einer alten Weisheit aus Bhutan auf, die besonders deswegen von Bedeutung ist, weil Studien zeigen, dass die glücklichsten Menschen der Welt in dem kleinen Königreich Bhutan leben. In ihrer Kultur ist man dadurch im Leben verwurzelt, dass man regelmäßig über das Ende dieses Lebens nachdenkt. Ein ständiges Bewusstsein der eigenen Sterblichkeit bewirkt genau das Gegenteil dessen, was man vielleicht erwarten würde. Statt Angst vor dem Ungewissen zu haben, erinnert uns das Nachdenken über den Tod daran, dass unser Stress nur vorübergehend ist und unsere Tage kostbar. Die meisten Dinge haben einfach keine Bedeutung – weder die tollen Autos, noch das Geld, noch der Ruhm. Das alles kann man abschütteln, wodurch Sie flexibler, mutiger und dafür bereit sind, den großen Sprung zu wagen. Die Gegenwart ist das einzige Versprechen im Leben, das uns garantiert wird.

»Wir sterben alle jeden Tag ein wenig«, sagte Papst Franziskus. »Es ist der Tod, der das Leben lebendig macht!«[24]

Mit diesem Wissen und indem wir den Tod akzeptieren, können wir den Mut aufbringen, unser bestes Leben zu führen und große Träume zu hegen. Wir dürfen das eine Leben, das wir besitzen, nicht verschwenden.

KAPITEL 3

WAGEN SIE DEN SPRUNG

Sie stehen also am Rand der Klippe, bereit, einen großen Schritt zu tun, der Ihre Zukunft verändert. Aber etwas hält Sie zurück. Ich bin so viele Male gesprungen – aber jedes Mal war ich wie versteinert. Mir ist klar, dass nicht immer alles funktioniert. Meine Instinkte sind nicht perfekt. Aber ich weiß auch, dass große Dinge nicht passieren, wenn man stehen bleibt oder, noch schlimmer, wenn man nicht mit dem ganzen Herzen dabei ist. Wir alle haben Gedanken, die uns davon abhalten, unseren Instinkten zu folgen, aber das Geheimnis des Erfolgs besteht darin, diese Gedanken nicht die Oberhand gewinnen zu lassen. In diesem Kapitel geht es vor allem um die Glaubenssätze, die uns zurückhalten und wie wir sie überwinden.

»Es ist zu riskant«

Jesse Derris war der beste PR-Profi, mit dem ich je gearbeitet hatte, ein seltenes Genie, das keine Probleme damit hatte, CEOs und Politikern, die doppelt so alt waren wie er, die rohe, ungeschminkte Wahrheit ins Gesicht zu sagen. Ich hatte Jesses Firma das erste Mal engagiert, um den Jets zu helfen, als er 26 Jahre alt war, ein junger Publizist in einer alteingesessenen Agentur, die von Ken Sunshine geleitet wurde, einer Legende der Branche und aus dem Politik- und Medienbetrieb der Stadt New York nicht wegzudenken. Ich erkannte etwas ganz Besonderes in Jesse. Er konnte menschliches Verhalten auf eine Art und Weise vorhersagen, dass man sich nahezu etwas genötigt vorkam, da er damit quasi die Ansicht, der Mensch sei ein Wesen mit freiem Willen, infrage stellte.

Für Jesse schien sich alles im Leben nach einem bestimmten, festgesetzten Regelbuch abzuspielen und er hatte es von vorne bis hinten auswendig gelernt. Ich würde ihn als Anhänger der dunklen Künste bezeichnen, da seine Fähigkeiten zur Mustererkennung an das Mystische grenzen. Aber so sehr Jesse auch die Zukunft anderer Menschen vorherzuahnen schien, versetzte ihn sein eigenes Schicksal in Angst und Schrecken.

Jesse hatte sich als Heranwachsender nie als Unternehmer gesehen. Er glaubte, er habe eine traditionelle Karriere vor sich und tatsächlich war er nach wenigen Jahren in Ken Sunshines Agentur zum Partner aufgestiegen und stand in Gesprächen, dass sein Name mit an der Tür stehen sollte. Er war erfolgreich, keine Frage. Doch obwohl er an diesen Punkt gelangt war, schien sein Schicksal immer noch mit dem Mann verflochten, dessen Name ganz oben stand. Der Aufstieg oder Niedergang der Agentur war mit Kens Erfolgen oder Niederlagen verknüpft, die Jesse nicht kontrollieren konnte und er würde sich den Rest seiner Karriere an die Regeln einer Partnerschaft halten müssen. Ich weiß, dass es Jesses Schicksal war, sein eigenes Unternehmen zu leiten. Alles andere würde bedeuten, dass er sich unter Wert verkauft hat.

Ich fragte Jessie, ob er einen kleinen Spaziergang mit mir machen wolle, um sich einen Vorschlag anzuhören. Ich malte ihm ein Bild vor Augen, wie sein Leben aussehen würde, wenn es einen von zwei verschiedenen Verläufen nähme:

»Erstens könntest du bei der Agentur bleiben, dich abrackern, bis du 40 bist und wenn dein Name bis dahin nicht in Goldlettern an der Tür steht, kannst du darauf hoffen, die innere Stärke zu besitzen, um den Absprung zu schaffen. Bis dahin wird natürlich die Zahl deiner Ausreden exponentiell gewachsen sein, vielleicht hast du zwei Kinder, die Essen auf dem Tisch haben wollen und ein Sparkonto für ihre Collegeausbildung, das gefüllt werden will. Und wenn du nicht den Mut aufbringst, diesen Schritt zu machen, wirst du den Rest des Lebens darüber nachdenken, was wohl passiert wäre, wenn dein Weg anders verlaufen wäre.

Die Alternative ist – kündigen. Pack deine Sachen. Noch morgen. Wir packen zwei Millionen Dollar auf ein Konto und nächste Woche wird Derris and Company in meinem Büro bei RSE ins Leben gerufen. Wenn wir scheitern, trinken wir ein Bierchen und wissen wenigstens, dass wir unser Bestes gegeben haben.«

Wir liefen an diesem Nachmittag wieder und wieder im Kreis den Madison Square Garden in Manhattan entlang und holten uns auf dem Weg ein paar Shake-Shack-Burger. Ich hatte keine Zweifel, dass die zwei Millionen Dollar von RSE nie in Gefahr waren. Ich war mir sicher, dass Jesse eine der besten PR-Firmen in New York auf die Beine stellen, jede Menge Jobs für tolle Leute kreieren und finanziell fürs Leben ausgesorgt haben konnte.

Jesse war immer noch versteinert – und das wird zu einem sehr guten Beispiel, wieso es entscheidend ist, gute Partner zu haben und zwar nicht nur im Geschäft, sondern auch zu Hause. Er hatte letztlich das Selbstvertrauen, den Sprung zu wagen, weil seine damalige Freundin, Jordana (der Name hört sich vielleicht bekannt an, denn es ist dieselbe Jordana, die das Unternehmen LOLA für weibliche Pflegeprodukte gründete), ihn überzeugte, dass es der richtige Schritt war. Jesses Bauchgefühl, seine Mentoren und nun seine Partnerin sagten ihm, dass es der richtige Weg war. Jesse wusste, wenn dieses Unternehmen scheiterte, würden die Menschen, die jetzt an ihn glaubten, immer noch an ihn glauben. Er konnte jederzeit wieder eine »normale« Stelle finden.

Letztlich ist es egal, dass er diese ersten paar Schritte zögerlich ging – es zählt nur, dass er sie überhaupt ging. (Was die 2 Millionen Dollar anbelangt, so hat Jesse so gut gearbeitet, dass er sie nach dem ersten Jahr nicht einmal anfassen musste.)

Aus Jessies Geschichte will ich Ihnen zwei Lektionen ans Herz legen. Die erste ist, dass andere manchmal die wahre Größe in Ihnen sehen, bevor Sie selbst es tun. Sie werden Ihre Stärken sehr viel besser sehen als Sie selbst, weil sie nicht von den inneren Kämpfen beeinflusst werden, die Sie vielleicht ausfechten müssen. Stattdessen sind sie ermutigt, weil sie den Pfad sehen, der vor Ihnen liegt. Menschen, die in ihrer Karriere schon weiter fortgeschritten sind, haben das selbst getan und daher verstehen sie, wohin die Reise geht. Wiegeln Sie nicht ab, wenn Menschen eine künftige Vision von Ihnen sehen, die Ihre eigenen Erwartungen übersteigt – fragen Sie sich stattdessen, ob Sie sich Ihre Ziele nicht vielleicht einfach nur zu niedrig gesteckt haben.

Die zweite Lektion ist, dass das, was als der riskantere Weg erscheint, nicht immer der richtige ist. Tatsächlich könnte der Weg, den Sie vor sich sehen, derjenige sein, der mit viel mehr Unsicherheiten behaftet ist. Jesse vertraute darauf, dass andere – seine Partner in der Firma – sein Schicksal schmiedeten. Sicher, das kann vielleicht funktionieren. Vielleicht wäre alles perfekt gelaufen und er hätte sein Unternehmen zu dauerhaftem Erfolg geführt. Aber in der Welt des Footballs habe ich schon gesehen, dass die etabliertesten Vorstände es sich mit ihren Kollegen verscherzt haben und letztlich hinausgedrängt wurden. Wenn man ein Angestellter ist, der auf den guten Willen anderer angewiesen ist, muss man leider davon ausgehen, dass Loyalität eine Einbahnstraße ist – und es bestand immer die Chance, dass das Jesse auch passiert.

Ein älterer Partner hätte vielleicht mit der sich ändernden Medienlandschaft nicht Schritt gehalten und Jesse mit in den Abgrund gezogen. Manche Menschen werden selbstgefällig, wenn sie sich dem Pensionsalter nähern und das Unternehmen verkümmert. Selbst ein »sicherer« Pfad kann endlose Möglichkeiten des Scheiterns bereithalten. So vieles unterlag nicht Jesses Kontrolle. Das wollte ich ihm bei unserem Spaziergang klarmachen.

Jedes Mal, wenn Sie für Ihren Wohlstand vom Verhalten anderer abhängig sind, besteht ein Risiko. Sie sollten so viel Kontrolle wie möglich über Ihr Schicksal anstreben, so viel Macht wie möglich, Ihre eigene Zukunft zu planen. Die sicherste Wette ist die, die Sie auf sich selbst abschließen. Sie haben die besten Chancen im Haus, denn Sie wissen, was Ihr Antrieb ist. Diese Insiderinformation ist Gold wert.

Machen wir einen Sprung sieben Jahre in die Zukunft. Wie sich herausstellte, wäre Jesse vermutlich auch in seinem alten Job erfolgreich gewesen.

Aber das war egal, denn er hatte den Sprung gewagt. Jesse wurde unser Partner bei RSE und gemeinsam haben wir eine Weltklasse-PR-Firma mit 80 Angestellten aufgebaut. Die Agentur wurde Nummer eins im Bereich »Direct-to-Consumer« und hält Anteile an mehr als 100 der Top-Marken des Landes. Weil er seinen Fähigkeiten und seinen Mentoren vertraute, besitzt Jesse heute ein Ausmaß an Reichtum und Freiheit, das er niemals erreicht hätte, wenn er weiter in einer schon bestehenden Firma gearbeitet hätte. Wir waren bei der Reise dabei, als 15 von Jesses Klienten zu Einhörnern wurden – diese fast mythisch wirkenden Start-ups, die den Wert von einer Milliarde Dollar überschreiten. Jesse erwies sich als genauso hellsichtig, wie ich ihn eingeschätzt hatte und als ein sogar noch besserer Führer und Manager anderer Menschen, als ich mir hatte vorstellen können. Das außergewöhnliche Ende seiner Geschichte ist, dass der PR-Gigant BerlinRosen im Sommer 2022 Derris kaufte. Jesse, der aus der Mittelklasse von Syosset, Long Island, stammte, ist nun mehrfacher Self-Made-Millionär – alles nur, weil er dem Vorschlag zustimmte, einen Spaziergang im Park zu machen und mutig genug war, den Sprung zu wagen.

Natürlich gibt es niemals Garantien. Sicherlich ist ein großer Teil von Jesses Story nur ihm allein zu eigen und seinen erstaunlichen Talenten zu verdanken. Ich war mit der Unterstützung von RSE bereit, Jesse ans Ruder zu stellen und seinem Unternehmen einen kleinen Anschub zu Beginn zu geben. Aber der Punkt ist, dass Jesse auch ohne mich oder das Geld von RSE ein Star geworden wäre – weil er den Mut hatte, sein Zögern zu überwinden. Tief im Inneren besitzen Sie ebenfalls diesen Mut.

◉ ◉ ◉

Wir stellen uns alle vor, dass irgendwann der perfekte Moment kommen wird – wenn wir nur älter sind oder etwas mehr finanzielle Sicherheit haben. Wir täuschen uns selbst und denken, wir könnten mit mehr Erfahrung und mehr Jahren auf dem Buckel auch mit höherem Risiko umgehen. Aber es war noch nie so einfach wie heute, ein Risiko einzugehen. Unsere Risikotoleranz nimmt nicht zu, wenn wir älter werden. Es sammeln sich mehr

Verpflichtungen an und das Älterwerden macht es weit schwerer, die Verlockungen des Erfolgs innerhalb eines Unternehmens hinter sich zu lassen und etwas Neues auf die Beine zu stellen, ohne einen Stab an Mitarbeitern, von denen man abhängig geworden ist.

Es gibt Mittel und Wege, diese Probleme zu minimieren. Sie können ganz genau festlegen, was erforderlich ist und zwischen »Wünschen« und »Notwendigkeiten« unterscheiden. Aber letztlich sind Sie einem Risiko ausgesetzt, wenn Sie zulassen, dass andere Ihr Schicksal in Händen halten. Sie glauben, es ist zu riskant, Ihre wildesten Träume zu verfolgen? Tatsächlich ist es zu riskant, es nicht zu tun.

Der nächste Glaubenssatz, der Menschen zurückhält, lautet:

»Es widerspricht dem gesunden Menschenverstand«

Die Schiffe hinter sich zu verbrennen ist natürlich als Metapher gemeint, aber wie mein Freund Emmett Shine sein extrem erfolgreiches Unternehmen über Bord geworfen hat, ist ein mehrseitiges Profil in einer Zeitschrift wert.

Emmett und seine Partner Nick Ling und Suze Dowling sind die Köpfe hinter Gin Lane, dem Marketing-Powerhouse, das geholfen hat, Giganten wie Harry's, Sweetgreen, Smile Direct Club, Hims, Quip, Warby Parker, Bonobos, Everlane und weitere zu lancieren und sie beim Wachstum zu unterstützen. Jedes angesagte, neue Silicon-Alley-Consumer-Start-up hat bei Emmett schon angeklopft und wollte ihn engagieren. Aber so erfolgreich das Unternehmen auch wurde und so viel Geld Emmett auch verdiente, mit der Zeit beschlich ihn das Gefühl, dass die Vermarktung der Marken anderer Leute nicht das war, was er tun sollte. Das ganze Geschäft wirkte zunehmend leer auf ihn und er sehnte sich danach, etwas Bedeutungsvolleres zu tun.

»Wir haben den Berg erklommen«, erzählte mir Emmett. »Wir hatten das Gefühl, wirklich viel erreicht zu haben, weil wir eine respektierte, unabhängige Agentur aufgebaut hatten, mit der unsere Kunden sehr zufrieden waren, aber wir wollten eine neue Herausforderung. Wir hatten den Eindruck, zehn Jahre harter Arbeit hatten sich ausgezahlt und wir wollten dann aufhören, wenn es am schönsten ist und etwas anderes machen.«

Emmett, Nick und Suze zogen das ultimative Manöver durch, um die Schiffe hinter sich zu verbrennen: Sie verlagerten das Geschäft der gesamten Firma in eine andere Branche. Statt die Marketingformel zu nutzen, die sie beherrschten, um Marken zu verkaufen und ihre Gründer zu Millionären zu machen, wieso diese Formel nicht nutzen, um nach etwas zu streben, das ihnen wirklich am Herzen lag und neue Unternehmen gemeinsam mit ihren ehemaligen Klienten aufzubauen?

Anstatt Marketingkampagnen zu entwickeln, beschlossen sie, ihre eigenen Marken zu schaffen und Unternehmen zu gründen, die auf den Fähigkeiten aufbauen, die sie bei Gin Lane entwickelt hatten. »Wir hatten keine Lust mehr, anderen Leuten zu erzählen, was gut für ihr Geschäft ist«, fährt Emmett fort. »Wir wollten unsere eigenen Brands kreieren und betreiben und die gesamte Entwicklung eines kommerziellen Business von Anfang bis Ende kontrollieren.«

Gemeinsam mit ihrem Team riefen sie Pattern ins Leben, eine Markenfamilie für Haushaltsartikel, die Menschen dabei helfen sollten, den Alltagsstress in den Griff zu bekommen. »Meine Mitbegründer und ich hatten das Gefühl, dass alle um uns herum der Arbeit und den sozialen Medien so viel Aufmerksamkeit schenkten, dass wir uns nach der Zeit sehnten, die wir zu Hause verbrachten. Bei Pattern sollte sich alles darum drehen, alltägliche Abläufe in Rituale zu verwandeln und Freude bei Tätigkeiten wie dem Kochen und Organisieren zu finden.«

Ihre erste Marke, Equal Parts, stellte Küchenartikel her und sollte jedem, der zu Hause kocht, die Zeit in der Küche so angenehm wie möglich gestalten und zu mehr Gleichgewicht im Leben führen. Danach lancierten sie Open Spaces – ein Unternehmen für Aufbewahrungslösungen – und kauften GIR, die Pfannenwender und andere Küchenutensilien herstellen, sowie Letterfolk, die kreatives, modernes Heimdekor fertigen, mit dem Leute ihr Zuhause persönlicher gestalten können.

In der Hollywood-Version dieser Geschichte würde ich mich auf die Tatsache konzentrieren, dass Pattern ein Jahr nach dem Launch zig Millionen

Dollar wert war – eine weit höhere Bewertung als Gin Lane als Agentur jemals hätte erreichen können – und das Beste daran, es war ein Unternehmen, von dem Emmett und sein Team begeistert waren. Sie hatten etwas niedergebrannt, das ihnen zu Erfolg verholfen hatte und genutzt, was sie gelernt hatten, um den nächsten Traum zu verfolgen und sich auf eine noch kühnere Reise zu begeben.

Aber die Wahrheit ist stets komplizierter. Pattern an den Start zu bringen, war nicht so leicht, wie Emmett, Nick und Suze erwartet hatten. Es war schwer, eine Marke aus dem Nichts aufzubauen. Obwohl sie entscheidende Rollen gespielt hatten, um Marken bei Gin Lane zu lancieren, wurde ihnen klar, dass sie nicht in allen Bereichen gut waren. Hochwertige Produkte zu entwickeln und sich mit Lieferkettenproblemen herumzuschlagen, war kompliziert. Sie merkten, dass sie besser darin waren, den versteckten Wert in bestehenden Marken zu finden, als ihre eigenen aus dem Nichts aufzubauen. Also wichen sie, bewaffnet mit dem Bewusstsein über die eigenen Grenzen und dem Selbstvertrauen, sich die eigenen Schwächen einzugestehen, sehr schnell vom ursprünglichen Plan ab und holten sich sechs Millionen Dollar Finanzierung (unter anderem von RSE), um aufsteigende Marken (wie GIR und Letterfolk) zu kaufen, die Waren im Wert zwischen zwei bis zehn Millionen verkauften, und dann das Wachstum dieser Unternehmen mit ihrem Wissen über Brands, Marketing und den Betrieb zu fördern.

»Einige unserer ursprünglichen Hypothesen waren richtig und einige waren falsch«, erklärt Emmett. »Lieferketten und Kreditrahmen waren neue Themen für uns, aber wir lernten. Das Modell ist anders als unser Entwurf aus dem Jahr 2019, aber ich bin stolz darauf. Wir kämpfen nicht gegen den Strom, sondern lauschen auf die Windrichtung.«

Als sie Gin Lane hinter sich ließen, wurden sie von Kollegen für ihre kühnen Entscheidungen öffentlich gelobt, aber im Privaten kratzte man sich am Kopf. Wieso eine gute Sache über den Haufen werfen? Nun, man wirft sie über den Haufen, um sie noch besser zu machen. Der gesunde Menschenverstand lässt einen stillstehen – die Schiffe hinter sich zu verbrennen, hebt einen auf die nächste Stufe.

»Ich habe schon so viel Zeit/Energie Geld hineingesteckt.«

Damit haben wir alle zu kämpfen. Das liegt in der menschlichen Natur. Ich habe vier Jahre damit verbracht, mich völlig aufzuarbeiten, um die Abendschule bei Fordham Law abzuschließen und dachte die ganze Zeit, dass all das nur dann sinnvoll war, wenn ich Anwalt werden würde. In den Wochen nach 9/11, als ich mich gerade irgendwie zusammenreißen konnte, um die Reaktion der Stadt auf die Krise zu managen und einen kleinen Teil meines Gehirns darauf zu konzentrieren, das Jurastudium abzuschließen – gar nicht zu reden von der Trauer über den Verlust meiner Mutter –, hatte ich Bewerbungsgespräche bei Anwaltskanzleien für Stellen, die ich im folgenden Herbst hätte antreten sollen. Ich erhielt ein Angebot von Skadden, Arps, einer der größten Anwaltskanzleien der Welt und vielleicht die prestigeträchtigste. Ich hatte mich schon darauf eingestellt, diese Stelle anzunehmen. Ich unterschrieb einen Vertrag, akzeptierte den damit verbundenen Bonus und stand in den Startlöchern.

Aber im Frühjahr war ich nicht mehr im Bürgermeisteramt tätig, sondern half bei der baulichen Entwicklung von Lower Manhattan. Ich hatte lange Zeit mit einer klaren Vision meiner Erlösung gelebt, die mir vor Augen schwebte: Ich wollte Anwalt werden. Aber ich hatte nun einiges an Erfahrung gesammelt und wusste, dass der Weg zum Partner in einer Anwaltskanzlei wie Skadden lang und mit vielen Unwägbarkeiten behaftet war. Die meisten Mitarbeiter werden nie zu Partnern, aber selbst diejenigen, die es schaffen, brauchen dafür lange Zeit. Man bewegt sich im Gleichschritt wie alle anderen. Die Kanzlei sagte mir, dass diejenigen, die Partner wurden, dafür ungefähr elf Jahre brauchten. Ein wahrer Rockstar konnte es vielleicht in acht oder neun schaffen. »Wie wird man ein Rockstar?«, fragte ich. Nun, man arbeitet mehr als alle anderen, das ist der Maßstab. Und diese Überstunden – die ich natürlich ganz genau im Auge behalten würde, wie ich es seit meiner Zeit bei McDonald's nicht hatte tun müssen, ich hatte also Jahre damit verbracht, meine Zukunft zu schmieden, nur um dann wieder anhand der Arbeitszeiten bewertet zu werden – würde man irgendwo in einem Keller verbringen, wo man sich durch alte Kisten mit Dokumenten wühlt und sie mit gesenktem Kopf, Zeile um Zeile mit einem gelben Textmarker durchgeht, bei einem Prozess, der sich »Recherche« nennt, aber mir eher wie eine Art Fegefeuer vorkam.

Ich konnte mich sehr glücklich schätzen, dass ich dieses Angebot von Skadden erhielt, aber ich erkannte, dass eine Stelle dort mir die Möglichkeit verbaute, weiter mit Höchsttempo meinen Weg zu gehen, wie ich es getan hatte, seitdem ich 16 gewesen war. Und doch – das Prestige, der Druck, Risiken zu minimieren, und vor allem die Kosten, die ich bereits aufgebracht hatte, die Zeit und Energie und das Geld, das ich für meinen Juraabschluss aufgewendet hatte, machten es schwer, Nein zu sagen. Ich wusste nicht, was bei der Lower Manhattan Development Corporation als Nächstes anstehen würde, sobald das Denkmal für 9/11 fertiggestellt war. Aber ich wusste, die richtige Entscheidung wäre nicht, ein niedrigeres Gehalt in Kauf zu nehmen, um ein Mitarbeiter im ersten Jahr bei einer Anwaltskanzlei zu werden.

Ich gab Skadden den Bonus zurück, der mit der Unterzeichnung des Vertrags verbunden gewesen war. Und bis heute habe ich meine Zulassungsprüfung der Anwaltskammer nicht abgelegt. Nicht, weil ich sie nicht bestehen würde und auch nicht, weil mir die Vorstellung nicht gefällt, eines Tages als Anwalt zu praktizieren – sondern, weil ich wusste, wenn ich das Juraexamen gemacht und diese Tür auch nur einen Spalt offengelassen hätte, wäre das zu verlockend gewesen. Es wäre zu einfach gewesen, eine Karriereentscheidung zu treffen, bei der ich fürchtete, sie später zu bereuen. Also habe ich mein Schiff verbrannt.

◉ ◉ ◉

Zwei Lektionen lassen sich aus dieser Geschichte ableiten: Die erste ist, dass Sie sich ruhig gestatten können, einige Optionen zu sammeln und dann herauszufinden, wie sie sich für Sie anfühlen. Ich stelle mir das Leben wie eine Art »Wähle dein Abenteuer«-Geschichte vor, die wir als Kinder so geliebt haben, und die sich vor einem entfaltet. Wie ermutigend war es, das Ende zu verändern!

Lassen Sie niemals zu, dass Druck oder Konvention Sie davon abhalten, alternative Realitäten zu erkunden. Sie werden viel leichter wissen, wie sich eine Entscheidung für Sie anfühlt, wenn Sie diese auch tatsächlich treffen können. Ich wollte wirklich Anwalt werden, bis ich mich entscheiden musste, wann ich bei Skadden anfangen sollte und mich damit anfreunden musste, was ich alles aufgeben würde, um dort anzufangen.

Die zweite Lektion bezieht sich auf die versunkenen Kosten. Es ist nicht leicht, sich mit diesem Konzept anzufreunden. Es gefällt uns nicht, wenn wir Geld, Zeit oder Aufwand verschwenden. Wir glauben, nur weil wir das nicht erstattungsfähige Ticket gekauft haben, müssen wir zu dem Konzert gehen, egal, ob wir an diesem Abend viel lieber zu Hause bleiben würden, wenn es soweit ist. Raten Sie mal? Sie haben das Geld bereits ausgegeben. Sie sollten wählen, was am besten für Ihre Zukunft ist und nicht rechtfertigen, was in der Vergangenheit passierte.

Das sehe ich im Business ständig. Meine Freunde bei Magic Spoon haben fünf Jahre damit verbracht, Grillen-Mehl zu verkaufen. Sie hatten sich tief in die Welt des Insektenproteins eingearbeitet und waren überzeugt, dass Grillen-Snacks ein Riesenerfolg werden würden. Sie hatten Geld, Zeit und Aufwand in diese Idee versenkt. Sie hätten weitermachen können, im Glauben, dass sie diese ursprüngliche Überzeugung rechtfertigen müssten, hätten am Ball bleiben können, bis es nicht mehr weiterging. Aber eines Tages hatten sie eine bessere Idee – proteinbasierte Frühstücksflocken für eine neue Generation, aber ohne die Grillen – und sie setzten alles auf eine Karte und schufen ein leckeres Produkt. Der richtige Moment, das sinkende Schiff zu verlassen, ist nicht dann, wenn bereits alle Hoffnung verloren ist. Oft sollte man viel, viel früher umsteuern. Wenn Sie etwas Besseres sehen, ist der richtige Moment gekommen. Wann immer Sie das Gefühl haben, sich zurückhalten zu müssen, weil Sie bereits Aufwand (und Geld) investiert haben, denken Sie stattdessen über die Opportunitätskosten nach, wenn Sie den Status quo aufrechterhalten. Versunkene Kosten können wie ein Klotz am Bein wirken, aber die Chance, eine neue Gelegenheit zu ergreifen, sollte diese Lähmung beseitigen. Die Vergangenheit liegt hinter Ihnen. Sie können sie nicht ändern. Lassen Sie die versunkenen Kosten einfach weiter sinken.

»Ich muss weiter das tun, worin ich am besten bin«

Sie haben vielleicht schon von Sarah Cooper gehört. Wenn ihr Name Ihnen unbekannt ist, haben Sie wahrscheinlich wenigstens ihre Videos online gesehen. 15 Jahre lang hat sie in der Tech-Industrie als visuelle Designerin bei Yahoo! und dann bei Google gearbeitet, wo sie half, ein Produkt zu gestalten, das Millionen jeden Tag nutzen: Google Docs. Und doch träumte sie davon, Comedy-Autorin und Comedian zu werden. Sarah schrieb Online-Blogs, in denen sie sich über die Tech-Welt lustig machte. Einige davon gingen viral und sie veröffentlichte sogar ein Buch, aber berühmt wurde sie, als sie Präsident Trump lippensynchron bei Pressekonferenzen nachsprach und kurze Videos davon auf ihrem TikTok und auf Twitter postete, die ihr sofortigen Ruhm und sogar ein Netflix-Special sowie einen Gig als Gastmoderator als Ersatz für Jimmy Kimmel bescherten. Die jüngsten Artikel über Sarah erwähnen nicht einmal, dass sie in Silicon Valley gearbeitet hatte und es steht auch kein Wort darin über ihre Comedy-Brand, die sie jahrelang aufbaute, indem sie satirisch über die Tech-Welt schrieb. Es gab keinen Hinweis darauf, dass sie je etwas anderes gemacht hatte, als Donald Trump lippensynchron nachzusprechen und dadurch zu Ruhm gelangt war.

Wäre Sarah Cooper nach dem Motto »Schuster, bleib bei deinem Leisten« vorgegangen – eine Comedian, die Material verwertete, das aus ihrer Zeit in »Corporate America« stammte –, hätte sie nie den Durchbruch geschafft. Wenn sie sich Sorgen gemacht hätte, ihre technischen Fähigkeiten zu verschwenden, hätte sie Google gar nicht erst verlassen.

»Bei Google aufzuhören, war wirklich hart«, sagte sie.[25] »Ich habe ein halbes Jahr gebraucht, in dem ich hin und her überlegt habe und mir dachte, ›soll ich aufhören? Ich bin mir nicht ganz sicher …‹ Die Angst ist, dass man nichts Besseres finden wird, als bei Google zu arbeiten.

Es war ironisch, dass ich das Gefühl hatte, meinen Traum aufzugeben. Viele andere Menschen hatten den Traum, bei Google zu arbeiten, also war meine Karriere, aus der ich mich nicht lösen wollte, die Vorstellung anderer von einer großartigen Karriere.«[26] (Ich dachte genauso über meinen Job bei den Jets.)

Sarah hatte den Mut, aufzuhören und etwas ganz Neues auszuprobieren. Es zahlte sich aus, aber selbst wenn nicht, vergessen wir bei mutigen Schritten manchmal, dass wir die Fähigkeiten, die wir uns einmal angeeignet haben, nie verlieren, auch wenn wir im Moment noch nicht wissen, wie wir sie später einsetzen können. Ich kann mir vorstellen, dass Sarah Cooper eines Tages ganz alleine in einer erfolgreichen Fernsehsendung der Star sein könnte und ihre geschulte Fähigkeit, sich über die Leader an der Macht lustig zu machen, mit einer Satire über die Tech-Welt verbinden könnte, die sie hinter sich ließ. An diesem Punkt würde ihre Reise, wenn auch nur in der Rückschau, absolut sinnvoll erscheinen.

◉ ◉ ◉

Gaben lösen sich nicht in Luft auf. Ich nutze meine alten Fähigkeiten als Journalist – mein Brotverdienst auf dem College, bevor ich im Bürgermeisteramt anfing – jeden Tag, indem ich Unternehmern Fragen stelle und sie dazu bringe, offenzulegen, wer sie wirklich sind und was hinter den Präsentationsfolien steckt, mit denen sie mich beeindrucken wollen. Ich habe die Arbeit von Dutzenden Anwälten überwacht – und Jura studiert zu haben, hat mir enorm dabei geholfen, ihre Arbeit zu verstehen, mich selbst und meine Unternehmen zu schützen und jeden einzelnen Punkt eines Deals auf der Tagesordnung zu halten. Als Reporter habe ich gelernt, Muster zu erkennen, was für meine tägliche Arbeit von unschätzbarem Wert ist. In der Politik tätig gewesen zu sein, hat mich gelehrt, wie man in einer extrem konkurrenzträchtigen Umgebung überleben kann, wie man sich im Gesetzesdschungel zurechtfindet und wie man Verhandlungen in den Hallen der Macht führt. Alles, was ich getan habe, hat mir neue Fertigkeiten verliehen, die einen Wert darstellen, egal wohin mich meine Karriere führt. Lassen Sie sich nicht von der Angst zurückhalten, irgendwelche Fähigkeiten umsonst erlernt zu haben. All Ihre Fertigkeiten und Erfahrungen werden Sie auf lange Sicht nur effizienter machen.

»Aber niemand sonst sieht diese Gelegenheit – ich brauche erst etwas Buy-in«

Das ist der Spruch, der mich am meisten nervt, darüber werde ich mich noch in alle Ewigkeit beschweren. Gelegenheiten sind nur so lange Gelegenheiten, *bis* jemand anderes sie sieht. Ab diesem Moment gibt es keinen Vorteil mehr für den Erstanbieter und man kann kaum noch Gewinne machen. Wenn Sie warten, bis andere Ihre Vision zum Erfolg führen, ist es viel zu spät.

Die Gründer von Magic Spoon folgten ihren Instinkten, um den Schwenk von Grillen zu Cerealien zu vollziehen – aber wenn sie auf die Experten gehört hätten, wäre es nie so weit gekommen. Cerealien wurden als tote Kategorie gesehen, keine Innovation, negativ wahrgenommen und langsames Wachstum – aus Sicht des Einzelhandels ein zuckerhaltiger Anachronismus. Aber sie sahen eine Gelegenheit, was sie bei der Herstellung von Grillen-Snacks gelernt hatten, in einem ganz neuen Kontext zu nutzen. Was, wenn sie die Nostalgie, die Menschen für die Cerealien ihrer Kindheit wie Lucky Charms und Frosted Flakes empfanden, mit den aktuellen Gesundheitstrends und der beliebten ketogenen Ernährung kombinierten?

Cerealien, die gesund sein sollten, wurden normalerweise so verpackt, dass es wie eine Strafe wirkte, sie zu essen. Was, wenn sie die Verpackungen stattdessen lustig gestalteten? Sie kamen mit einer ausgeklügelten Vision ihres Produkts in mein Büro und ich dachte, es hörte sich neu und anders an und genau wie etwas, das im Gang mit den Cerealien im Supermarkt ein Überraschungserfolg werden konnte. Ich stellte ihnen einen ihrer ersten Schecks aus und nur wenige Jahre später wurde ihr Unternehmen mit einem mittleren neunstelligen Betrag bewertet. Im Juni 2022 sammelten sie 85 Millionen Dollar Finanzierung ein, allen voran von einem Unternehmen, das von Mark Bezos, dem Bruder des Amazon-Gründers Jeff Bezos, mitgegründet worden war. Hatte der Rest der Welt diese Gelegenheit gesehen, als wir es taten? Auf keinen Fall. Bedeutet das, sie hätten es nicht versuchen sollen? Absolut nicht.

Sie werden nie Kapital aus einer Idee schlagen können, wenn Sie warten, bis die Gelegenheiten offensichtlich und risikolos sind. Ich betrachte das wie den Unterschied zwischen Blitz und Donner. Licht ist so viel schneller als Schall. Wir sehen den Blitz und dann gibt es eine lange Pause vor dem Grollen. Die meisten Menschen reagieren nicht auf den Blitz. Sie warten auf die unmissverständliche Bestätigung, die das Geräusch des Donners mit sich bringt.

Rechnen Sie damit, dass Informationsarbitrage nur dann funktioniert, wenn man alleine handelt und nicht, wenn man auf die Herde wartet. Es ist einfach, jemandem nur hinterherzulaufen. Es ist weit schwieriger, bei null zu beginnen, etwas aus dem Nichts aufzubauen und einen Markt zu schaffen, wo es vorher keinen gegeben hat. An dieser Stelle werden Sie die besten Chancen auf einen durchschlagenden Erfolg haben. Handeln Sie, wenn Sie den Blitz sehen.

Aber, so werden Sie sich fragen, wie trainiert man sich selbst, diese großen Chancen vor allen anderen zu erkennen? Zuerst einmal sollten Sie Ihre Fähigkeit zur Mustererkennung steigern, indem Sie in einer Branche arbeiten, über die Sie bereits etwas wissen. Bringen Sie sich in eine Position, in der Sie das erreichen können, was ich proprietäre Erkenntnisse nenne. Sie brauchen kein einzigartiges Produkt, um ein Unternehmen zu gründen, nur eine ganz eigene, spezielle Einsicht, aufgrund derer Sie in Aktion treten können. Umreißen Sie die Branche, die Sie verstehen wollen, lesen Sie alles darüber, was Sie können und suchen Sie nach Gruppendenken, das keiner infrage stellt. Was ist die althergebrachte Weisheit und wie können Sie sie auf den Kopf drehen?

Joe Bayen kam aus Frankreich in die Vereinigten Staaten und wurde zu einem sehr erfolgreichen schwarzen Unternehmer. Er erkannte, dass die Unterschicht – die Armen, Immigranten und andere – eine Menge Probleme hatte, ihre Kreditwürdigkeit zu steigern und in einem Teufelskreis der Armut gefangen war, dem sie nicht entkommen konnte. Zuerst gründete er Lenny Credit, die Mikrokredite zwischen 100 und 500 Dollar an Studenten und Millennials über das Telefon vergab, um ihnen beim Aufbau einer Kredithistorie zu helfen – doch das Unternehmen hatte Schwierigkeiten, Banken als Partner zu finden, die bereit waren, Geld zu leihen und ging pleite. Er ließ sich davon nicht abschrecken und änderte seinen Ansatz, getrieben von derselben zugrunde liegenden Einsicht, und lancierte Grow Credit, ein Unternehmen, das Menschen Geld für laufende Abonnements leiht – Netflix, Spotify, Amazon Prime –, durch eine Partnerschaft mit Mastercard, die es den Nutzern ermöglicht, Kredit-Scores aufzubauen, mithilfe dieser noch kleineren Kredite. Keine einzigartige Erfindung oder eine Leistung, die unters Urheberrecht fällt, sondern einfach die Überzeugung, dass er etwas Großem auf der Spur war. Das Ganze kombiniert mit dem Mut, es umzusetzen.

»Ich war total abgebrannt«, erzählte er mir. »Ich hatte meine letzten 100.000 Dollar investiert – mit meiner Kreditkarte! – und ein paar Wochen später schloss sich uns Mastercard an, drei weitere Banken folgten und wir hatten letztlich 106 Millionen Dollar Finanzierung von mehr als einem Dutzend Investoren.« Ich bin einer dieser Investoren und ich glaube felsenfest an Joes Mission. »Es ist nie einfach«, meint Joe, »aber wenn man ein selbstloses Motiv hat und von etwas getrieben ist, das größer ist als das eigene Bankkonto, wenn man versucht, etwas Großes in dieser Welt zu leisten, ist es sehr viel einfacher, unerbittlich zu sein und nie aufzugeben.«

Joe und die Leute von Magic Spoon warteten nicht, bis jemand anderes ihre Ideen getestet hatte – und sie vertrauten ihren Instinkten sogar so sehr, dass sie weitermachten, selbst als sie mit einem »Fehlschlag« konfrontiert waren. Wenn Sie wissen, dass Sie eine Gewinneridee haben, verfolgen Sie sie, egal, was die Neinsager von sich geben.

◉ ◉ ◉

Die Geschichte von Michele Cordeiro Grant illustriert die transformative Kraft einer proprietären Erkenntnis. Sie arbeitete bei Victoria's Secret und hatte den Eindruck, dass Frauen vom Marketingansatz des Unternehmens zu wenig angesprochen wurden. Victoria's Secret besetzte fast im Alleingang den Markt für Frauen, die sich provokant und sexy fühlen wollten. Aber was ist mit den Frauen, die sich mächtig und kompetent fühlen wollten, die sich für sich selbst in Schale warfen und nicht nur, um für ihre Partner gut auszusehen?

Sie wusste, dass eine Menge Frauen sich nicht wirklich wohl dabei fühlten, Dessous zu kaufen. Sie genossen es nicht – und doch mussten sie diese

Produkte irgendwo kaufen. Michelle hatte eine eigene Erkenntnis, sie realisierte, dass die aktuellen Marken bei Frauen wenig Anklang fanden. Das war alles, was sie brauchte, um etwas Revolutionäres aufzubauen. Michelle gründete Lively, ein Digitalunternehmen für Dessous, getrieben von einer Community und dem Social Sharing. Sie führte Fokusgruppenuntersuchungen durch, die jeden Aspekt der Marke betrafen, um herauszufinden, was Frauen wollten und was bei ihnen wirklich ankommen würde. »Wir fanden heraus, dass niemand gerne ›Slip‹ oder ›Unterwäsche‹ sagte«, war ein Beispiel, das Michelle mir nannte. »›Unterhosen‹ schien ein beliebter und universeller Begriff zu sein.«

Es war nicht offensichtlich, dass das der richtige Ansatz war. »Leute fragten mich, wieso ich etwas investierte, um eine Community aufzubauen«, sagt Michelle. »Sie meinten, das gäbe keinen ROI. Aber ich wusste, dass wir anders denken mussten als andere Marken in dieser Branche und diese Community würde das sein, was uns von anderen unterschied.«

Michelle wusste, dass sie eine erfolgreiche Marke gefunden hatte, als ihre E-Mail-Liste viral ging. Auf der ursprünglichen Liste standen 500 Personen, als sie den Content und die Stimme des Unternehmens aufbaute und sie hatte die Leser gebeten, sie ihren Freunden weiterzuempfehlen. In nur 48 Stunden waren aus 500 Personen 130.000 geworden und die Server crashten. Michelle war keine Designerin mit einem einzigartigen neuen Produkt und sie versuchte nicht, eine ganz neue Produktkategorie zu erfinden. Ihre Erkenntnis war lediglich, dass Menschen und ihre Gefühle beim Kauf von Dingen, die jede Frau braucht, eine Rolle spielen – und in nur wenigen Jahren führte sie Lively zu einem Riesenerfolg und verkaufte das Unternehmen für 100 Millionen Dollar an die japanische Bekleidungsfirma Wacoal.

◉ ◉ ◉

Mein Freund Marc Lore ist ein Seriengründer, dessen massive Exits von Diapers.com (verkauft an Amazon für 545 Millionen Dollar) und Jet.com (verkauft an Walmart für 3,3 Milliarden Dollar) ihn zu einer Legende machten. Diapers.com wurde auf der Erkenntnis aufgebaut, dass niemand online

Windeln für vernünftige Preise anbot – vor allem, weil der Versand so teuer war. Er ging das Problem auf eine Weise an, die jedem anderen auch hätte einfallen können: »Ich habe mich einfach hingesetzt und auf Google nach wahllosen Schlüsselbegriffen gesucht, um zu sehen, wie häufig andere danach suchten«, erinnert sich Marc. »Ich hatte damals ein neugeborenes Baby zu Hause und habe nach dem Wort ›Windeln‹ gesucht und mir fiel auf, dass es pro Monat Hunderttausende Male gesucht wurde. Niemand verkaufte damals wirklich Windeln online, nicht einmal Amazon und ich dachte, sie sind groß, sie nehmen viel Platz weg, Leute gehen nicht gerne in den Laden, um sie zu kaufen, also dachte ich, wenn wir die Mütter und Väter dazu kriegen konnten, sie zu einem niedrigen Preis mit 1-Tages-Versand zu kaufen, konnten wir sie für uns gewinnen und sie würden auch alles andere bei uns kaufen.«

Lore verkaufte Windeln mit Verlust und machte dann den Profit mit den zusätzlichen Produkten für Babys, die auf der Website gekauft wurden – Kleidung, Buggys, Fläschchen und alles, was dazu gehört. Am Anfang holte er Bestellungen ein, ging zu nahe gelegenen Geschäften wie Costco und BJ's, kaufte dort die Windeln (zu einem höheren Preis, als er sie verkaufte) und verschickte sie an die Kunden. Er verlor eine Menge Geld mit den Windeln – aber glich das an anderer Stelle wieder aus. Irgendwann musste Amazon einfach dieses Geschäft haben.

»Ich kenne eine Menge Leute, die gerne Unternehmer wären, aber sagen, sie hätten keine gute Idee«, sagte Marc zu mir. »Aber ich glaube nicht, dass es um die Idee geht, das glaube ich wirklich nicht. Ich habe schon schlechte Ideen gesehen, die sehr erfolgreich waren und ich sah tolle Ideen, die scheiterten. Es geht um Umsetzung, Engagement, Tatkraft und Hartnäckigkeit. Man muss nur etwas, das bereits funktioniert, ein wenig verändern und das genügt schon.«

Ob wir uns dessen bewusst sind oder nicht, wir verfügen bereits über einen Datensatz, dem wir jeden Tag ausgesetzt sind, während die Welt an uns vorüberzieht. Wie wir diese Daten interpretieren, macht uns einzigartig. Unsere Gabe besteht darin, das zu erkennen, was die anderen nicht sehen. Diese Erkenntnisse führen zu den Sprüngen, die sich am meisten lohnen und wenn Sie diese Sprünge nicht jetzt wagen, wird es jemand anderes tun – und das bald. Machen Sie sich nichts vor: Ein Traum, den man auf die lange Bank schiebt, kommt der Entscheidung gleich, jemand anderem die Möglichkeit zu geben, diesen zu verfolgen. Wenn Sie eine proprietäre Erkenntnis haben, sollte Ihnen klar sein, dass sie nicht lang nur die Ihre bleiben wird.

»Ich würde es gerne tun, aber ich kann es mir nicht leisten, alles auf eine Karte zu setzen«

Nur einen halben Sprung zu wagen – einen Zeh ins Wasser zu stecken, aber sich noch offenhalten, ob man ihn nicht wieder herauszieht –, schadet uns und es gibt Forschungsergebnisse, die das bestätigen. Vor ein paar Jahren haben Forscher an der Wharton School der Universität von Pennsylvania zwei Gruppen von Testpersonen die gleiche Aufgabe gegeben und denselben Plan, um sie zu erledigen. Einer Gruppe sagte man, sie solle über zusätzliche Wege nachdenken, zum gleichen Ergebnis zu kommen – mit anderen Worten, sich einen Plan B einfallen zu lassen.[27] Diese Gruppe performte nicht nur schlechter als die andere, die keinen Plan B hatte, sie verlor sogar die Motivation, überhaupt erfolgreich die Aufgabe abzuschließen. Den Leuten in dieser Gruppe war der Sieg einfach nicht mehr so wichtig.

Ein Plan B kann Ihnen ein Gefühl der Sicherheit geben und über Unsicherheiten hinweghelfen, aber er reduziert auch die Wahrscheinlichkeit, das primäre Ziel zu erreichen. Alleine das Nachdenken über einen Plan B führt zu einer Feedbackschleife, die auf dramatische Weise die Wahrscheinlichkeit reduziert, Plan B zum Erfolg zu führen. Sie verbringen zu viel Ihrer emotionalen Energie mit der Notfallplanung statt mit dem Herbeiführen des Erfolgs.

Arnold Schwarzenegger hat einmal eine Rede gehalten – heute ein millionenfacher Hit auf YouTube –, die den Titel trug: »Ich hasse Plan B.«

»Plan B wird zu einem Sicherheitsnetz«, erklärt Schwarzenegger. »Er besagt, wenn ich versage … habe ich etwas anderes, das mich schützen wird und das ist nicht gut. Denn man bringt bessere Leistung, wenn es kein Sicherheitsnetz gibt.«[28]

Das meine ich damit, wenn ich davon spreche, die Schiffe hinter sich zu verbrennen. Sie sollten Ihre mentale Energie nicht verschwenden, um nach einem Ausweg oder einem Alternativplan zu suchen. Ihre gesamte Energie sollte auf Ihr Ziel ausgerichtet sein, sonst werden Sie es nie erreichen. Genau in dem Moment, in dem Sie sich fragen sollten ›*Was kommt als Nächstes?*‹ unterminieren Sie Ihre Träume, indem Sie sich fragen ›*Was wäre, wenn?*‹

Sie können mir glauben, wenn Sie sich Sorgen machen, nicht erfolgreich zu sein, sind Sie schon gescheitert.

◉ ◉ ◉

Ich habe acht Jahre bei den Jets verbracht, bevor ich kündigte. Es war die Art Job, den niemand kündigt – einige meiner Kollegen waren seit Jahrzehnten dort gewesen – und ich war schnell an die Spitze der Organisation aufgestiegen. Ich hatte eine Karriere aufgebaut. Aber irgendetwas hielt mich nachts wach. Ich sah mich um und erblickte die Menschen, die das schon seit 30 Jahren machten und immer noch jede Minute genossen, aber das war bei mir nicht so. Genau wie Sarah Cooper war ich in dem tätig, was für viele Menschen der Traumjob gewesen wäre – aber diese Tatsache allein machte es nicht zu *meinem* Traumjob.

Ich begann darüber zu fantasieren, was ich sonst noch tun könnte. Und wenn Sie schon nichts anderes aus diesem Buch behalten, sollten Sie sich wenigstens eines klarmachen: Fantasien sollten immer ernstgenommen werden. Wenn Ihr Gehirn Ihnen etwas sagt, sollten Sie es nicht einfach abtun. Für mich ging es bei dieser Fantasie um verschwendetes Potenzial. Nicht nur mein eigenes verschwendetes Potenzial, zumindest nicht nur, sondern zu einem großen Teil um das verschwendete Potenzial der Jets. Eine beliebte Marke wie unsere erhielt ständig neue Gelegenheiten. Man bot uns die Möglichkeit an, in so gut wie jede neue Innovation im Consumer-Bereich zu investieren und damit Early Adopters zu werden, bei Unternehmen wie Facebook, YouTube, Snapchat und Pinterest. Aber Footballteams sind gereifte, stabile und profitable Unternehmen. Es besteht eine Menge Unbeweglichkeit unter dem Deckmantel, die Marke schützen zu wollen oder wie es in der Sprache der NFL heißt, »to protect the shield«.

Ich war der Meinung, da wurde etwas zu viel Wert darauf gelegt. Wenn es um Innovation geht, sind Sportligen und Mannschaften oft im Hintertreffen und nie an vorderster Front. Die Messlatte ist einfach zu hoch, wenn es darum geht, noch nicht bewährte aber vielversprechende Technologien zu adaptieren. Das ist vielleicht clever, angesichts der Sicherheit der Branche, in der sie tätig sind. Aber es war für mich nicht mehr interessant.

Stattdessen hatte ich die Vision eines Netzwerks an Unternehmen und Investments, die sich um ein Team wie die Jets aufbauen ließen. Stellen Sie sich vor, Sie nutzen die Fangemeinde und das Podest, auf dem Sportmannschaften stehen, um ein Ökosystem an herausragenden Unternehmen zu erschaffen, durch das Millionen Menschen miteinander verbunden sind. Sicher, ich hatte als Vorreiter dafür gesorgt, dass wir Twitter nutzten, um unser Publikum zu erreichen und wir hatten etwa eine Minute lang die meisten Follower in der NFL, aber darüber hinaus sah ich zu viele verpasste Gelegenheiten. Ich hatte den Eindruck, dass ich nicht alle meine Fähigkeiten einsetzte. Mir hätte eine Position besser gefallen, bei der es um permanentes Wachstum und Disruption geht und nicht darum, etwas zu verwalten, was im Allgemeinen ganz zufriedenstellend läuft. Egal was ich tat, wir hatten unsere Fernsehverträge und die Leute würden sowieso immer Eintrittskarten für die Spiele der Jets kaufen.

Also kündigte ich.

Verrückt, oder? Ich hatte einen sicheren Job, wenigstens fürs Erste. Vielleicht hätte ich einfach die Füße ins Wasser halten und nebenher in ein kleines Unternehmen investieren können, um zu sehen, ob ich irgendein Talent darin hatte, ein Geschäft aufzubauen. Aber das wäre halbherzig gewesen und ich hätte es reinquetschen müssen, um weiter verantwortungsvoll in meinem wirklichen und ernsthaften Job zu arbeiten. Das hätte nicht funktioniert.

Stattdessen kündigte ich, ohne einen konkreten Plan zu haben. Ich streckte die Fühler aus, um Geld für Investitionen aufzubringen, besuchte ein paar Meetings und machte Urlaub. Man könnte sagen, dass das leichtsinnig war, aber leichtsinnig wäre es gewesen, weiter einem Lebenspfad zu folgen, von dem ich wusste, dass er mich nicht glücklich macht. Wir verbringen so viel Zeit damit, das zu schützen, was wir haben, dass wir den potenziellen Verlust dessen, was sein könnte, in Kauf nehmen.

Wie sich herausstellte, war ich nicht der Einzige, der über den Widerstand des Footballs gegen Innovation frustriert war. Stephen Ross hatte, nicht lange bevor ich die Jets verließ, die Miami Dolphins gekauft. Er hatte mich in Meetings getroffen und nachdem ich das Team verlassen hatte, wollte er wissen, wieso ich aufgehört hatte. Er brauchte jemanden, der das Business um den Football herum verstand, um sein eigenes Front Office auf Vordermann zu bringen. Aber als Unternehmensgründer verstand er genau, nach welcher Art Energie im Job ich mich sehnte, neben der Arbeit, die direkt mit dem Football selbst zu tun hatte. Genau wie ich später das Potenzial bei Jesse sah, erkannte Stephen etwas in mir.

Objektiv gesehen gab es zu dem Zeitpunkt, als Stephen mich kennenlernte, buchstäblich nichts in meinem Lebenslauf, was darauf schließen ließ, dass ich ein toller Investor oder ein guter Mentor für andere Unternehmensgründer sein könnte. Ich hatte sicher nicht den erwarteten Hintergrund, um eine Karriere im Bereich Private Equity zu starten. Und doch hat einer der erfolgreichsten Bauunternehmer der Welt und einer der dynamischsten Unternehmer, die ich je traf, mir die Chance gegeben, Hunderte Millionen Dollar seines eigenen Vermögens einzusetzen, um ein gewaltiges Portfolio im Consumer-Bereich mit dem Football als Epizentrum aufzubauen. Er wählte keinen Harvard-Absolventen oder Nachkommen der Rockefellers, sondern den Jungen aus Queens, der seine Karriere mit einem Hochschulabschluss auf dem zweiten Bildungsweg begann. Er erkannte mein Potenzial, weil er so etwas schon gesehen hatte. Im langen Verlauf seiner Karriere war es der Dreh- und Angelpunkt von Stephens Erfolg gewesen, Talente zu identifizieren und zu fördern, ohne das Gruppendenken, das allzu oft die Gewinner in unserer Gesellschaft kürt. Er wusste, meine Herkunft sollte weniger entscheidend sein als mein Talent. Er wusste, entscheidend für unseren Erfolg ist, wer wir sind und nicht woher wir kommen.

Es war letztlich die perfekte Kombination – ich nutzte, was ich bei den Jets gelernt hatte, um sein Business rund um die Dolphins auf den rechten Pfad zu lenken, aber ich verbrachte den Großteil meiner Zeit damit, RSE Ventures an den Start zu bringen, das Unternehmen in dem wir solide Marken mit großartigen Leadern identifizierten und uns mit ihnen in einer Geschäftspartnerschaft zusammentaten, um die Welt zu verändern. Es war eine Chance, die ich ohne die Jets niemals erhalten hätte und auf die ich nie gestoßen wäre, hätte ich nicht den Sprung ins Unbekannte gewagt.

◉ ◉ ◉

Also, was hält *Sie* zurück?

Einige sagen mir, dass sie nicht alles geben können, weil sie ja auch etwas zu essen auf dem Tisch haben wollen. Aber das geht an der Sache vorbei. Setzen Sie Ihren gesunden Menschenverstand ein, um Risiken zu minimieren. Suchen Sie sich einen zweiten Job. Suchen Sie sich einen dritten Job. Alles zu geben, ist nicht dasselbe, wie überhaupt keinen Schutz gegen den Abstieg zu haben. Sie können Geld auf der Bank haben. Das war bei mir auf jeden Fall so, als ich die Jets verließ. Ich wäre nicht auf der Straße gelandet. Sie müssen nicht alle Ihre Beziehungen abbrechen, Ihren Ruf sabotieren und es unmöglich machen, jemals wieder eine Arbeitsstelle zu finden. Sie müssen keine zweite Hypothek auf Ihr Haus aufnehmen, das Geld für die Ausbildung Ihres Kindes verspielen oder in Ihrem Auto wohnen. *Aber Sie müssen sich voll dahinterklemmen.* Wenn Sie einen Notfallplan haben und dann noch weitere Notfallpläne für die Notfallpläne, werden Ihre Absicherungen zu einer Krücke werden.

Sie fragen sich vielleicht ›*Was ist mit Diversifikation?*‹ Wir sollten ja alle die Vorteile kennen, das eigene Risiko auf mehrere Posten zu verteilen und nicht alles auf eine (unbekannte, unsichere, nicht garantierte) Karte zu setzen. Aber ich glaube, man mindert die Zweifel, indem man die eigene Überzeugung mehrt. In welchem Umfang Sie diversifizieren, sollte negativ damit korrelieren, wie überzeugt Sie von Ihrem eigenen Erfolg sind. Es ist kontraproduktiv, die Energie auf ein ganzes Spektrum an Möglichkeiten zu verteilen, sodass Sie sich in keine davon wirklich voll einbringen können.

Ich weiß, es ist schwer, den Sprung zu wagen. Bevor ich beschloss, meine Special Purpose Acquisition Corporation (SPAC) zu gründen – und die Reise zu beginnen, die letztlich dazu führte, dass ich die Glocke auf dem Parkett der New Yorker Börse läutete –, schwankte ich endlos hin und her. Ich hatte den Eindruck, dass das Timing nicht stimmte und am Ende war das auch so. Meiner Meinung nach konnten mein Team und ich die Hürden überwinden und wir hatten eine ganz bestimmte Vision für den Aufbau des SPAC-Teams, mit verschiedenen Experten (für Marketing und Messaging – es waren einige der hellsten Köpfe im Business, die ich kannte), die den Wert des Unternehmens herausstellen würden, wenn wir es an die Börse brachten. Letztlich glaube ich nicht, dass meine Strategie danebenlag – aber manche Umstände lassen sich nicht überwinden. Angesichts der Inflationsangst Anfang 2022 und der Tatsache, dass der NASDAQ nur knapp an seinem schlimmsten Januar aller Zeiten vorbeigeschrammt war (einmal fiel er mehr als 18 Prozent unter den Höchststand), war es die beste Entscheidung, den Stecker zu ziehen, anstatt ein zum Scheitern verurteiltes Vorhaben voranzutreiben.

Ich bin immer noch froh, es versucht zu haben. Dabei habe ich wichtige Lektionen gelernt und den Kontakt zu Sean Harper hergestellt, der ein erstaunlicher Unternehmer ist und schließlich weniger als einen Monat, nachdem wir unsere SPAC-Partnerschaft beendet hatten, selbstständig 75 Millionen Dollar Finanzierung aufbrachte. Ich war ein Risiko eingegangen, das sich dieses Mal nicht ausgezahlt hatte, aber die Risiken, die sich *niemals* auszahlen, sind diejenigen, die man nicht eingehen sollte. Ich bin mit offenen Augen hineinmarschiert und ich zweifle nicht, dass diese Erfahrung beim nächsten Mal zu etwas Besserem führen wird.

◉ ◉ ◉

Ich erwähne hier meinen Fehlschlag, weil ich nicht so tun will, als würde alles immer nach Plan laufen. Ich werde Ihnen nicht sagen, dass man alles haben kann, und niemand kann einen Erfolg garantieren. Bei jedem Vorhaben wird etwas verloren gehen. Bedenken Sie alles, was Sie opfern könnten: Zeit mit Ihrer Familie, Ihr Erspartes, Ihre Chance, etwas anderes zu tun, das verlockend erscheint. Aber denken Sie auch an den möglichen materiellen und immateriellen Lohn. Verbringen Sie mehr Zeit mit dem *Warum* als mit dem *Wie* – zumindest zu Beginn. Entscheiden Sie sich dafür, dass dies die Reise Ihres Lebens sein wird, und dass die einzelnen Erfolge oder Misserfolge auf dem Weg dorthin nur Kapitel in einer viel größeren Geschichte sind.

Die kontraintuitive Idee, die Sie sich zu eigen machen müssen, besteht darin, dass unsere Beziehung zum Risiko grundlegend auf dem Kopf steht. Wir glauben, wir müssten die theoretische Lösung für ein Problem identifizieren und ausarbeiten, bevor wir das Risiko eingehen. Das nennt man »Besonnenheit«. Ich glaube an das Gegenteil. Wenn wir eine voll ausgefertigte Lösung für ein Problem brauchen, um ein Ziel zu verfolgen, verweigern wir uns selbst die Chance, uns zu beweisen, in welchem Umfang wir zu Leistung unter Druck in der Lage sind. Probleme führen zu Lösungen. Wenn Sie ein Problem in Kauf nehmen und nur eine vage Vorstellung davon haben, wie Sie es lösen werden, und stets dazu neigen, in Aktion zu treten, wird Ihr Unterbewusstsein die restliche Arbeit für Sie übernehmen.

Und dann ist es plötzlich soweit.

Sie sind im Wasser.

Und es gibt keinen Weg zurück.

TEIL 2

ES GIBT KEIN ZURÜCK

KAPITEL 4

OPTIMIEREN SIE IHRE ÄNGSTE

Wenn ich über die Macht der Angst nachdenke, die unsere Bestleistungen hervorruft, fällt mir als Erstes Eric Mangini ein. Ich habe mit Eric gearbeitet, als er von 2006 bis 2008 Cheftrainer der Jets war. Sein Ehrgeiz, der jedes kleine Detail miteinbezog, trieb das Team schon in seiner ersten Saison zu einem Platz in den Playoffs – und das vorherige Jahr war mit vier Siegen und zwölf Niederlagen miserabel gewesen – und brachte ihm den Spitznamen ein, dem man fast unmöglich gerecht werden konnte: »Mangenius«.

Mangini suchte stets nach einem Vorteil. Er war penibel bei jedem Aspekt des Trainings der Jets, bis hin zur Auswahl der Musik. Sein Ziel war es, den Alltag der Spieler stets aufzumischen und sie aus ihrer Komfortzone zu reißen. Er ließ sie Ballett machen oder Boxen lernen, alles, was über das normale Training hinausging. Als das Ende der Spielzeit 2006 nahte, verlegte er das Training des Teams in eine gewaltige Halle mit einem Indoor-Footballfeld. Das Dach, das 40 Meter hoch war, konnten selbst die talentiertesten Kicker der NFL nicht erreichen. Und diese Höhe verursachte ein ohrenbetäubendes Echo. War das ein Problem? Nicht für Mangini. Für ihn war das ein Vorteil und kein Fehler. Er wollte, dass seine Spieler sich darauf konzentrierten, auch angesichts von Ablenkungen ihr Bestes zu geben.

Das Echo war noch nicht genug? Mangini spielte so laut Heavy Metal und Rap-Musik ab, dass die Spieler sich gegenseitig an der Line of Scrimmage [Gedrängelinie] nicht verstehen konnten. Sie hielten sich die Hände wie Trichter hinter die Ohren, um den Lärm abzublocken und wedelten mit den Händen wild herum, um zu kommunizieren. Es war das reinste Chaos – genau wie der Trainer es wollte.

Das Chaos hatte Methode. Die Lautsprecher und das Echo sollten den ohrenbetäubenden Lärm der Menge simulieren, mit dem das Team zurechtkommen musste, wenn es in das (mittlerweile abgerissene) überdachte Metrodome in Minneapolis reisen würde. »Man spielt so, wie man trainiert«, war Manginis Mantra. Sein Ziel war, die Spieler dem richtigen Maß an Stress auszusetzen, um den Spieltag zu simulieren, aber nicht so viel, dass ihre Leistung beeinträchtigt würde. »Ich wollte, dass sie sich an das Unbehagen gewöhnten«, erzählte er mir. »So wächst man. Der Lärm würde sie zwingen, nonverbal zu kommunizieren und das war ein entscheidender Vorteil im Spiel. Und wenn ich sie mit den Bedingungen am Spieltag vertraut machen konnte, wäre das ein echter Vorteil für das Team.«

Mangini verwandelte den Trainingsraum der Jets in ein »Schlachtfeld des Verstands«, das von einem ehemaligen Militär-Colonel, Dr. Louis Csoka, kommandiert wurde, der das erste Leistungszentrum für die US Army errichtet hatte. Er schloss die Spieler an Elektroden an, die mit Computerbildschirmen verbunden waren, damit sie ihre eigenen Hirnwellen überwachen und versuchen konnten, sie zu beeinflussen. Es ging dabei theoretisch um Situationsbewusstsein und Selbstregulierung. Spieler konnten sich vorstellen, bestimmte Leistungen auf dem Footballfeld zu erbringen und dabei ihr eigenes Gehirn beobachten. Mit etwas Übung konnten sie Atemtechniken nutzen, um sich selbst zu entspannen, auch in Momenten extremen Stresses.

Hat es funktioniert? Das weiß ich nicht. Es war nie der allein ausschlaggebende Faktor. Wir verloren gegen die New England Patriots in einem Wildcard-Playoff-Spiel und erlebten 2007 einen Zusammenbruch, wobei unser Rekord zurück auf 4 und 12 in diesem Jahr fiel. Die Arbeit von Mangini wirkte keine Wunder oder vielleicht war es auch einfach nicht genug. Aber die Idee – die Spieler an ihre Grenzen zu bringen, während man gleichzeitig ihre Fähigkeit steigert, den daraus resultierenden Stress im Griff zu behalten – ergab Sinn, besonders, wenn man sich die Wissenschaft rund um Angstzustände ansieht. 1908 haben zwei Harvard-Psychologen etwas ausgearbeitet, das als das Yerkes-Dodson-Gesetz bekannt wurde, eine belegte Theorie über Angst und Angstzustände.[29] Ihre Forschungen zeigten eine glockenförmige Kurve, welche die Beziehung zwischen Angstzuständen und unserer Leistung darstellte. Man braucht eine gesunde Dosis Angst – aber nicht zu viel davon –, um die besten Leistungen zu erbringen. Darin besteht der Trick, nicht allen Stress aus unserem Leben zu verbannen, sondern die richtige Menge davon einzusetzen, um unsere Ziele zu verfolgen und die Angst als Katalysator zu verwenden.

In diesem Kapitel geht es darum, den optimalen Pegel an Angst zu finden – genug, um hungrig, motiviert und effizient zu bleiben, aber nicht so viel, um paralysiert zu werden, einen Burnout zu erleiden oder in die Katastrophe zu steuern. Es sind vier Schritte erforderlich, um auf Ihrer Lebensreise das Beste aus Ihrer Angst zu machen: Horchen Sie in sich hinein, um sicherzustellen, dass Sie auf der Spitze der glockenförmigen Kurve stehen und die richtigen Ziele verfolgen; nutzen Sie die Angst, um Ihre Leistung auf effektive Weise zu steigern; achten Sie auf Warnzeichen, die auf Überlastung hindeuten; und kultivieren Sie einen Lebensstil, bei dem Sie Ihre Angst im Griff haben und über die richtigen Werkzeuge verfügen, um damit umzugehen.

Nehmen Sie sich die Zeit, um auf Ihren Körper und Geist zu hören

Ne te quaesiveris extra. Das ist die erste Zeile von Emersons »Self-Reliance« [dt. Selbstgenügsamkeit] und bedeutet auf Latein, »Suche nicht außerhalb deiner selbst«. Wir ziehen Experten zurate, sehen uns YouTube-Videos an und betrachten die Regale im Buchladen und das alles, ohne zu überlegen, ob wir die Antworten nicht vielleicht schon kennen. Selbsterkenntnis ist die beste Quelle, um Wert zu erschaffen, der völlig unter Ihrer Kontrolle liegt.

Sie müssen sich nur nach innen wenden und sich fragen: *Fühlt sich alles schön komfortabel an?*

Wenn die Antwort Ja ist, dann stimmt etwas nicht. Es sich komfortabel gemacht zu haben, bedeutet, dass man überschüssige Kapazitäten hat und das eigene Potenzial nicht maximiert. Außer man erholt sich, um Energie für die nächste Reise zu sparen, dann sollte man es sich nicht bequem machen. Komfort ist der Grund, wieso erfolgreiche Menschen auf der Stelle treten.

Die Professorinnen Kaitlin Woolley und Ayelet Fischbach haben genau untersucht, inwieweit persönliches Wachstum durch Unbequemlichkeit getrieben wird. Sie haben herausgefunden, dass Probanden, die am meisten Unbehagen empfanden, wenn sie eine Reihe emotional riskanter Aktivitäten unternahmen – wie der Teilnahme an einem Improvisations-Comedy-Kurs, dem Verfassen eines Textes über schwierige Erfahrungen oder dem Versuch, mit Menschen in Beziehung zu treten, die eine entgegengesetzte Meinung als sie selbst vertreten –, das größte persönliche Wachstum erfuhren. »Anstatt das mit dem Wachstum verbundene Unbehagen zu vermeiden«, schreiben sie, »sollten die Menschen es als ein Zeichen des Fortschritts sehen. Wachstum ist oft unbequem; wir stellen fest, dass es motivierend sein kann, dieses Unbehagen willkommen zu heißen.«[30] Ändern Sie Ihr Verhältnis zum Unbehagen und sehen Sie es als Feedbackschleife und nicht als Hilferuf.

Nur Helikopter schweben auf der Stelle – Menschen steigen entweder auf oder ab. Menschen (und Unternehmen) scheitern, wenn sie nicht den extremen Aufwand betreiben, der erforderlich ist, um die eigene Position zu halten und weiter zu wachsen. Die erfolgreichsten Unternehmen setzen eine Doppelstrategie ein, um ihre eigenen, versiegenden Ideen zu kannibalisieren, während sie gleichzeitig eine Kultur der permanenten Neuerfindung verkörpern – und konstant etwas neu zu erfinden ist schwer. Sich unkomfortabel zu fühlen, kann schmerzhaft sein, aber es soll weh tun. Wachstum schmerzt. Wenn das, woran Sie arbeiten, Sie nicht zwingen wird, Ihren Lebenslauf umzuschreiben, sollten Sie erfolgreich sein, wieso machen Sie sich dann überhaupt die Mühe?

◉ ◉ ◉

Ich fühlte mich im Leben immer einer Sache beraubt. Ich liebte das Queens College, aber ich hatte nie die Gelegenheit, um zu sehen, ob ich auf dem höchsten Level mithalten konnte, denn ich kam als Highschool-Abbrecher aufs College, der noch zu Hause wohnen und sich um seine Mutter kümmern musste. Das bedeutete, die Abendschule an einer öffentlichen Universität, die bezahlbar war und nur wenige Kilometer von meiner Mutter entfernt, war die einzige Option. Ich fragte mich, wie mein Leben wohl verlaufen wäre, wenn ich in einer normalen Familie aufgewachsen wäre, mit einer normalen Kindheit und den alltäglichen Problemen, die man als Kind hat. *Habe ich meine Hausaufgaben gemacht? Habe ich ein Date für den Abschlussball?* Stattdessen machte ich mir Sorgen darum, ob wir uns diese Woche etwas fürs Abendessen leisten konnten oder wie ich meiner Mutter ein Schwammbad verabreichen sollte, wenn sie sich nicht einmal aus dem Bett bewegen konnte, oder ob es heute soweit war, dass sie mitten in der Nacht einfach zu atmen aufhören würde oder die Drohungen, die sie in den Momenten ihrer tiefsten Verzweiflung aussprach, wahrmachen würde – »allem ein Ende zu setzen«.

Es fehlte mir nicht an Vertrauen in meine eigenen Fertigkeiten. Ich stellte mir vor, dass ich auch an einem Ort wie Harvard hätte landen können, wenn ich die Chance gehabt hätte – aber ich wusste auch, dass das nur mein eigenes Ego war, das sich da zu Wort meldete. So etwas konnte jeder sagen. Ich würde es nie beweisen können. Diese Tatsache nagte an mir. Ich hatte mit einem unbefriedigten Verlangen gelebt, mir selbst in einer akademischen Umgebung beweisen zu können, dass ich so gut wie alle anderen war. Ich sehnte mich nach einer Gelegenheit, um zu testen, ob ich wirklich den Platz an der Spitze verdient hatte.

In Harvard würde ich niemals studieren, das wusste ich. Mit 45 Jahren hatte sich dieses Fenster schon lange geschlossen. Aber was könnte noch besser als das sein? Ich liebte es, Menschen zu unterrichten und zu betreuen und wollte dies immer im formellen Rahmen tun. Also was, wenn ich in Harvard *unterrichten* könnte? In dem Moment, in dem ich darüber nachdachte, wollte ich es noch mehr und spürte die Schmetterlinge im Bauch – ein Gefühl, nach dem ich mich gesehnt hatte. Jetzt musste ich es nur noch umsetzen.

Nach monatelangen Gesprächen – ein langwieriger Prozess, um die Koryphäen auszusieben, die in Harvard anrufen, und »etwas zurückgeben« wollen, aber nicht die Absicht haben, die Arbeit zu leisten, um erfolgreich einen Kurs zu leiten – gestattete man mir schließlich, einen Kurs für das Wintersemester vorzuschlagen, ein kurzes, intensives Seminar, in dem sich die Studenten im Detail einem bestimmten Themenbereich widmen konnten, der im regulären Semester nur oberflächlich behandelt wird. Die Aufgabe bestand darin, ein zeitgenössisches, wenig erforschtes Thema zu finden, in dem ich unbestrittener Experte war.

»Matt verfügte über keine der typischen Voraussetzungen für einen Lehrauftrag an einer Hochschule«, erinnert sich Len Schlesinger, der ein Vollzeitmitglied der Fakultät an der Harvard Business School seit über 40 Jahren war, und schließlich mein Co-Professor für unseren Kurs wurde. »Ein großer Teil dieser Gespräche besteht darin, dass ich jemanden brauche, der mir erklärt, warum er einen Kurs unterrichten möchte und warum wir daran interessiert sein sollten. Ich habe eine Frage, die ich mir schon vor Jahren gestellt habe und mich nie im Stich lässt: Worüber wissen Sie mehr als irgendjemand sonst auf der Welt? Als ich Matt fragte, sagte er sofort, dass es der Bereich Direct-to-Consumer (DTC) war. Er erklärte, dass er die Branche aus der Sicht des Investors kannte, der eng mit anderen Investoren und Unternehmern zusammenarbeitet und eine fundierte Perspektive darauf hat, was in diesem Bereich funktioniert und was nicht. Und was noch besser war, dass er mir versicherte, wenn wir ihn mit einer Aufgabe in diesem Bereich betrauen würden, er diese Beziehungen ausbauen konnte.«

Als ich mit den Studenten redete, erfuhr ich, dass der Bereich DTC eine Lücke im Lehrplan an der Business School war. Es gab wenige Leute an der Fakultät, die Praxiserfahrung hatten und wenig Chancen, mit einer Welt in Kontakt zu treten, die jede Woche wuchs. Einige dieser Unternehmen konnten es vom Slide Deck in nur ein paar Jahren bis zum Einhorn schaffen und sie waren weit mehr am Puls der Zeit als die meisten Fallstudien, die auf der HBS (Harvard Business School) gelehrt wurden. Die Verbindung zwischen dem Unterricht und der realen Welt des Unternehmertums war etwas, das der Schule fehlte – und das war etwas, das ich einbringen konnte, nachdem ich Jahre damit verbracht hatte, einige der Topmarken im Bereich DTC weltweit zu unterstützen. Letztlich war Len überzeugt. Und ich musste liefern.

Ohne eine Vorstellung davon zu haben, wie viel Wert man im Setting eines Wirtschaftskurses an einer Universität bieten musste, sahen das Line-up und der Zeitplan ziemlich irre aus: Vier Tage lang kamen fast zwei Dutzend DTC-Gründer, um zu den Studenten zu sprechen und das einer nach dem anderen in einem Marathon wertvoller Unterhaltungen mit Unternehmern, die diese Studenten auf anderem Weg niemals getroffen und zu denen sie niemals Zugang gehabt hätten.

Aber als der Kurs näher rückte, meldete sich meine Angst. Wie sollte ich das machen? Sich vorzubereiten und zwei Dutzend Gründern auf den Zahn zu fühlen, wirklich ihre Gedanken zu erforschen, um auf einzigartige und wirkungsvolle Einsichten zu stoßen, würde so viel Arbeit sein. Len sagte mir damals, dass nur jemand, der noch nie einen Wirtschaftskurs unterrichtet hatte, etwas so Gewagtes vorgeschlagen hätte.

Wenn ich mich heute auf Podcast-Interviews vorbereite, bin ich dabei rigoros. Ich verbringe viele Stunden damit, alles zu lesen und zu studieren, was ich in die Finger bekomme, um so gut wie möglich vorbereitet zu sein, um mit jemandem zu reden, den ich noch nicht kenne. Für die HBS musste ich einen Prozess erfinden – und das für 22 Termine meines Kurses. Meine Angst war in vielerlei Hinsicht gerechtfertigt. Letztendlich habe ich fast ein Jahr lang Vorbereitungen getroffen, zusätzlich zu all den anderen Vollzeitbeschäftigungen, die ich hatte. (Natürlich werden Sie auf diesen Seiten einiges Nützliches aus diesen Fallstudien erfahren. Ich wusste damals nicht, dass ich damit die Grundlagen legen sollte für die Storys, über die ich in einem Buch berichten würde.)

Für hundert Studenten erläuterten meine Gäste – Lori Greiner, Jesse Derris, Christina Tosi und Gary Vaynerchuk – bis ins Detail den Bereich des Direct-to-Consumer-Geschäfts aus jedem Blickwinkel und drangen dabei so tief in die Materie ein, wie es ging. Ich wollte, dass es eine fesselnde Erfahrung der Sinnüberflutung wird, so wirkungsvoll, dass es niemand jemals vergaß. Eines Morgens brachten wir die Gronkowski-Brüder mit – vier

Brüder, die in der NFL gespielt hatten (und den ältesten Bruder, der Profibaseball gespielt hatte), inklusive des künftigen Hall-of-Fame-Spielers und ›Tight End‹ Rob Gronkowski, liebevoll Gronk genannt –, um die Studenten zum Schwitzen zu bringen, eine Metapher für das aufreibende Leben eines Start-up-Gründers. An einem anderen Tag brachten wir die Chainsmokers mit, machten einen Livestream aus Los Angeles, um zu demonstrieren, wie wirkungsvoll Prominenz ist, um ein Investment mit einem Turbolader zu versehen. Wir veranstalteten ein Frühstück mit Magic Spoon und testeten eine neue Kekssorte mit Christina Tosi.

»Es ist sehr verlockend, wenn jemand aus der Praxis kommt, um vier Tage an einem Kurs teilzunehmen, sich bloß auf die Tatsache zu verlassen, dass es ein Experte ist und sich die eigentliche Arbeit zu sparen«, erläutert Len. »Aber Matt brachte einen ganz anderen Blickwinkel in den Kurs ein und leistete mehr Arbeit, als ich es bei den meisten Leuten gesehen habe, die so etwas gemacht haben.«

Ich leistete ganze Arbeit. Ich habe das obere Stockwerk bei mir zu Hause als improvisiertes Klassenzimmer eingerichtet und eine große Tafel, Kreide und Schwämme mitgebracht. Ich kaufte Schönschriftbücher, um meine Handschrift zu verbessern und überarbeitete mitten in der Nacht PowerPoint-Folien. Harvard verlangte mein Bestes und das wollte ich liefern. Hätte ich nur ein Erlebnis geboten, das ganz okay war, wäre mein Leben natürlich weitergegangen, selbst wenn Harvard mich nicht noch einmal eingeladen hätte – aber ich wollte mir selbst beweisen, dass ich etwas Großes leisten konnte.

»Matt war heißhungrig nach Feedback«, sagt Len, »und er hat es sich wirklich zu Herzen genommen und konnte bei Bedarf direkt umsteuern. Die Angst davor an der HBS zu unterrichten, hätte viele Leute weniger empfänglich für Feedback gemacht, da die Angst sie lähmt – aber Matts Angst hat ihn hungriger und hungriger gemacht.«

Als der Kurs vorbei war, sagte ich den Studenten, sie sollten sich für einen Termin anmelden, um sich einzeln mit mir zu treffen. Ich wollte sehen, wie ich ihnen bei ihrem Leben und ihrer Karriere helfen konnte. Als ich mich verabschiedete, steckte mir ein Student eine handgeschriebene Notiz zu, auf der stand, dass es der wirkungsvollste Kurs war, den er auf der HBS besucht hatte. Ich habe ihn immer noch eingerahmt auf dem Schreibtisch stehen, als Zeugnis dafür, was passieren kann, wenn man seine Angst willkommen heißt und trotz der eigenen Ängste alles gibt.

Dieser Kurs erwies sich als einer der beliebtesten Intensivkurse an der Fakultät und ich unterrichte ihn jedes Jahr als Co-Professor und Executive Fellow an der HBS. »So viele Studenten haben gesagt, dass dies endlich ein Kurs war, bei dem sie einen Blick auf sich selbst werfen konnten«, sagt Len, »vor allem, weil zwei Drittel der Unternehmer, deren Profile wir im Kurs präsentierten, Frauen waren und 60 Prozent der Studenten, die sich anmeldeten, ebenfalls weiblich waren. Das war etwas, das sie in keiner anderen Business School bekamen.«

◉ ◉ ◉

Ich arbeitete so hart daran, diesen Kurs zu einem Erfolg zu machen, weil dieser Erfolg ein Ziel war, das mir wirklich etwas bedeutete. Und das ist die zweite Frage, die wir uns stellen müssen: *Haben Sie das richtige Ziel vor Augen?*

Das Wichtige ist nicht, das Unbehagen um seinetwillen anzustreben. Sie sollten das Unbehagen suchen, weil es das wert ist. Sie müssen wirklich Ihr *Warum* verstehen. Was steht auf dem Spiel? Stellen Sie sich vor, Sie stehen auf der anderen Seite und haben es gemacht, und zwar gut. Denken Sie an die Person, die Sie dann sein werden, wie Sie sich fühlen werden und an die Chancen, die sich daraus ergeben. Weckt es Ihren Hunger und würden Sie dabei fast alles opfern, um Ihr Ziel zu erreichen? Ich führe dieses Gedankenexperiment ständig durch. Ich teleportiere mich in die Zukunft, stelle mir vor, wie ich aus einem Hörsaal an der HBS gehe und das Leben Hunderter Studenten bereichert habe und frage mich, was ich nicht auf mich nehmen würde, um an diesen Punkt zu gelangen.

Die Antwort ist, dass ich für ein bedeutendes Ziel, das ich erreichen will, fast alles tun würde, ob ich nun einen lang geplanten Urlaub absage, den Kauf eines Hauses verschiebe oder mich auf Wochen und Monate harter

Arbeit, langer Nächte und weniger kurzfristiger Vergnügungen einlasse. Ich musste spöttische Tweets von Fremden und Zweifel meiner Freunde und skeptischen Experten ertragen.

Das Paar, das in meiner Fernsehpilotsendung auftritt, verkörpert diese Idee perfekt. Samantha und Edwin hatten alles, was man für eine Märchengeschichte braucht: Eds Familie arbeitete im Juwelengeschäft und wollte alles tun, um einen besonderen Verlobungsring aufzutreiben, mit dem Ed einen Antrag machen konnte. Das Paar hatte genug Geld für eine Traumhochzeit gespart und ihre Jobs in großen Unternehmen gaben ihnen ausreichend Sicherheit für die Zukunft.

»Scheiß auf den Ring«, sagte Samantha.

Sie nahmen das Geld für den Ring und benutzten es stattdessen als Anzahlung für ein Haus, mit dem Plan, es in ein Airbnb zu verwandeln, um sich etwas dazuzuverdienen. Dann kam COVID, also vergaßen sie den Plan mit dem Airbnb, zogen selbst in das Haus und als der Immobilienmarkt an Fahrt aufnahm, verkauften sie es für einen Profit von 100.000 Dollar. Zusammen mit dem Geld, das sie doch nicht für die Hochzeit ausgeben wollten, hatten sie genug, um das Risiko einzugehen, ein Unternehmen zu kaufen.

»Wir waren damit beschäftigt, die Hochzeit zu planen – und ich begeisterte mich einfach nicht so dafür«, erklärt Samantha. »Es fühlte sich an, als ginge es um allerlei andere Dinge und nicht darum, wirklich etwas für uns selbst zu tun, unser Leben und unsere Karriere in Schwung zu bringen, und einen Schritt nach vorne zu machen. Es wirkte so viel lohnender, stattdessen ein Unternehmen aufzubauen.«

Wenn Sie nichts aufgeben wollen, um Ihr Ziel zu erreichen, ist es vermutlich das falsche Ziel. Sie müssen es wollen – und Sie müssen es aus den richtigen Gründen wollen. Es gab auf jeden Fall Momente, als ich feststellte, dass ich den falschen Traum verfolgte und das sind die Momente, in denen ich von einem unreinen Motiv getrieben worden war – wie Eitelkeit oder Bestätigung, Bewunderung oder Gehässigkeit – oder wenn ich so verliebt in das Ergebnis war, dass ich die Realität nicht mehr sah. Wir alle machen uns manchmal etwas vor, wenn wir einem Durchbruch hinterherjagen, ohne dass es eine Grundlage dafür gibt, sei es, weil wir nicht die Fähigkeiten haben, ihn zu erreichen oder weil er einfach nicht zu erreichen ist.

Ich denke an die frühen Tage von RSE, als ich so begierig darauf war, mich als aufstrebender Unternehmer zu beweisen. Eines der ersten Unternehmen, das ich schuf, hieß Leap Seats. Ich war so überzeugt davon, dass ich eine bahnbrechende Idee hatte, dass ich nicht einmal über die Möglichkeit nachdenken wollte, dass es ein Rohrkrepierer werden konnte. Ich ging zu Jets-Spielen und Spielen der Dolphins und sah all diese leeren Stühle im Stadion. Die Mehrheit der Personen, die bei Footballspielen auf den Plätzen der Dauerkarteninhaber sitzen, sind nicht die Karteninhaber selbst, sondern Freunde oder Leute, die Tickets über eine Website gekauft haben, auf der Eintrittskarten durch Drittparteien verkauft werden. In einem Stadion mit 75.000 Kunden wussten wir vielleicht nicht, wer 50.000 davon waren. Das war, bevor es digitale Tickets gab, also hatten wir keinen Zugang zu diesen Menschen und wir konnten ihnen keine Merchandise-Artikel anbieten.

Ich hatte die Idee, dass wir die Plätze im unteren Teil des Stadions – die dem Spielfeld am nächsten sind – verkaufen könnten, die nach dem ersten Viertel noch leer blieben. Melden Sie sich bei unserer App an und zahlen Sie zehn Dollar, um einen besseren Platz für den Rest des Spiels zu erhalten, vielleicht 50 Dollar für einen speziellen Moment hinterher, wie ein Foto mit einem ehemaligen Spieler auf dem Feld. Ich rekrutierte eine Rockstar-CEO, Andrea Pagnanelli, die das Geschäft mit den Eintrittskarten genau verstand, und wir schufen eine ganze App aus dem Nichts. Ich hatte mich nie mit der Frage aufgehalten, ob ich so verliebt in die Idee war, dass mir etwas entging.

Genau das war der Fall.

Mir entging die Tatsache, dass es keinen Sinn ergab, wenn wir zu digitalen Eintrittskarten übergingen, wenigstens nicht als eigene Dienstleistung. Das war ein besonderes Feature, keine Geschäftsidee. Wenn ich für Ticketmaster gearbeitet hätte, wäre das eine Idee gewesen, mit der ich mir eine Beförderung verdient hätte … aber ich arbeitete nicht dort. Wenn ich die App nicht als Brücke nutzen konnte, um mehr Tickets zu verkaufen – und das wollte ich auf keinen Fall –, dann war das keine Idee, in die es sich zu investieren lohnte.

Es gibt eine feine Linie zwischen Selbstbewusstsein und Einbildung und Unternehmer leben direkt an dieser Grenze. Wenn man sich nicht wenigstens ein bisschen was einbildet – wie mein Glaube, dass ich sicher einen HBS-Kurs ohne Probleme über die Bühne bringen würde –, dann wird man sich nie an etwas wagen, das die Grenzen der eigenen Fertigkeiten auslotet.

Aber Sie können sich nicht ewig etwas vormachen. Sie brauchen die Selbsteinsicht, um zu wissen, wer Sie sind, wie die Welt funktioniert und was man tatsächlich erreichen kann. Ich beendete das Projekt Leap Seats. Andrea war perfekt, um eine Lücke in einem anderen Geschäftsbereich zu füllen – und ich wollte nicht die Chance verlieren, sie an anderer Stelle einzusetzen. Ich sah das Licht und ließ mich nicht von der Angst abhalten, zuzugeben, dass ich im Unrecht war, und traf die richtige Entscheidung.

Nutzen Sie die Angst, um einen Gang hochzuschalten

Ich war wie versteinert, als ich mit 16 in das Büro des Kongressabgeordneten Gary Ackerman kam, um meinen mit 9 Dollar die Stunde vergüteten Job anzutreten. Ich wusste, dass ich meinen Wert unter Beweis stellen musste. Jeden Tag hatte ich Angst, dass man mich bloßstellte, als ein Kind, das im Grunde nichts wusste … egal, worum es ging. Die Angst trieb mich dazu, alles zu tun, um wertvoll für andere zu sein.

Eines Nachmittags brauchte Ackermans Kampagnenleiter – ein mürrischer Mann der alten Schule, der eine Camel nach der anderen rauchte und Mitte 50 war – Hilfe bei einem Serienbrief. Er musste (auf einem alten Dot-Matrix-Drucker) Tausende persönlicher Briefe an Unterstützer ausdrucken. Es war 1991 und Computer stellten noch für jeden, der älter als zwölf war, ein Rätsel dar.

Ich hatte mein ganzes Leben lang noch keinen Computer besessen – wir hatten nicht mal einen Geschirrspüler –, aber ich wollte der Held sein und hatte zu viel Angst, es nicht zu sein. Ich sagte ihm, ich würde mich darum kümmern. »Ich kenne mich mit Computern aus«, bot ich meine Hilfe an, in der Annahme, dass ich schon schlau genug sein würde, um das Problem zu lösen. Alle machten Feierabend und ich verbrachte die Nacht mit Tests, versuchte alles Mögliche und lernte dabei, wie man das macht. Ich musste die ein oder andere Träne verdrücken, als ein Brief nach dem anderen nicht auf der richtigen Höhe mit dem Plastikfenster für die Adresse im Kuvert lag. Bis zum Morgen hatte ich es geschafft. Der Kampagnenleiter kam zur Arbeit und sah, dass die Aufgabe erledigt war und ich auch, weil ich auf einem Kartonstapel fest eingeschlafen war.

»Er hat behauptet, sich gut mit Computern auszukennen, was ich für meine Demografie-Listen brauchte«, erzählte Ackermans Wahlkampfleiter Jahre später *PR Week* in einem meiner ersten Presseartikel. [Er hat seine Fertigkeiten etwas übertrieben,] aber er hat es gelernt. Er hat es sich selbst beigebracht, was mich beeindruckt hat.«[31]

Am Ende der Vorwahlen, kurz vor der Hauptwahl, gab es keine Arbeit mehr zu tun. Alle wurden gefeuert – abgesehen von mir.

Ich war jung, aber die Angst hatte mich dazu getrieben, eine wichtige Lektion zu lernen, wenn es um den beruflichen Erfolg geht: Machen Sie sich selbst unentbehrlich bei der Aufgabe, die man Ihnen zuteilt, egal was es ist, egal wie banal oder scheinbar trivial. Wenn jemand eine Aufgabe gefunden hat, die wichtig genug ist, sie Ihnen zu übertragen, dann ist sie auch wichtig genug, um ordentlich erledigt zu werden. Selbst als ich mit 13 in der Reinigungsmannschaft für die Räume arbeitete, in denen die Kindergeburtstage im örtlichen McDonald's stattfanden, wusste ich, dass ich mich irgendwie unersetzlich machen musste. Auf Händen und Knien herumzukriechen, um die Unterseiten der pilzförmigen Tische vom festgeklebten, getrockneten Kaugummi zu befreien (den nicht nur die Kinder dort hinterlassen hatten!), brachte mir schnell eine Beförderung zum ›Party Room Maintenance Manager‹ ein – mir wurde nun die Aufgabe zuteil, sicherzustellen, dass am Ende jeden Tages alle Stückchen der McNuggets aus jeder Ritze und jeder Ecke des Restaurants entfernt waren. (Damals kamen mir Hühnchenreste wie ein Karriereschritt vor gegenüber Kaugummi.)

Angst kann verschiedene großartige Dinge für Sie leisten. Marc Lore berichtet davon, wie die Angst ihn auf die nächste Stufe hob. »Wenn man in einer Situation steckt, in der es um Leben oder Tod geht, wenn etwas schiefläuft, und man seine Familie vielleicht nicht mehr ernähren kann, wird man den sechsten Gang finden und Dinge tun, die man niemals für möglich hielt«, sagte Marc zu mir. »Selbst als ich Geld hatte, brachte ich mich immer noch in solche Situationen. Als ich Jet aufbaute, das E-Commerce-Business, das ich schließlich an Walmart verkaufte, habe ich sämtliche Freunde und Familienmitglieder in den Deal miteinbezogen, damit ich für sie kämpfte. Ich konnte nicht das Geld von Mom und Dad verspielen oder das anderer Verwandter und Freunde. Mein Stolz stand auf dem Spiel und ich hatte das Gefühl, es gäbe keinen Plan B.«

Um große Gewinne zu machen, müssen Sie in der Lage sein, Ihre Angst in Aktion zu verwandeln, indem Sie die Angst wie ein Werkzeug benutzen und sich von ihr immer weiter nach oben treiben lassen.

Aber Sie dürfen sich nicht von der Angst in den Abgrund treiben lassen

Der Comedian Gary Gulman hatte mehr als 20 Jahre Stand-up-Comedy gemacht und damit seinen Lebensunterhalt verdient, aber nie den Durchbruch geschafft. Niemand in seinem Umfeld wusste, dass er seit der Kindheit mit Angstzuständen und Depressionen zu kämpfen hatte, und dass er kurz davor war, von ihnen eingeholt zu werden. 2015 filmte er ein Netflix-Special im Highline-Ballsaal in New York City und dachte, das wäre endlich der Moment, in dem seine Karriere einen gewaltigen Sprung vorwärts machen würde. »Ich dachte, ich sei nie vorher so gut gewesen«, sagte Gulman, »aber die Reaktionen waren verhalten. Es funktionierte einfach nicht. Und dann dauerte es ein Jahr, bis wir das Special an Netflix verkauft hatten und dort waren die Reaktionen ähnlich schlecht.«[32]

Kurz darauf starb Gulmans Vater und diese beiden Situationen stürzten ihn in eine lähmende Depression, die über zwei Jahre andauerte. Er konnte kaum arbeiten, war gezwungen, aus New York wegzuziehen und wohnte wieder zu Hause im Zimmer seiner Kindheit in Peabody, Massachusetts.

Als er nach einem Auftritt allein in einem Hotelzimmer war, hätte er sich fast das Leben genommen. »Comedians sind dafür bekannt, unordentlich zu sein, also was hätte die arme Putzfrau sich gedacht, wenn sie sich am Montagmorgen mit so etwas hätte herumärgern müssen?«[33]

Mit ausreichend Zeit und durch Behandlung – er wies sich selbst in eine psychiatrische Klinik ein und erhielt elektrische Krampftherapie sowie zunehmend mehr Medikamente – linderte sich die Depression. Aber statt sich wieder der gewöhnlichen Comedy zu widmen, die er über die letzten 25 Jahre verfeinert hatte, kanalisierte er seine Angst in seine Arbeit. Er schrieb eine neue Show mit dem Titel, *The Great Depresh*, und redete darin das erste Mal öffentlich über seine Kämpfe … und schaffte es, mit Unterstützung durch den Comedy-Produzenten und Superstar der Branche, Judd Apatow, an HBO zu verkaufen. Die Show erhielt überwältigend positive Kritiken. »Für ein solch finsteres Thema hätte sie eigentlich nie so lustig sein können. Gulman erreicht das durch sein schieres Talent«, hieß es in einer Review.[34] Gulmans Karriere war nicht nur wiederbelebt – diese Show katapultierte ihn in ungeahnte Höhen. Das alles war nur möglich, weil er seine Fehler akzeptierte und seine Angst nutzte und letztlich dafür sorgte, dass sie für statt gegen ihn arbeitete.

◉ ◉ ◉

Der Baseball-Pitcher Zack Greinke war der jüngste Spieler in der Major League, als er 2004 mit gerade mal 20 Jahren sein Debüt bei den Kansas City Royals ablieferte. Trotz Anzeichen von Brillanz war seine erste Saison durchwachsen, aber er wirkte wie ein neuer Star, der nahezu alles erreichen konnte. »Von Anfang an vollbrachte er wahre Magie mit einem Baseball«, schrieb Joe Posnanski in Sports Illustrated. »Er wurde als Neuling der Pitcher des Jahres bei den Royals, der jüngste in der Geschichte der Franchise, und das ist schon eine seltene Leistung – ein kurzer Blick auf die Geschichte zeigt, wie wenige 20-Jährige es so weit brachten, die großen Hitter aus der Oberliga in Rente zu schicken.«[35]

Aber insgeheim hatte Greinke mit einem schweren Fall sozialer Angst zu kämpfen. Seine Teamkameraden sahen ihn als schüchtern und unbeholfen, und zwar so sehr, dass die Royals ihn – als er 2005 schwer zu kämpfen hatte – über den Winter beim geselligen Hall-of-Fame-Mitglied, George Brett, einquartierten, um seine sozialen Fähigkeiten zu verbessern.[36]

Es half nicht. Greinke kehrte für das Frühjahrstraining 2006 zum Team zurück, verließ aber schließlich das Trainingslager aufgrund seines mentalen Zustands und hätte den Baseball fast völlig an den Nagel gehängt.

»Er hat ein Spiel als Pitcher ertragen müssen, in dem er keinen einzigen Strike werfen konnte, weil er so blockiert war«, schrieb die Los Angeles Times. »Er versuchte bei jedem Wurf waghalsiger und schneller zu werfen. Danach ging er vom Werferhügel, während die Zuschauer ihn traurig und verwirrt ansahen, und verließ – wie er dachte – das Spiel für immer. ›Wieso setze ich mich dieser Folter aus, wenn ich es gar nicht wirklich machen will?‹, so erinnerte er sich an das Gefühl. ›Ich genoss das Spielen, aber sonst nichts daran. Ich dachte mir, ich mache lieber etwas, das ich wirklich machen will.‹«[37]

2006 ließ Greinke das Team für zwei Monate hinter sich, bevor er mitten in der Saison zurückkehrte und den Rest des Jahres größtenteils in der Minor League pitchte. Er schreibt es dem Medikament Zoloft zu, ihn von seiner sozialen Angst geheilt und es ihm ermöglicht zu haben, wieder als Pitcher tätig zu sein. Heute, mehr als 15 Jahre später, pitcht Greinke immer noch (er ist seit 2022 wieder bei den Royals, nachdem er zwischenzeitlich bei den Brewers, Angels, Dodgers, Diamondbacks und Astros gespielt hatte) und seine Karriere ist die eines Superstars. Er wird es vermutlich in die Hall of Fame des Baseballs schaffen, mit mehr als 220 Siegen in seiner Karriere – zum Zeitpunkt, in dem ich dies schreibe, ist das der zweite Platz als aktiver Spieler und Platz 73 in der gesamten Baseballgeschichte – und über 330 Millionen Dollar Gesamtverdienst.

◉ ◉ ◉

Gulman und Greinke waren beide völlig am Boden – aber selbst wenn man nicht mit der Tatsache konfrontiert wird, in eine psychiatrische Klinik eingeliefert zu werden oder eine Multi-Millionen-Dollar-Karriere im Sport hinter sich zu lassen, kann man dennoch enorme Effekte der Angst feststellen, wenn sie die Schwelle vom motivierenden Faktor zu einer Beeinträchtigung der eigenen Leistung überschreitet. Wenn sich die optimierte Angst in das verwandelt, was ich als die Angst bezeichne, die uns aus der Bahn wirft, kann das leicht Ihre Träume sabotieren.

Mein gesamtes Leben hatte ich mit Angstzuständen, Schlaflosigkeit und obsessiver Sorge über Dinge zu kämpfen, die ich kontrollieren kann und über solche, die nicht meiner Kontrolle unterliegen. Meine Freunde behaupten, sie kennen niemanden, der so paranoid ist, während er gleichzeitig Risiken eingeht. Wenn ein wichtiger Moment bevorsteht, kann ich schon mal gelähmt und völlig unproduktiv werden. Mein Körper rebelliert und ich bringe meinen Erfolg in Gefahr, einfach nur, weil mein Hirn nicht abschaltet und mir keine Ruhe lässt. Das ist die Kampf-oder-Flucht-Reaktion, der konstante Drang, in Alarmbereitschaft zu sein – nach Gefahr Ausschau zu halten. Das wurde zu einem akuten Problem, als ich vor dem ersten großen beruflichen Durchbruch stand und das erste Mal in *Shark Tank* auftreten sollte.

Ich war in einem Hotelzimmer in Los Angeles und lag die zweite Nacht hintereinander hellwach im Bett. Um 8 Uhr morgens sollte ich auf dem Set der Sony-Studios erscheinen und mit diesen bekannten Leuten in einer Reihe sitzen – Mark Cuban, Lori Greiner, Daymond John und Kevin O'Leary. Es war mein erster und je nachdem, wie es lief, vielleicht auch mein letzter Auftritt in der Sendung. Ich hatte keine Zweifel an meiner Fähigkeit, tatsächliche Investitionen im echten Leben zu tätigen, aber keine Ahnung, ob mein Broterwerb mich auch befähigte, im Fernsehen Unternehmer in die Mangel zu nehmen. Ich hatte Angst, mich vor ein paar Millionen Fremden zu blamieren – schlimmstenfalls vor den Leuten, mit denen ich jeden Tag Geschäfte machte.

Keine dieser Sorgen war rational. Es war sicher nicht die Angst davor, unvorbereitet zu sein. Ich war übermäßig vorbereitet, genauso wie bei meinem Kurs an der HBS. Mein Sohn und ich sahen uns vorher jede einzelne Episode der Show an – fast 200 davon, was insgesamt 800 Pitches an Investoren darstellte. Ich machte Unmengen an Notizen, um alle meine Glaubenssätze über das Business in markante Sätze und Sprüche zu destillieren.

Ich hatte mich auch körperlich vorbereitet. Als ich die Produzenten von *Shark Tank* fast ein Jahr vor meinem Tag auf dem Set das erste Mal getroffen hatte, war ich noch mehr als 20 Kilogramm übergewichtig – und ich zwang mich durch reine Willenskraft dazu, jedes einzelne in den Monaten vor meinem Auftritt zu verlieren, damit ich mich nicht schämte, wenn ich mich in den Wiederholungen auf CNBC die nächsten zehn Jahre so sehen musste. Ich beließ es nicht nur dabei (auch wenn ich das vielleicht hätte tun sollen): Ich kaufte ein 99 Dollar teures Stück Plastik, um meine schlechte Haltung zu korrigieren, das ich am Rücken trug und mir einen Stromstoß verpasste, jedes Mal, wenn ich im Stuhl nach unten sank. (Und so lächerlich sich das anhört, es funktionierte tatsächlich.) War das Eitelkeit? Vielleicht, aber wenn die Sorge um mein Aussehen etwas war, das mich zurückhielt, dann war es das wert, dass ich mich damit beschäftigte. Sie sollten sich selbst und Ihre Motivationen verstehen – dagegen anzukämpfen, wer Sie sind, ist nie die Antwort. Akzeptieren Sie sich selbst und tun Sie, was Sie müssen, um sich von Ihrer besten Seite zeigen zu können.

Aber in diesem Hotelzimmer lag ich hellwach und fragte mich, *wieso?* Das war eine freie Entscheidung. Wieso hatte ich mich freiwillig in diese Position gebracht und meine Karriere und mein Business in Gefahr gebracht? An diesem Morgen kollabierte ich nach einer schlaflosen Nacht auf dem Fliesenboden, hielt den Kopf in Händen und bekam keine Luft mehr. In meiner Vorstellung war ich wieder in den Tagen nach 9/11, als ich viel zu viel arbeitete und drei oder vier Tage am Stück nicht schlafen konnte. Ich setzte mir Kopfhörer auf und hörte zwei Stunden lang Eminems »Lose Yourself« auf Repeat an und versuchte, mich wieder in das Mindset des ärmlichen, hungrigen Jungen aus Queens zu versetzen, der ich war (und immer noch bin). Als ich im Studio im Aufenthaltsraum war, konnte ich kaum verbergen, dass ich kurz davor war, zusammenzuklappen.

Ich holte Daymond John (der ebenfalls aus Queens stammte) in meine Umkleide und bat ihn um einen Rat, egal welchen. Er sagte: »Sie sind hier. Sie gehören hierher, einfach, weil Sie hier sind.«

Kevin O'Leary sagte mir: »Die Kamera lügt nicht. Versuchen Sie nicht, einer von uns zu sein, seien Sie einfach Sie selbst.« Übrigens ein guter Ratschlag von beiden. Und dann ging ich hinaus auf das Set … und erstarrte.

Es gibt bei der Sendung kein Drehbuch, keine Vorbereitung, keine Assistenten und niemanden, der einem hilft. Die Unternehmer, die durch die Tür kommen, sind den Sharks genauso unbekannt wie dem Publikum und die Fragen kommen wie aus der Pistole geschossen. Ich fragte mich immer, was die Sharks auf die Notizblöcke schrieben, die sie auf dem Schoss haben – es sind die Zahlen, denn man muss die Berechnungen sofort anstellen können.

Die Musik begann und der erste Unternehmer kam herein. Ich hörte, »Hi, Sharks …«, und war dann eineinhalb Minuten wie benebelt. Es war ein Chaos, als die Sharks sofort losredeten – fast schrien – und das alle auf einmal, über die anderen hinweg und an ihnen vorbei und natürlich machte keiner den Versuch, den Neuling miteinzubinden. Nein, es ging nicht um Leben und Tod, das wusste ich, aber das hielt meinen Kampf-oder-Flucht-Instinkt nicht davon ab, sich zu melden. Ich musste die Angst ablegen und mir selbst vertrauen und darauf vertrauen, glänzen zu können. Ein tiefer Atemzug und ich dachte ›*ich kann das.*‹

◉ ◉ ◉

Erinnern Sie sich an das Selbstgespräch aus dem zweiten Kapitel? Es funktionierte. Bei diesem ersten Pitch des Tages stand ich plötzlich im Wettstreit mit Kevin, bei einem Deal mit einem Business, von dem ich Ahnung hatte und mit einem Gründer, der anscheinend wusste, was er tat. Ich sah ihm in die Augen und malte ihm einfach aus, wie sein Leben aussehen würde, wenn er mich wählte: dass ich ihm helfen konnte, sein Business auf die nächste Stufe zu heben, seine Schwächen auszubügeln, ihm bei der Bewältigung seiner Schwierigkeiten zu helfen und der Held sein, den ich nie hatte.

Kevin versuchte, mir die Aufmerksamkeit des Unternehmers streitig zu machen, aber ich hatte ihn am Haken. Er sah mich direkt an und sagte: »Sie haben den Deal!«. Ich streckte die Faust in die Luft und als ich zu ihm eilte, um ihn zu umarmen, hörte ich Kevin grummeln: »Da bin ich wohl draußen.«

Als sich zwischen den Pitches jeder wieder auf seinen Sessel gesetzt hatte, wandte sich Lori Greiner zu mir, die fürsorglichste der Sharks, legte die Hand auf meinen Unterarm und flüsterte: »Matt, auf einer Skala von 1 bis 100 war das eine 95 – und niemand kriegt 100. In zehn Jahren ist noch nie jemand so auf dieses Set gekommen und hat sich benommen, als wäre er seit dem ersten Tag dabei.« Ich hatte die Schiffe hinter mir verbrannt … und nun schwamm ich mit den Haien.

Danach war ich außer mir vor Freude, aber dieses Maß an Angst war dennoch nicht mein angestrebter Lebensraum. Ich würde Ihnen niemals raten, die Angst auf ein solches Maß ansteigen zu lassen. Stattdessen will ich Ihnen die Werkzeuge an die Hand geben, damit Sie nicht in denselben dunklen Löchern landen, in denen ich steckte oder in denen sich auch Gary Gulman und Zack Greinke wiederfanden.

Hier sind meine vier besten Tipps, um Angstzustände zu überwinden.

Finden Sie eine Studie, die Sie bestätigt

Es gibt einen Grund, wieso ich in diesem Buch gelegentlich Dinge wie das Yerkes-Dodson-Gesetz erwähne, die belegte Theorie über Angstzustände, die ich zu Beginn dieses Kapitels erwähnte. Ich bin einfach besessen von wissenschaftlichen Erkenntnissen über den Verstand. Daten sind Macht. Wenn ich eine Studie finde, die zeigt, dass ich tatsächlich etwas richtig mache bei meinen Vorhaben, dann kann dieses Wissen ausreichen, um meine Zweifel zu überwinden.

Mir fällt als bestes Beispiel ein, wie ich einmal einen Marathon in Paris gelaufen bin. Ich hatte in der Nacht zuvor nicht geschlafen – tatsächlich hatte ich aufgrund des Jetlags 48 Stunden nicht geschlafen. Was macht man, wenn man in Paris keinen Schlaf findet, den Arc de Triomphe betrachtet und darauf wartet, dass der Marathon beginnt? Ich rief den Mannschaftsarzt der Jets, Dr. Damion Martins, an, um ihn zu fragen, welche Tricks er mir empfehlen kann, um einen solchen Ausdauer-Event zu überstehen. Ich weckte ihn, da es in New Jersey mitten in der Nacht war. »Deswegen rufst du mich an?«, fragte er. Er riet mir, während des Rennens Orangensaft zu trinken. »Dein Gehirn wird dich dafür lieben und dein Darm wird dich hassen, aber du wirst die nötige Energie haben, um das Rennen zu beenden.« (Mir wurde nach 32 Kilometern klar, wie recht er gehabt hatte.)

Ich wollte noch mehr, also googelte ich. In der Hoffnung, einen Rat zu finden, wie ich meinen Schlafmangel ausgleichen konnte – oder, besser noch, einen wissenschaftlichen Beleg, dass der Schlafmangel kein Problem war und andere in der gleichen Situation, die mit einer Katastrophe rechneten, es schließlich gut überstanden.

Ich stieß auf faszinierende Forschungsergebnisse, die ergaben, dass mentale Performance zwar von einem Mangel an Schlaf beeinflusst wird, körperliche Leistung aber auch nach 30 bis 72 Stunden ohne Schlaf noch nicht nachlässt.[38] Bingo – das gab mir die nötige Sicherheit und meine Gedanken beruhigten sich. Ich absolvierte das Rennen und verbesserte meine Zeit um zehn Minuten gegenüber meiner Zeit beim New York City Marathon.

Wird es für jede Situation Daten geben, die Ihnen Sicherheit bieten und Sie bestätigen? Natürlich nicht. Aber bei acht Milliarden Menschen auf der Welt hat irgendwer, irgendwo schon mal durchgemacht, was Sie gerade überstehen müssen. Finden Sie diese Studie oder diese Person und sparen Sie sich selbst den Ärger, die Fehler anderer zu wiederholen. Treffen Sie informierte Entscheidungen und überwinden Sie Ihre Sorge mit Fakten.

Meditieren Sie täglich

Ich habe festgestellt, dass die meisten sehr erfolgreichen CEOs, die ich kenne, Transzendentale Meditation praktizieren. Von Ray Dalio über Bill Gates bis zu Arianna Huffington gibt es keinen Mangel an erfolgreichen Menschen, die sich auf dieses Werkzeug verlassen, um sich geistig zu entspannen.[39] Meditation steigert erwiesenermaßen die Widerstandskraft, emotionale Intelligenz und Kreativität, verbessert Beziehungen und unseren Fokus – und ich stimme in den Chor der Leute ein, die behaupten, sie sollte eines der wichtigsten Werkzeuge in Ihrem Werkzeugkasten gegen die Angst sein.[40] Ich bin davon felsenfest überzeugt und glaube, dass dies eines der größten Geschenke ist, die man sich selbst machen kann.

Ich würde lügen, wenn ich behaupten würde, dass ich perfekt darin bin, jeden Tag zu meditieren, aber ich bemühe mich darum, es so oft wie möglich zu tun und verpflichte mich dazu, denn es ist extrem wichtig, sich um sich selbst zu kümmern. Ich erzähle meinen Gründern und Angestellten immer wieder davon, wie wichtig es ist, sich selbst gut zu behandeln, um Höchstleistungen bringen zu können. Für mich persönlich ist das ein Bereich, in dem ich häufig scheitere. Ich versage mir Dinge, wenn es stressig wird. Mein Blutdruck ist zu hoch, ich kämpfe mit dem Gewicht und schlafe nachts nicht gut. Aber während einige dies als eine Auszeichnung sehen, den Beleg dafür, dass sie hart arbeiten, halte ich das für die falsche Sichtweise. Sich das Geschenk der Selbstfürsorge zu versagen, hilft uns nicht bei unseren beruflichen Vorhaben, sondern behindert uns und macht das Leben auf vielerlei Weise schwerer. Je früher Sie sich gute Gewohnheiten für die Selbstfürsorge aneignen, desto wahrscheinlicher ist es, dass Sie sie langfristig beibehalten. Fangen Sie mit kleinen Dingen an, aber lassen Sie nicht nach.

Es gibt Menschen, die ich bewundere und die davon sprechen, ihr Verhalten zur Routine zu machen und so viele Entscheidungspunkte zu entfernen, wie sie können, um die Effizienz zu steigern und ihren Zugang zu ihrer Kreativität zu verbessern. Steve Jobs und Albert Einstein trugen jeden Tag das gleiche Outfit, damit sie gar nicht über ihre Kleidung nachdenken mussten. Es gibt Menschen, die jeden Morgen zur selben Zeit duschen, ihren Kaffee trinken, es sich zur Regel gemacht haben, täglich zu meditieren und die ersten paar Stunden ihres Tages für die anstrengendsten Aufgaben freizuhalten, die sie bewältigen müssen.

Auf gewisse Weise bewundere ich sie – aber gleichzeitig weiß ich, dass wir alle das Leben anders angehen und verschiedene Wege zur Exzellenz führen. Nichts in meinem Leben ist Routine. Meine Frau ist immer erstaunt, dass ich keine festen Zeiten fürs Duschen oder das Frühstück habe. Meine E-Mails kontrolliere ich ständig. Ich haste von einem Notfall zum nächsten. Ich hasse es, wenn ich mich an eine bestimmte Routine halten muss, aus Angst, dass mir der nötige mentale Freiraum fehlt, um spontane Einsichten zu haben, denn das sind die wichtigsten Outputs, auf die ich mich einstimmen muss.

Sie sollten meiner Meinung nach meditieren, aber gleichzeitig will ich Ihnen versichern, dass ein Mangel an Meditation nicht der Grund dafür sein wird, dass Sie die Schiffe nicht verbrennen. Probieren Sie Verschiedenes aus, finden Sie heraus, was für Sie am besten funktioniert, und bleiben Sie dabei. Tun Sie, was Sie können, verzeihen Sie sich selbst, wenn Sie keine Perfektion erreichen und versuchen Sie es weiter.

Die richtige Person wählen, die einem im Schützengraben zur Seite steht

Meine Frau, Sarah, ist in jeder Hinsicht meine geheime Superwaffe. Sie ist die ruhigste und rationalste Person, die ich kenne, der Schlüssel, der mir hilft, meine Angst zu kontrollieren – und meine vollumfängliche Partnerin bei allem, was ich tue, während wir uns gegenseitig helfen, in der Welt unser volles Potenzial zu entfalten. Sie ist eine dieser seltenen Personen, die anscheinend jedes »Do-it-Yourself«-Buch verinnerlicht haben, das je geschrieben wurde. Es kann jederzeit passieren, dass ich nach Hause komme und sie liegt unter dem Auto, um den Auspuff auszutauschen oder auf dem Dach, um neue Schindeln anzubringen. Meine Instagram-Videos, in denen ich bewundernd Sarahs irre Fertigkeiten dokumentiere, erhalten Hunderttausende Klicks. Sie hat für alles einen Life-Hack. Der Punkt ist, ein Partner ist entweder ein Multiplikator unserer Kraft oder ein Energievampir. Dazwischen gibt es nichts.

Ich glaube, das ist ein völlig vernachlässigter Aspekt. Wir reden nicht ansatzweise genügend über Beziehungen und darüber, wie wichtig der richtige Partner für den Erfolg ist. Keiner von uns kann es alleine schaffen. Aber die althergebrachte Weisheit, dass man sich einen Partner wählen sollte, der einen erdet, um eigene Schwächen zu lindern – ob im Leben oder im Business –, ist ein Mythos, der dazu führt, dass eine Beziehung schneller den Bach heruntergehen kann, als wenn man sich einen Partner sucht, der einem ebenbürtig ist. In der Liebe heißt es, Gegensätze ziehen sich an oder man glaubt, dass Co-Gründer verschiedene, komplementäre Fähigkeiten mitbringen sollten –, aber sich ähnlich zu sein, ist oft dauerhafter und wirkungsvoller, als verschieden zu sein. In meinem Kurs an der Harvard Business School fragte ich jeden Gründer, der bei unseren jüngsten Veranstaltungen dabei war, wieso er seine privaten und beruflichen Partner gewählt hatte und was diese Partnerschaften erfolgreich macht. Und fast alle redeten davon, dass die Werte übereinstimmen sollten und es bei einer erfolgreichen Partnerschaft weniger darum ging, die Arbeit zwischen Menschen mit komplementären Skills aufzuteilen und eher darum, dass sich die Werte überschneiden und man zu 100 Prozent in dieselbe Richtung unterwegs ist. Skills sind nicht so relevant, wenn man die gleiche Vision der Zukunft hat und die gleichen Vorstellungen darüber, was wichtig ist.

Ich lege großen Wert darauf, den Partner einer Person zu treffen, wenn ich bei einem Investment meiner Due Diligence nachkomme, denn man kann daraus oft viel ablesen. Wie sieht die Beziehung aus – ist sie eine Quelle der Kraft oder des Konflikts? Wenn ich Anzeichen von Geringschätzung sehe, wie gehässige Spitzen oder subtiles Augenrollen, weiß ich, dass Ärger im Anzug ist. Worauf wir achten müssen, sind gleiche Gefühle, eine Stimme, eine gemeinsame Passion. Und wenn jemand den richtigen Partner fürs Leben gewählt hat, sagt mir das ehrlich gesagt auch etwas darüber, wie sie ihre Geschäftspartner und Angestellten auswählen. Menschen, die zu Großem berufen sind, erkennen diese Qualität auch in anderen. Und andererseits, wenn ich höre, dass jemand über seinen Partner sagt, »Er/Sie erdet mich«, denke ich an Flugzeuge, die auf der Rollbahn feststecken und frage mich, *Wieso soll das noch mal gut sein?* Flugzeuge sind dafür gedacht zu fliegen, genau wie Sie.

Zeigen Sie Ihre Achillesferse und bitten Sie andere, sie zu eliminieren

Das ist die einfachste Strategie, aber diejenige, die wir nicht immer in Betracht ziehen, denn wir sorgen uns, dass andere uns verurteilen oder bestrafen, weil wir eine Schwäche zugeben. Mein Freund Mike Tannenbaum, heute ein beliebter Footballkommentator auf ESPN, war General Manager der Jets, bevor wir ihn als Executive Vice President der Dolphins einstellten. Ich respektiere Mike ungemein. Er ist menschlich großartig, der Sohn eines Mannes, der in der Transportbranche arbeitete, und er fing 1994 als Praktikant für die New Orleans Saints an.

Mike hatte diesen verrückten Traum, in die höchsten Ränge der Sportbranche aufzusteigen und ging Schritt für Schritt daran, diesen Traum zu verwirklichen. Er ging an die Tulane Law School, was für ihn Mittel zum Zweck war, schloss mit Auszeichnung ab und erhielt nach dem Abschluss einen Job, bei dem er für den Trainer Bill Belichick und die Cleveland Browns arbeitete, die Recherchen für Verträge erledigte und Leute zum Flughafen fuhr. Dann folgte er Belichick zu den Jets und stieg innerhalb von vier Jahren vom Vertragsverhandler zum stellvertretenden General Manager auf – und wiederum fünf Jahre später wurde er mit gerade einmal 35 Jahren zum jüngsten General Manager in der NFL ernannt.

Er arbeitete so hart – und war am Ende auch so erfolgreich –, dass alle in seinem Umfeld ihn einfach respektieren mussten, und so stieg er immer weiter auf. In den 16 Jahren, die er bei den Jets arbeitete, zog das Team siebenmal in die Playoffs ein und spielte dreimal im AFC Championship Game.

Aber es war nicht leicht. Mikes Angst, ob er diesen Erfolg erschaffen und beibehalten konnte, führte zu seinem Aufstieg, aber zeigte sich auch darin, dass er ein extremes Maß an Intensität besaß. Mike bekam diesen irren Blick, wenn der Druck besonders hoch war, nur um dann alles und jeden ins Visier zu nehmen, der ihm auf die Nerven ging. Wenn er bemerkte, dass ein Spieler an der Seitenlinie lachte, während das Spiel verloren ging, stellte er ihn am nächsten Tag an den Pranger. »Du glaubst also, verlieren ist wirklich lustig?«

Manchmal, wenn ich mit ihm nach einer Niederlage redete, wirkte Mike, als würde er seinen Stift so fest in der Hand halten, dass ich lieber zwei Schritte Abstand hielt, damit er ihn mir nicht ins Auge stach. Es machte ihn rasend, wenn andere nicht genauso leidenschaftlich nach dem Sieg strebten wie er selbst. Ich verstehe das, weil ich selbst versuchte, diese Impulse in mir zu nutzen. Mike sprach nur das aus, was viele von uns empfinden, wenn wir alles für den Sieg geben würden und den Eindruck haben, dass diejenigen um uns herum nur halbe Arbeit leisten.

»Ich erinnere mich noch daran, wie ich an das Fenster meiner Suite hämmerte, wenn ich sah, dass du auf dem Feld mit jemandem von der Gegenseite sprachst«, erinnert sich Mike an unsere Routine vor dem Spiel, als die Verbrüderung mit dem Feind noch ein Kapitalverbrechen war. »Es war ein Spieltag. Wir waren nicht dort, um Freunde zu sein. Small Talk vor dem Spiel machte mich so wütend.«

Ich bewunderte Mikes Engagement, aber ich wusste auch, dass diese feurige Intensität, sein größtes Kapital, eines Tages vielleicht seine Karriere sabotierte. Unser größtes Kapital kann auch unser tödlichster Fehler werden. Letztendlich musste ich einschreiten. Ich sagte Mike, dass seine Angst sich auf eine Art äußerte, die seinen Erfolg in Gefahr brachte und vielleicht sogar seinen Job. Was tat er? Nein, er stach mir nicht den Stift ins Auge – wir besorgten ihm Hilfe (von meiner Lieblings-Arbeitspsychologin, Dr. Laura Finfer).

»Du hast Worte verwendet wie, ›das wird das größte Geschenk sein‹«, erinnert sich Mike, »und ich weiß nicht, ob ich dir am Anfang geglaubt habe, aber du hattest völlig recht. Es ist wirklich schwer, diese Dinge über sich selbst zu hören, von denen man im Inneren weiß, dass sie stimmen, aber man realisiert nicht, dass andere es auch sehen. Hilfe zu erhalten, hat mir so viel Selbsterkenntnis gegeben, dafür gesorgt, dass ich mich in meiner eigenen Haut wohler fühlte, und ich kann jetzt zulassen, dass andere meine Verletzlichkeit sehen.«

Einige Monate, nachdem wir uns unterhalten hatten, kam ich in Mikes Büro und es war ein riesiges Aquarium in eine Wand gebaut. Die Beleuchtung war gedimmt und er ließ leise Musik der 1980er-Jahre über einen Ghettoblaster laufen. Er hatte sich einige Mechanismen angewöhnt, um mit Stress umzugehen und sie in die Praxis umgesetzt. Für Mike hatte eine Veränderung seines Büros wahre Wunder gewirkt und ihm ausreichend Entspannung verschafft, damit er nicht mehr von seiner Wut verzehrt wurde.

»Wenn man solche Positionen innehat«, erklärt Mike, »bekommt man es immer mit dem Imposter-Syndrom zu tun. Ich war der jüngste GM in der

NFL, auf der großen Bühne in New York und ich hatte Angst, das gar nicht verdient zu haben. Ich hatte immer zwei Vorstellungen in meinem Kopf ausbalanciert – die eine war, *Wieso habe ich nicht schon das Sagen?* und die zweite war, *Werde ich jemals wirklich bereit dafür sein?* Meinen Ehrgeiz habe ich von meinem Vater, der in seiner Karriere bei den Verkehrsbetrieben in Boston und New York so hart gearbeitet hat. Ich wollte, dass es meine Kinder mal leichter haben und war bereit, dafür zu kämpfen. Aber als du eingeschritten bist, wusste ich, dass ich eine bessere Methode finden musste, das alles zum Ausdruck zu bringen.«

Er war immer noch der gleiche Mike T. mit seiner besonderen Intensität, aber er war in der Lage, diese Intensität für die Momente aufzuheben, in denen es darauf ankam, und seine Gesamtleistung verbesserte sich dramatisch.

»Mein Ehrgeiz und meine Unsicherheit waren ein Segen und ein Fluch zugleich«, erklärt Mike. »Wo immer ich gewesen war, ich wollte noch höher hinaus. Ich weiß auch jetzt, dass ich noch eine Million Meilen vor mir habe und gebe mein Bestes, um dorthin zu gelangen.

Ich bin immer noch nicht so gut darin, mich auf eine Situation einzustellen«, gibt er zu. »Ich bin im Vorstand eines Unternehmens und wenn jemand eine Minute zu spät zu einem Gespräch kommt, ärgert mich das. Ich bin in der harten, leidenschaftslosen und wenig mitfühlenden Welt des Footballs aufgewachsen, wo die Standards eben so waren, wie sie waren, und das hatte einen Einfluss darauf, wie ich die Welt sehe. Aber ich versuche, mich selbst daran zu erinnern, dass nicht immer alles so schwarz und weiß ist. Es gibt Grauschattierungen. Nicht alles muss mich wütend machen.«

Mike ist nun in vielen Bereichen zu exzellenten Leistungen fähig. Nachdem er als Agent gearbeitet und später wieder auf dem Stuhl des General Managers Platz genommen hat, als wir ihn bei den Dolphins einstellten, wurde er 2019 zum Expertenmoderator bei ESPN und war der treibende Faktor hinter dem Großteil ihrer Berichte über die NFL. Neben der Arbeit bei ESPN gründete er auch The 33rd Team, eine Football-Denkfabrik und Onlineplattform, die von Experten betrieben wird, die insgesamt über 500 Jahre Erfahrung als Trainer und Funktionäre hatten, und tiefgehende Analysen, Kommentare und Einsichten bietet. Und als wäre das nicht genug, betreut Mike Studenten und versucht, ihnen Chancen zu eröffnen, ebenfalls in diesem Spiel mitzumischen. Aber am wichtigsten ist, dass er versteht, wie wirkungsvoll es sein kann, um Hilfe zu bitten und dass er seine Fähigkeiten immer weiter ausbaut und bei allem, was er tut, besser und besser wird.

◉ ◉ ◉

Diese Tipps können funktionieren, egal in welchem Unternehmen Sie arbeiten. Sie können dafür sorgen, dass Sie auf dem richtigen Pfad bleiben, nachdem Sie sich zu Ihrer Reise aufgemacht haben. Die meisten von uns können negative Emotionen nicht vermeiden – aber wenn diese uns dazu antreiben können, härter und mit mehr Sachverstand zu arbeiten als alle um uns herum, haben wir diese Angst genutzt, um uns selbst bestens für den Erfolg zu positionieren.

Aber das ist nur der innere Kampf.

Wir kämpfen auch gegen eine Welt, die unweigerlich versucht, jeden Pfad zum Erfolg ebenfalls zu beschreiten.

Ich wünschte, man müsste sich nur mit seinen inneren Dämonen herumschlagen und könnte in einer Art Silo-Umgebung herauskommen, in der man sein Schicksal selbst in die Hand nehmen kann. Aber so ist es nicht. Es werden Dinge passieren und wenn das der Fall ist, müssen Sie nicht nur darauf vorbereitet zu sein, mit ihnen fertigzuwerden, sondern auch darauf, sie zu nutzen, nach ihnen zu suchen und sie zu lieben. Wenn etwas Unangenehmes passiert, verspüre ich plötzlich diesen Drang und erinnere mich an einen Spruch von Rahm Emanuel, dem ehemaligen Bürgermeister von Chicago: »Man sollte eine ernsthafte Krise niemals ungenutzt verschwenden. Und was ich damit meine, ist, dass sie eine Chance ist, Dinge zu tun, die man vorher nicht für möglich gehalten hatte.«[41]

KAPITEL 5

BEGRÜSSEN SIE JEDE KRISE

Am Morgen von 9/11 – ich war erst ein paar Monate in meinem Job als Pressesprecher für den New Yorker Bürgermeister tätig – bereitete ich gerade eine Pressekonferenz vor, nur wenige Häuserblöcke vom World Trade Center entfernt, als das zweite Flugzeug in die Türme flog. Ich wusste nicht, wo der Bürgermeister war und ging zurück zum Rathaus, um herauszufinden, wie ich ihn erreichen konnte. Eben war ich durch den Eingang gegangen, als man den gewaltigen Knall einer Explosion hörte und alle aufschrien. Die Türme stürzten ein – und als ich im Beisein von Präsident George W. Bush zwei Tage später, als dieser seinen ersten Besuch dort absolvierte, am Ort der Katastrophe war, fanden wir noch Equipment, das ich nur Augenblicke vor dem Einsturz verkabelt hatte. Es war komplett zerstört. Der Bereich, an dem meine Kollegen und ich gestanden hatten, war ausradiert.

Ich verbrachte die nächsten hundert Tage damit, die Medienreaktion auf den schlimmsten Terroranschlag der Geschichte zu orchestrieren, und hatte kaum Zeit zu schlafen. Ich habe alle wichtigen Staatsoberhäupter der Welt zum Ground Zero geführt, vom Emir von Katar bis zum britischen Premierminister, damit sie sich selbst ein Bild von dieser Untat machen konnten, und um Unterstützung für die militärische Reaktion der Vereinigten Staaten zu gewinnen. Wir bauten eine Aussichtsplattform, von der aus man das

Gebiet überblicken konnte und ein Mahnmal mit den Flaggen aller 91 Nationen, die bei den Anschlägen einen Bürger verloren hatten. Wir brauchten Verbündete, die uns ihre Stützpunkte und ihren Luftraum zur Verfügung stellten – und unsere Bootstour mit den verschiedenen Staatsoberhäuptern um die Spitze von Manhattan herum, die mich direkt wieder an das feurige Inferno erinnerte, wurde zu einer fast täglichen Aufgabe. Wir sprachen uns eng mit dem Weißen Haus ab, mit dem unausgesprochenen Ziel, jeden Staatschef zu schockieren und ihm ein schlechtes Gewissen zu machen. Der Galgenhumor war das Einzige, was uns bei Verstand gehalten hatte. Wir nannten diese Rundreisen unter uns »Liberty Tours«.

Es war weit mehr als nur anstrengend. Es war unglaublich tragisch und häufig wäre ich am liebsten nur unter der Bettdecke geblieben und hätte mir eingebildet, es sei nur ein schrecklicher Albtraum gewesen. Aber vor Ort zu sein und New York City mit anderen gemeinsam wieder zum Leben zu erwecken und zu erfahren, dass ich eine solche Situation überleben konnte, veränderte letztlich alles für mich. Mir wurde klar, dass ich durch meine traumatische Kindheit und vielleicht sogar durch den Tod meiner Mutter die Fähigkeit erlangt hatte, mich durch alles durchzuschlagen.

Die Lektionen dieses Kapitels sind zweierlei. Im ersten Teil geht es darum, sich die Fähigkeiten anzueignen, die nicht nur nötig sind, um mit Krisen fertigzuwerden, sondern sie auch als Chancen zu sehen, um neue Höhen zu erreichen. Die Arbeit von Barbara Fredrickson, einer Psychologin an der University of Michigan, bestätigt das. Ihre Forschungen haben gezeigt, dass positive Emotionen in Krisensituationen nicht nur im Moment helfen, sondern auch langfristig zu einer besseren Widerstandskraft führen und die Fähigkeit, mit solchen Dingen umzugehen, in der Zukunft erhöhen.[42] Als sie untersuchte, wie College-Studenten auf 9/11 reagierten, stellte Fredrickson fest, dass diejenigen mit negativen Emotionen unter dauerhaften Nachwirkungen litten, im Vergleich zu denen, die sich bemühten, sich auf das Positive zu konzentrieren. Positives Denken hatte einen anhaltenden Nutzen und half den Probanden, auch mit künftigen Krisen in ihrem Leben umzugehen.

Wir können uns vor Depression und Stress schützen, indem wir uns auf das Positive konzentrieren und aktiv nach Augenblicken der Hoffnung,

Dankbarkeit, Ehrfurcht und Zufriedenheit suchen. Resiliente Menschen können ihr Wohlergehen steigern, indem sie versuchen, aus jeder negativen Situation etwas Positives zu ziehen. Mit anderen Worten, eine Krise als eine Chance zu sehen, kann dazu führen, dass genau das eintritt. Fast jede unangenehme Situation lässt sich umgestalten, indem man zwei kleine Worte ändert – von *ich muss* – zu *ich darf*. Das wirkungsvollste Beispiel ist der Alltagstrott, in den wir alle in unserer Beziehung zur Arbeit verfallen. Ich erinnere mich jeden Tag daran, dass ich nicht zur Arbeit gehen *muss*, sondern zur Arbeit gehen *darf*, was ein Privileg ist, für das Millionen von Migranten weltweit ihr Leben riskieren.

Der zweite Teil der Diskussion dreht sich um Krisenmanagement, selbst wenn gar keine Krise vorliegt. Was meine ich damit? Ein authentisches Mindset im Sinne des »Schiffeverbrennens« nutzt die geistige Klarheit, die in einer Krise vorherrscht, ohne dass deswegen um uns herum alles einstürzen muss. Krisen zwingen uns, Optionen zu beschränken und uns auf das zu konzentrieren, was wirklich wichtig ist. Aber das können wir auch so tun. Wir können etwas ändern, bevor wir dazu gezwungen werden; wir können uns umorientieren, weil es die klügere Wahl und nicht die letzte Option ist. Wir können die kreativen, flexiblen und letztlich wunderbaren Dinge tun, die wir tun müssen, wenn wir mitten in der Katastrophe stecken und unser Business retten wollen – auch wenn die Gefahr gar nicht real ist.

Hier ist Ihr Leitfaden für das Krisenmanagement.

Blicken Sie allem ins Angesicht – und arbeiten Sie sich dann vom Worst-Case-Szenario aus rückwärts vor

Das Erste, was Sie in jeder Krise tun müssen, besteht darin, noch einen weiteren Tag zu überstehen. Wenn wir keine Antwort auf etwas haben, neigen wir dazu, den offensichtlichsten Schritt in jeder Krisensituation zu übersehen: einfach zu überleben. Durchhaltevermögen in der Vergangenheit ist ein sehr starker Prädikator künftiger Überlebensfähigkeit und Langlebigkeit.

Wenn ich ein Unternehmen sehe, das neun Leben zu haben scheint, weiß ich, dass das kein Zufall war. Jemand, der am Ruder steht, hat eine bewusste Entscheidung getroffen, dass sie einfach nicht untergehen werden; sie werden einen Weg finden. Also, was tun Sie, wenn Sie nicht wissen, was Sie tun sollen? Sie zeigen einfach Präsenz.

Diese ersten 90 Tage nach dem Angriff auf die Zwillingstürme ging es einfach nur darum, aufzutauchen und der Welt ständig zu zeigen, dass wir uns nicht in Angst zurückziehen. Wir organisierten umgehend Events – eine Pressekonferenz, sobald wir unser Equipment verkabelt hatten, unsere Touren für die Staatsoberhäupter und die Events für die Öffentlichkeit, ein Gebetsgottesdienst im Yankee Stadion, weniger als zwei Wochen nach den Attacken, bei dem Oprah Winfrey durch das Programm führte und ein Konzert der New Yorker Philharmoniker für Lower Manhattan am einmonatigen Jahrestag und so vieles mehr. Rudy Giuliani verdiente sich den Spitznamen »der Bürgermeister Amerikas«, weil er ständig zur Stelle war, furchtlos und unermüdlich. Es ist traurig, ihn heute als einen Schatten seines früheren Selbst zu sehen. Ich erinnere mich lieber an ihn in diesen eindrücklichen Tagen nach 9/11, als seine beeindruckende Persönlichkeit eine beruhigende Ausstrahlung hatte und ich erfuhr, welch symbolische Bedeutung es hat, vor Ort zu sein, wenn die Hölle losbricht.

◉ ◉ ◉

Wenn ich darüber nachdenke, wie es ist, zu überleben, wenn alles verloren scheint, denke ich komischerweise ausgerechnet an Pizza. Die Kette &pizza von der Ostküste ist ein RSE-Investment, auf das ich stolz bin. Das Unternehmen wird von Michael Lastoria geleitet. Lastoria hat sich über die Jahre so häufig für seine Angestellten eingesetzt, besonders während der COVID-19-Pandemie. Nur wenige Tage, nachdem der Virus sich im März 2020 zunehmend ausbreitete, handelte er nicht aus Angst, schloss die Restaurants und hoffte, dass die Bedrohung vorüberziehen würde. Michael wusste, dass es eine einmalige Gelegenheit war, die Werte tatsächlich zu leben, auf die sich das Unternehmen in seinem Werbematerial bezog, und zu zeigen, dass der Kampf für ein faires Gehalt nicht nur die leere Rhetorik gutgelaunter Instagram-Posts war.

Statt die Löhne einzufrieren oder Arbeiter zu entlassen, bot &pizza seinen Angestellten sofort eine Gehaltserhöhung um einen Dollar pro Stunde an; kostenlose Pizza in unbegrenzter Menge für alle Mitarbeiter, ihre Familien und das Krankenhauspersonal; Erstattung der Kosten für das Pendeln zur Arbeit, wenn die öffentlichen Verkehrsmittel nicht mehr fuhren; eine großzügige Regelung, sich frei zu nehmen, wenn die Kinder wegen geschlossener Schulen zu Hause bleiben mussten; Gesundheits- und Sicherheitszuschläge für alle, bei denen COVID-19 diagnostiziert wurde oder die mit jemandem in Kontakt kamen, bei dem diese Krankheit diagnostiziert wurde; und später, als die Black-Lives-Matter-Proteste sich übers Land ausbreiteten, bezahlten Urlaub für alle Angestellten, um ihren eigenen persönlichen Aktivismus zu verfolgen. Im November 2020 erklärte das Unternehmen, jedem Angestellten landesweit einen Mindestlohn von 15 Dollar zu zahlen – und im Juni 2021 wurde ein 500-Dollar-Bonus für jeden Angestellten angekündigt, der sich vollständig gegen COVID-19 impfen ließ.

All das hatte natürlich seinen Preis. Das Unternehmen stoppte seine Expansionspläne. Sie beschnitten die Ausgaben, wo es ging. Aber das alles taten sie nur, weil Michael wusste, dass die beste Methode, um eine Krise zu überstehen, darin bestand, sich voll und ganz hinter die eigenen Leute zu stellen und sicherzugehen, dass sie ihm ebenfalls die Treue hielten. Michael sagte mir: »Meine Philosophie und die Philosophie unserer Shareholder lautet, dass die finanzielle Gesundheit eines Unternehmens und die Bedürfnisse der Angestellten untrennbar miteinander verbunden sind. Wir konzentrierten uns auf unsere Angestellten – und gleichzeitig verwandelten wir unsere Läden in den Stadtzentren in Küchen, um wohltätige Arbeit zu leisten.«

Für Michael richtete die Pandemie ein Spotlight auf Probleme, die in der Restaurantbranche schon seit Jahrzehnten herrschten – niedrige Löhne, ein Mangel an Lohnnebenleistungen, gefährliche Arbeitsbedingungen und die zyklische Natur von Entlassungen und Wiedereinstellungen, wenn es für die Arbeitgeber am günstigsten ist. Er hatte nun die Möglichkeit, etwas gegen all diese Missstände zu tun. »Die Gehälter anzuheben, ist der deutlichste Weg, um den Arbeitern zu sagen, ›ihr seid uns wichtig‹«, sagte er mir. »All unsere Arbeit ist nichts wert, wenn die Leute nicht von den Löhnen leben können, die wir ihnen zahlen. Wenn man sicherstellt, dass die grundlegenden Bedürfnisse der Angestellten befriedigt werden, leisten sie auch für das Unternehmen mehr, weil sie wollen, dass es erfolgreich ist. Wir taten all das, weil wir davon überzeugt waren, im Angesicht widriger Umstände entschlossen zu handeln.«

Lastoria war die richtige Führungspersönlichkeit zur richtigen Zeit. Natürlich sollten wir alle danach streben, der richtige Leader in jeder Krise zu sein, egal, worin diese besteht.

◉ ◉ ◉

Stellen Sie sich vor, dass sich ein ausgewachsenes Desaster abspielt und werden Sie dann praktisch. Was müssen Sie tun, um es hindurchzuschaffen? Machen Sie sich Sorgen, dass Ihnen das Geld ausgehen könnte? Wenn ja, denken Sie darüber nach, welche Vermögenswerte Sie schnell verkaufen können. Haben Sie Sorge, dass Ihre Angestellten revoltieren werden? Überlegen Sie sich kühne Strategien, um ihre Loyalität zu sichern. Fürchten Sie sich, dass Ihre Geschäftspartner Sie im Stich lassen werden? Lassen Sie sich nicht von der Angst abhalten, sich mit ihnen an einen Tisch zu setzen und eine ehrliche Unterhaltung zu führen, ohne um den heißen Brei herumzureden.

Alles durchzudenken verschafft Ihnen einen Plan und verhindert, dass Sie sich nur auf die Angst konzentrieren. Sobald Sie über das Schlimmste nachdenken und sich vorstellen, dass Sie zwar angeschlagen, aber noch auf den Beinen sind, können Sie die Angst in den Griff bekommen. Sie werden nicht mehr vom Unbekannten verzehrt, weil das Worst-Case-Szenario schon verarbeitet ist. Sie können so viel überschüssige mentale Energie freisetzen, wenn Sie Ihr Bestes tun, um Ihren Verstand von Sorgen zu befreien.

All das kann ablaufen, ohne dass ein Albtraum Wirklichkeit wird. Akzeptieren Sie einfach, dass es passieren könnte, handeln Sie entsprechend und setzen Sie sich in Bewegung. Schützen Sie sich vor Verlusten und nutzen Sie die Energie, die darauf ausgerichtet war, diese zu verhindern und richten Sie diese neu auf etwas Größeres aus.

Aber wonach sollten Sie streben?

Fragen Sie sich selbst: »Wenn ich heute noch einmal bei null anfangen würde, was würde ich tun?«

Die Gründerin von Milk Bar (und meine Partnerin) Christina Tosi ist ein echter Rockstar. Sie verbreitet mehr Licht und Sonnenschein, als ich je aufbringen könnte. Wer sie kennt, liebt sie. Und doch hätte die COVID-19-Pandemie, trotz ihres wachsenden Sortiments an immer neuen Köstlichkeiten, das Ende ihres Geschäfts bedeuten können. Wir hatten uns immer vorgestellt, ihre Produkte nicht nur in Ladengeschäften zu verkaufen, in denen sie angefangen hatte, aber wir machten uns Sorgen, zu verlieren, was bereits funktionierte.

Angesichts der vorgeschriebenen Geschäftsschließungen, nachdem der Virus zugeschlagen hatte, hätten wir in Panik verfallen oder versuchen können, die Verluste zu begrenzen, und uns irgendwie über die Runden bringen können, bis man die Läden wieder öffnen konnte. Stattdessen stellte sich Christina eine einfache Frage: Wenn ich heute anfangen würde, was würde ich tun? Angesichts der erzwungenen Schließungen musste die Frage nicht automatisch lauten, »Wie können wir wieder öffnen?« Stattdessen fragte sie: »Wieso brauchen wir überhaupt Läden?«

Innerhalb weniger Tage – buchstäblich Tage – hatte Christina beim E-Commerce mit Vollgas beschleunigt. Sie startete eine neue Backshow auf Instagram Live und erreichte damit jeden Nachmittag um 14 Uhr Küchen auf der ganzen Welt, um den Leuten zu zeigen, wie man mit gebräuchlichen Zutaten etwas backt. Sie schloss Deals ab, um ihre unvergleichlichen Kekse in Supermärkten zu verkaufen, die wiederum selbst vermehrt auf Lieferservice umschwenkten – mit jedem Whole Foods in Amerika, jedem Target und noch etlichen weiteren. Sie verschickte Care-Pakete an die

Leute, die in den Krankenhäusern im ganzen Land an vorderster Front arbeiteten.

»Ich wollte herausfinden, wie man für die Menschen da ist«, sagte Christina zu mir. »Darauf baut mein Unternehmen auf. Ein Dessert kann die Welt retten und ich wollte meinem Ziel, buchstäblich für jeden auf dem Planeten einen Keks zu backen, so nahe wie möglich kommen. Bake Club war meine Art, Präsenz zu zeigen. Wir haben verschiedene Arten von Content ausprobiert und es fühlte sich nicht authentisch an, also hörte ich einfach auf mein Bauchgefühl, ging auf Instagram und sagte: ›Wir werden Folgendes tun, wir starten morgen einen Backclub – wann habt ihr Zeit?‹«

Es hört sich heute offensichtlich an, aber das Geniale an diesem Schwenk von Milk Bar war, dass er für Christina offensichtlich war, während um sie herum alles zusammenbrach. Selbst eineinhalb Jahre nach Ausbruch der Pandemie erhielt ihre Instagram-Show immer noch mehr als 50.000 Views pro Episode. Sie hätte auch die ganze Zeit all ihre Energie darauf konzentrieren können, ihre Ladengeschäfte wieder zu öffnen, aber sie versuchte lieber, sich neu zu erfinden, statt nur wiederzuerlangen, was sie verloren hatte.

»Du verfügst über alles, was du brauchst«, sagt Christina. »Selbst in einer Krise suchst du vielleicht nach Antworten, aber alles, was du brauchst, steckt bereits in dir und du musst nur herausfinden, wie du es nutzt. Je mehr Stimmen du in deinem Leben hast, desto komplizierter kann es werden, desto mehr stellst du dich selbst infrage, aber du darfst nicht vergessen – du trägst die Antworten bereits in dir.«

Ja, eine Krise bringt Zerstörung, aber sie birgt auch das Potenzial für so viele neue Möglichkeiten, die sonst nicht hätten realisiert werden können. Christina hatte nach der Pandemie ein weit größeres, weit stärkeres Unternehmen als vorher, Fans auf der ganzen Welt und sie hatte den strategischen Zug voll umgesetzt, aus dem Fast-Casual-Bereich (wo man im besten Fall ein Unternehmen mit dem Dreifachen seines Bruttoumsatzes bewertet) hin zum Konsumgüterversand (mit einem Vielfachen des fünf- bis zehnfachen Umsatzes). Sie nahm die Krise an und Milk Bar ist ein gedeihendes Unternehmen.

◉ ◉ ◉

Wie man sein Unternehmen in einer Krise managt, zeigt letztlich die Qualität der eigenen Entscheidungsfindung. In RSEs Fast-Casual-Coffeeshop-Kette Bluestone Lane – ein Unternehmen, das auf dem Prinzip des Schiffeverbrennens von Nick Stone aufgebaut wurde, der die Vision einer australisch inspirierten Coffeeshop-Kette verwirklichen wollte (da er der Meinung war, dass die amerikanische Kaffeekultur im Vergleich zu dem, was er in seiner Heimat Melbourne erlebt hatte, zu kurz kam). Er kündigte seinen Job in der Unternehmensfinanzierung und setzte alles auf eine Karte. Die Pandemie wurde zu einem Katalysator für entschiedenes Handeln. Nick nutzte die Krise, um seine Gemeinkosten zu senken, seinen Geschäftsbetrieb zu digitalisieren, alle Leasingverträge neu zu verhandeln und Betriebsmittel von Unternehmen zu kaufen, die sich verkleinern mussten und unser Geld gebrauchen konnten. Er stellte sich die Fragen, die Sie sich in jeder Krise stellen müssen und die sich aus der größeren Frage ergeben, was Sie anders machen würden, wenn Sie heute neu anfangen würden:

- Unternehmen Sie entscheidende Schritte, um Ihre Überlebensfähigkeit zu steigern? Oder hoffen Sie nur, dass alles besser wird, bevor Sie schwere Entscheidungen treffen müssen?
- Vollführen Sie einen Schwenk, um die Bedürfnisse der Kunden besser anzusprechen? Oder klammern Sie sich an ein mittlerweile veraltetes Geschäftsmodell?
- Führen Sie von der Spitze her, reden Sie mit Ihren Kunden, stärken Sie die Moral des Teams, schnappen Sie sich die Flagge und stürmen Sie den sprichwörtlichen Hügel? Oder stecken Sie den Kopf in den Sand und bemitleiden sich selbst?
- Haben Sie sich selbst den Freiraum eingeräumt zu handeln?

Bei der letzten Frage sollten Sie, besonders in einer Krise, soweit wie möglich vermeiden, dass Ihre Entscheidungen davon behindert werden, die Zustimmung anderer zu erhalten oder jemanden überzeugen zu müssen, dass Ihre Intuition richtig ist. Wenn Sie wirklich innovativ sind, sieht es in der Realität so aus, dass Checks and Balances bei Ihrer Entscheidungsfindung – Buy-in anderer Personen oder alles, was Ihre Möglichkeit beschränkt, Ihrer Intuition zu folgen – oft von sehr geringem Nutzen sind. Sie behindern meist den Erfolg und verschieben das Gleichgewicht von der Substanz hin zu Formalitäten. Ich weiß, dass dies entgegen der gängigen Meinung steht, aber es ist wahr: Zusammenarbeit nur um der Zusammenarbeit willen resultiert oft in einer Regression hin zum Mittelmaß und verwässert die Möglichkeit, Außergewöhnliches zu leisten, zugunsten eines Konsenses, bei dem sich alle wohlfühlen.

Menschen dazu zu bringen, Frühstarter zu werden wie Sie selbst, sie an Ihren Träumen teilhaben zu lassen und Ihren Datenstrom zu verstehen – das sind die Bereiche, in denen wir alle scheitern. Wenn Sie beschließen, Ihre Ideen zu begraben, weil alle anderen nicht das sehen, was Sie sehen – dann wird Innovation erstickt. Bei Krisen geht es nicht nur um Leben oder Tod, um die Kampf-oder-Flucht-Momente, sondern auch um die ruhigen Augenblicke, in denen die Chancen an Ihnen vorbeiziehen, weil Sie über zu wenig Autonomie verfügen, in Aktion zu treten oder wenn es zu keinem Wandel kommt, weil es Ihnen an der Freiheit fehlt, einen Plan umzusetzen.

◉ ◉ ◉

Unter dem Banner von RSE haben meine Partner und ich ein Unternehmen namens Relevent Sports Group gegründet und vor mehr als einem Jahrzehnt einen über neunstelligen Betrag investiert, um ein internationales Fußballturnier zu veranstalten. Die gesamte Geschichte des International Champions Cup ist eine Lektion in Sachen Neuerfindung im Angesicht der Krise. Wir schufen ein Turnier, das nicht genug Umsatz machte, um einen Gewinn zu erzielen, da die Mannschaften immer mehr Geld verlangten. So sehr wir uns auch bemühten und um die Welt reisten, um Beziehungen zu knüpfen und eine Fangemeinde aufzubauen, konnten wir den Code nicht knacken. Und wir verbrannten Geld.

Wir holten den dynamischsten Geschäftsmann an Bord, den ich kannte, Danny Sillman, und führten für das Unternehmen die Wende herbei. Danny erwies sich tatsächlich als einer der besten Geschäftsführer, mit denen ich je gearbeitet habe. Danny meinte, vergesst das Turnier – stattdessen erkannte er, dass wir die Beziehungen, die wir aufgebaut hatten, nutzen konnten, um mit Topmannschaften auf der ganzen Welt zusammenzuarbeiten und ihre Übertragungsrechte in den Vereinigten Staaten zu verkaufen.

Dieses Verhalten beim Verfolgen eines überlebensfähigen Geschäftsmodells wurde eine Fallstudie an der Harvard Business School, nachdem wir letztlich mit La Liga – der Topliga des spanischen Fußballs – ein Joint Venture bildeten und ihnen einen, mit zwei Milliarden Dollar dotierten, Rechtevertrag in Nordamerika mit ESPN sicherten. Und dann nutzte Danny den Erfolg, den wir mit La Liga hatten, um einen richtigen Coup abzuziehen. Wir gingen eine Partnerschaft mit der Institution ein, die den Fußball in ganz Europa kontrolliert – der UEFA –, um ihre Übertragungsrechte in den Vereinigten Staaten zu verkaufen. Die Vorstellung, dass ein in den USA angesiedeltes Unternehmen den europäischen Fußball repräsentieren konnte, schien einst unvorstellbar. Aber Danny, Stephen Ross, unsere weiteren Mitbegründer und ich hatten Jahre damit zugebracht, mal in die eine und mal in die andere Richtung über den Atlantik zu fliegen und durch ganz Europa zu reisen, um die Gebräuche und Eigenarten des europäischen Fußballs kennenzulernen. Wir flogen Tausende Meilen, veranstalteten zahllose spätabendliche Dinner in Spanien und navigierten durch Dschungel aus Bürokratie und Zuständigkeiten bei jedem großen europäischen Fußball-Event. Wir machten unsere Hausaufgaben. Unsere Hartnäckigkeit und die amerikanische Neigung zur Disruption brachten uns den Respekt des wichtigsten Mannes an den Schalthebeln der Macht ein, der einen echten Wandel einleiten konnte – Aleksander Čeferin, Präsident der UEFA. Čeferin, ein prinzipientreuer Mann, den ich im Laufe der Zeit zutiefst bewunderte, hielt nicht viel vom Zeremoniellen. Ihm war nur daran gelegen, das Erlebnis für die Fans zu verbessern und mehr Umsatz zu generieren, um das Wachstum des beliebtesten Sports der Welt zu steigern.

Die New York Times schrieb über den Schock, den es darstellte, als wir einige der globalen Top-Sportagenturen ausstachen: »Die [große] Überraschung … die lukrativen Rechte für die Vereinigten Staaten. Diese wurden von der Relevent Sports Group gewonnen … das wichtigste Kapitel im Bemühen, eine neue Strategie auf die Beine zu stellen, die sich damit beschäftigt, Übertragungsrechte im Topfußball zu verkaufen, nachdem ein Jahrzehnt lang das wichtigste Asset dieses Unternehmens der Verluste einfahrende International Champions Cup war.«[43]

Im August 2022 zahlte sich unsere Arbeit aus. Relevent verkaufte die Übertragungslizenzen der UEFA an Paramount (denen CBS und Paramount+ gehört) in einem rekordverdächtigen Sechsjahres-Deal über 1,5 Milliarden Dollar. Genau wie Danny dürfen wir keine Angst vor einem Rückzug und einer Neuerfindung eines gesamten Unterfangens haben, wenn wir im Herzen wissen, dass die Straße vor uns ins Verderben führt, egal wie sehr wir uns anstrengen. Das ist wahre Führungsstärke.

◉ ◉ ◉

Die Strategie zu ändern, lässt sich nicht nur aufs Business anwenden. Für mich bekam die COVID-19-Pandemie rasch einen persönlichen Bezug. Als bei mir an dem Morgen, nachdem ich die Glocke auf dem Parkett der New Yorker Börse geläutet hatte, der Virus ausbrach, traf mich das schwer. Ich verbrachte nahezu einen Monat in Isolation. Es gab Momente, in denen ich nicht wusste, ob ich es überstehen würde. Aber als es vorbei war, wurde mir klar, dass ich diese Chance nicht verschwenden durfte. Ja, es war natürlich absolut tragisch – aber nichts im Leben ist nur schwarz oder weiß, außer man will es so sehen. Sie können mit einer Riesenkatastrophe konfrontiert sein und gleichzeitig versuchen, Ihren eigenen besten Weg zu suchen. Es ist schwer, das gegenüber mir selbst zuzugeben, aber dieses Buch wäre nie geschrieben worden, wenn es nicht COVID gegeben hätte. Vor der Pandemie war ich acht Tage die Woche unterwegs, so fühlte es sich zumindest an, ständig am Telefon mit Unternehmern, eine E-Mail nach der anderen. Ich musste zu viele Brände löschen, um jemals genug Zeit zu haben, mich wirklich tief in etwas einzuarbeiten.

Als ich nun keine Zeit mehr für persönliche Gespräche hatte und die Zeit nicht mehr mit Pendeln und Reisen verbringen musste, konnte ich ganz neue Gelegenheiten nutzen – unter anderem dieses Buch. Ein Teil meines Antriebs war Angst. Am Tag nachdem mein Büro geschlossen worden war, saß ich auf der Couch und nahm mir ein Blatt Papier. Ich befürchtete, dass der Stress und die Ungewissheit dazu führen würden, dass ich diese geschenkte Zeit nicht nutzen konnte, die ich aufgrund der Pandemie zur Verfügung hatte.

Ich war inspiriert von Isaac Newton, der einen Teil seiner besten Arbeit in den zwei Jahren leistete, als Mitte des 17. Jahrhunderts die Große Pest England heimsuchte. In die Isolation gezwungen, musste Newton sich nicht mehr dem Unterricht widmen und hatte Zeit, sich mit seinen Studien zu beschäftigen. Er stellte sich einige der fundamentalsten Fragen darüber, wie das Universum funktionierte – und fand Antworten, entwickelte Theorien über die Schwerkraft, das Licht und über Infinitesimalrechnung und es sollte die produktivste Periode seiner Karriere werden. Es wird oft sein »Jahr der Wunder« genannt – während doch um ihn herum Krankheit und Gefahr herrschten.[44]

Ich bin kein Isaac Newton, aber ich wusste, dass ich es ewig bereuen würde, wenn ich diese freie Zeit verschwendet hätte. Die Wahrheit ist, dass die Verschwendung von Zeit – die Verschwendung von Ideen, Einsichten oder Instinktregungen –, eine Verschwendung der knappsten Ressource ist, über die wir verfügen. Das Universum bietet uns nur eine begrenzte Zahl an Chancen. Manchmal sind diese offensichtlich – ein Jobangebot oder eine Geschäftsmöglichkeit –, aber zu anderen Gelegenheiten sind es einfach nur Gedanken, die durch unser Bewusstsein schweben und wieder daraus entschwinden. Wir haben alle mal einen Artikel gelesen oder etwas im Vorbeigehen mitbekommen und dabei realisiert, dass hier eine potenzielle Chance sich auftut.

Niemand hätte Ihnen einen Vorwurf gemacht, wenn Sie nicht alles hätten stehen und liegen lassen, um Ihre gesamten Ersparnisse in Bitcoins zu stecken, als Sie das erste Mal einen Artikel darüber lasen, was mittlerweile vielleicht ein Jahrzehnt her sein könnte, selbst wenn Sie sich vielleicht dachten, dass es dort etwas Interessantes geben könnte. Aber stellen Sie sich einmal vor, Sie hätten genau das getan. Sie wären mittlerweile Milliardär, während ich diese Zeilen niederschreibe, so wie einige der frühen Bitcoin-Spekulanten.

Ich begann 2013 mit dem Bitcoin-Mining. Dafür mietete ich Server an. Ich hatte 300 Bitcoin und dann wurde ich ungeduldig. Ich verkaufte sie, um eine Wohnung zu kaufen – und hätte ich sie behalten, hätte ich den gesamten Häuserblock kaufen können. Das mache ich manchmal: Ich weiß genug, um zu handeln, aber dann gebe ich zu schnell auf und widme mich etwas anderem. Oder noch schlimmer – ich handle gar nicht. (Was den Bitcoin im Speziellen betrifft, so denke ich, dass er irgendwann, vielleicht sogar erst in einigen Jahren, auf den Müllhaufen der Geschichte geworfen und als Narrengold betrachtet werden wird. Wir werden sehen, wie gut diese Aussage altert.)

Meine Liste an Fehlschlägen in dieser Hinsicht ist lang. Gary Vaynerchuk, Marketing-Mastermind, Unternehmer und Visionär für alles, was mit dem Internet zu tun hat, sagte mir Anfang 2021, dass NFTs – nicht-austauschbare Tokens, einzigartige digitale Vermögenswerte, originale Audio-, Video- oder Bilddateien, die man auf der Blockchain kaufen und verkaufen kann, genau wie man traditionelle physische Artefakte kauft und verkauft – das nächste große Ding sein würden. Er sagte mir, dass dies mein Leben verändern würde und dass ich ein paar JPEGs, die als CryptoPunks bekannt waren, kaufen müsse, bevor es zu spät sei. Ich lachte ihn aus. Das alles ergab in meinen Augen keinen Sinn und ich hielt es für zu albern, um überhaupt darüber nachzudenken. Gary ist ein Genie und ein Magier und das weiß ich auch, aber ich hörte dennoch nicht auf ihn.

Er kreierte VeeFriends, eine NFT-Sammlung und Community, die sich um Gary und die Businessratschläge drehten, die er den Fans gab – und das wurde innerhalb von einem Jahr zu einem durchschlagenden Erfolg mit einer Bewertung von über einer Milliarde Dollar und hat sogar eine VeeFriends-Kollektion hervorgebracht, die bei Macy's und Toys "R" Us verkauft wird. Was einst nur eine Idee in Garys Vorstellung war, als wir uns einige Monate vorher darüber unterhalten hatten, hat ihn zum Milliardär gemacht – weil er auf seinen Instinkt hörte und es durchgezogen hat.

Acht Monate, nachdem mir Gary den Rat gegeben hatte, widmete ich mich endlich intensiver der web3-Community und wir lancierten zusammen einen Metaverse-Fonds. Ich mache mir Sorgen, dass ich zu spät dran bin – aber ich glaube, die Wahrheit ist nur, dass ich im Vergleich zu Gary zu spät dran bin. Wenn Ihnen jemand, der nachweislich die Zukunft voraussieht, einen Ausblick auf das Kommende gibt, dann hören Sie zu.

◉ ◉ ◉

Wir müssen nicht jedes Risiko eingehen, das unseren Weg kreuzt – aber wir müssen verstehen, dass diese Offenbarungen uns nicht endlos zuteilwerden. Wenn Sie diese verschwenden, sind sie für immer Geschichte. Lassen Sie sich nie davon Grenzen auferlegen, wie die Dinge heute aussehen. Sie können immer noch morgen den Kurs ändern. Und wenn Sie andererseits eine Chance an sich vorbeiziehen lassen, weil Sie sich nicht entscheiden können, verschwenden Sie nicht zu viel Energie darauf, diesen Verlust zu beklagen. Lernen Sie daraus und nehmen Sie sich vor, beim nächsten Mal doppelt so flink zu sein.

Wer kann schon sagen, was schlecht und was gut ist?

Es gibt ein altes taoistisches Gleichnis über einen Bauern, dessen Pferd wegläuft.[45] Die Dorfbewohner bemitleiden ihn, aber der Bauer sagt: »Gut, schlecht, wer kann das schon sagen?« Nach ein paar Tagen kehrt das Pferd zurück und bringt noch zwei weitere Pferde mit. Die Dorfbewohner beglückwünschen den Bauern, aber er entgegnet erneut: »Gut, schlecht, wer kann das schon sagen?« Sein Sohn versucht, eines der Pferde zu reiten, aber es wirft ihn ab und er bricht sich das Bein. Die Dorfbewohner sind erneut betrübt, aber der Bauer nicht. »Gut, schlecht, wer kann das schon sagen?« Krieg bricht aus und der Sohn ist der einzige junge Mann aus dem Dorf, der nicht in den Krieg ziehen kann. Die anderen sterben im Kampf. »Gut, schlecht, wer kann das schon sagen?«

Wer kann schon sagen, welche Ereignisse in unserem Leben gut und welche schlecht ausgehen werden? Dinge, die wie Krisen wirken, könnten möglicherweise die Katalysatoren sein, die Ihr volles Potenzial zur Entfaltung bringen. Die Kämpfe meiner Kindheit waren furchtbar … außer man sieht sie als die Umstände, die mir die Kraft gaben, in schwierigen Situationen mein Potenzial zu entfalten und die direkt zu meinem beruflichen Erfolg beigetragen haben.

Ich habe eines Abends auf Clubhouse gechattet, als Taylor Lindsay-Noel mir mit ihrer Geschichte auffiel. 2008 war sie eine 14-jährige Turnerin in Kanada, die bei den Olympischen Spielen 2012 antreten sollte. Und dann stürzte sie vom Reck und brach sich das Genick. Sie ist gelähmt, muss im Rollstuhl sitzen und kann den Körper vom Hals abwärts nicht bewegen.

Und sie ist glücklich.

Nach ihrem Traum vom Turnen ging sie aufs College und hoffte, Unterhaltungsreporterin zu werden. Aber angesichts ihrer Behinderung war die Arbeit zu schwer. Sie suchte online nach mehreren Karriereoptionen und startete schließlich einen Podcast und unterhielt sich dabei mit Influencern bei einer Tasse Tee. Da sie keinen Teeproduzenten als Sponsoren gewinnen konnte, brachte sie ihren eigenen Tee heraus. Sie gründete ein Unternehmen, Cup of Té, und schaffte es damit auf Oprah Winfreys Liste ihrer Favorite Things.

Ihre Teeselektion war bei den Grammy Awards 2021 und bei den Oscars in einer Präsentbox enthalten und Taylor ist auf bestem Wege, im ersten Jahr mehr als eine Million Dollar an Verkäufen getätigt zu haben. Ihre Karriere gedeiht, sie hat Menschen, die sie lieben und einen reichhaltigen und erfüllenden Alltag. Nichts davon wäre geschehen, wenn sie nicht diesen schrecklichen Unfall erlitten hätte. Wenn ich es nicht von Taylor selbst gehört hätte, würde ich es nicht glauben, aber sie beharrt darauf, dass sie heute glücklicher ist als vor dem Unfall. »Es fühlte sich fast wie eine Wiedergeburt an«, sagte sie mir. »Ich hatte meine Identität als Athletin und hoffnungsvolle Olympiaanwärterin völlig verloren und wurde gezwungen, mich selbst mit ganz neuen Augen zu sehen, und mein Leben neu zu erschaffen. Ich bewertete meine Passionen neu, meine langfristigen Wünsche und die Dinge, die mich wirklich glücklich machen. Ich wache jeden Tag auf und bin dankbar für die Chance, mehr zu tun, mehr zu sein und anderen etwas zurückzugeben.«

Gut, schlecht, wer kann das schon sagen?

Es gibt keinen Mangel an Menschen, auf die wir verweisen können, die nicht nur eine Krise überstanden haben, sondern auch auf neue und unerwartete Weise aufblühten. Und ich meine nicht nur Unfälle und Umstände, die sie nicht kontrollieren konnten. Das gilt auch für Menschen, die Krisen selbst verschuldet haben, durch schlechte Entscheidungen, schreckliche Fehler oder sogar kriminelle Handlungen. Sehen Sie sich Martha Stewart an. Sie verbrachte fünf Monate im Gefängnis nach einem in der Öffentlichkeit breitgewalzten Fall von Aktienschwindel, bei dem sie mithilfe von Insiderwissen Aktien verkaufte und es dann zu vertuschen versuchte. Hat sie sich nach der Entlassung aus dem Gefängnis zurückgezogen und das Licht der Öffentlichkeit hinter sich gelassen und aufgegeben? Ganz und gar nicht. Sie baute ihr Imperium wieder zu dem Zustand auf, den es vorher hatte und sogar noch darüber hinaus. Sie hat zahlreiche neue Fernsehserien ins Leben gerufen, Bücher geschrieben und ist Partnerschaften mit allen möglichen Leuten eingegangen, von Megaunternehmen bis zu Snoop Dogg, um neue Produktlinien der Koch- und Designbranche auf den Markt zu bringen. Martha hat sich nicht von einer Krise unterkriegen lassen.

Die Geschichte von Michael Milken ist vielleicht sogar noch dramatischer. Er war in den 1980er-Jahren an der Spitze der Finanzwelt und man schrieb ihm die Erfindung der »Junk Bond«-Industrie zu, die auf einen Wert von mehreren Milliarden Dollar anwuchs. Und dann endete er für fast zwei Jahre im Gefängnis, verurteilt für 98 Fälle von Aktienbetrug und organisierter Kriminalität. Er musste mehr als eine Milliarde Dollar an die betrogenen Investoren und die Regierung zurückzahlen. Als er nach alledem aus dem Gefängnis entlassen worden war, diagnostizierte man bei ihm Prostatakrebs. Was tat er? Er gründete eine wohltätige Stiftung, um die Forschung zu Prostatakrebs voranzutreiben. Die Stiftung wurde weltweit eine der größten philanthropischen Quellen von Forschungsgeldern für die Prostatakrebsforschung. Dann rief er einen Think-Tank ins Leben, um Forschungen über die Heilung anderer Krankheiten zu finanzieren und 2004 nannte ihn das Magazin Fortune den »Mann, der die Medizin veränderte.«[46]

2014 benannte die George Washington University ihre Fakultät für Public Health nach Milken, dank der 80 Millionen Dollar, die der Hochschule durch seine Stiftung und durch andere in seinem Namen zuteilwurde. Die Welt wurde sicherlich durch Milken, der ins Gefängnis ging und sein Leben änderte, zu einem besseren Ort.

Gut, schlecht, wer kann das schon sagen?

Wir können uns die Momente nicht aussuchen, in denen wir glänzen

Meine Freundin Lauren Book saß seit 2016 im Senat des Staates Florida und wurde einstimmig von ihren Kollegen bei der Demokratischen Partei 2021 zur Oppositionsführerin ernannt. Sie hat sich mit den Präsidenten Obama und Biden getroffen und wird als künftige Kandidatin für den Gouverneursposten in Florida gehandelt. Und ihre gesamte Lebensreise drehte sich darum, Widerstände zu überwinden und Gelegenheiten zu finden, in denen sie glänzen konnte, trotz der unglaublich herausfordernden Umstände, unter denen sie aufgewachsen war. Beginnend im Alter von elf Jahren wurde Lauren sexuell und emotional missbraucht und körperlich misshandelt, und das sechs Jahre lang von einer Nanny, die mit im Haus lebte und das Vertrauen der Familie genoss. Sie ließ Lauren schwören, es niemandem zu sagen. Der Preis, den Lauren zu zahlen hatte, war hoch – eine Essstörung, die dazu führte, dass sie bis auf 38 Kilogramm abmagerte, Schlaflosigkeit und eine posttraumatische Belastungsstörung. Die Nanny wurde zu 25 Jahren Gefängnis verurteilt, nachdem der Missbrauch ans Licht gekommen war. Das Trauma hätte jedem den Weg in eine produktive Zukunft verbauen können.

Aber Lauren gab nicht auf. Sie nutzte sogar ihre Erlebnisse als Motivation für eine Karriere, aus der – für sie völlig ungeplant – Chancen erwuchsen, anderen zu helfen. Lauren ging aufs College und machte einen Abschluss in Grundschulpädagogik, um Lehrerin zu werden. Danach erlangte sie ihren Masterabschluss in Gemeindepsychologie. Aber das genügte noch nicht. Sie wollte ihre Geschichte erzählen und sie nutzen, um Menschen auf der ganzen Welt zu inspirieren – und diejenigen zu stärken, die Ähnliches durchmachen müssen.

Lauren rief eine Nonprofitorganisation ins Leben, Lauren's Kids, um Kinder und Familien über sexuellen Missbrauch aufzuklären. Seit mehr als einem Jahrzehnt führt sie jährlich einen 1.500 Meilen langen Marsch quer durch den Bundesstaat Florida an, der unter dem Namen »Walk in My Shoes« mehr als 42 Tage dauert, um die 42 Millionen Überlebenden von sexuellem Missbrauch zu ehren, die es alleine in den Vereinigten Staaten gibt. Lauren hat ihre Memoiren geschrieben, *It's OK to Tell*, und ein Kinderbuch, *Lauren's Kingdom*, um die Lektionen weiterzugeben, die ihre Erlebnisse sie gelehrt haben und Kindern die Erlaubnis zu geben, die Geheimnisse zu verraten, die ihr Leben ruinierten. Aber sie wollte noch mehr tun. 2016 war sie Kandidatin für den Senat des Staates Florida, um Gesetzgebungen auf den Weg zu bringen, die Kinder vor Missbrauch und allem anderen schützen sollten, das ihre Entfaltung einschränkt. 2018, in den Nachwehen eines tödlichen Amoklaufs mit Schusswaffen an der Marjory Stoneman Douglas High School in Parkland, Florida, unterstützte Book die verpflichtende Einführung eines mobilen Panikalarmsystems an Schulen. Sie wurde zu einer unschätzbaren Hilfe für die betroffenen Schüler, nahm an Beerdigungen teil, traf sich mit Eltern und half den Überlebenden, sich für Veränderungen einzusetzen.

Als Anfang 2021 der Kinderarzt für Laurens vierjährige Zwillinge aufgrund einer Anklage wegen Kinderpornografie verhaftet wurde, traf sie das ins Mark und sie konnte nicht glauben, dass die Gesetze in Florida es diesem Mann gestatteten, weiter Medizin zu praktizieren, während die Gerichtsverhandlung noch anhängig war. Sie setzte sich für ein Gesetz ein, das dafür sorgen sollte, dass Medizinern die Lizenz sofort entzogen wurde, wenn es eine Anklage wegen eines schweren Verbrechens gab, das sexuelle

Handlungen oder Gewalt beinhaltete. In diesem und so vielen anderen Bereichen wurde Lauren eine Heldin. Nicht, weil sie es sich vorgenommen hatte, sondern weil sie zuhörte, als die Stimme in ihrem Inneren ihr sagte, sie könne ihr Trauma nutzen, um anderen zu helfen, statt untätig zuzusehen. Heute bestimmt sie als Führerin der Opposition im Senat über die Agenda Floridas und ich staune, welche grenzenlose Zukunft sie für sich erschaffen hat.

Ich wollte Laurens Geschichte zum Teil deswegen für dieses Buch verwenden, weil ich sichergehen wollte, dass die Lektionen sich nicht nur darum drehten, Geld zu verdienen. Darum geht es nicht beim Verbrennen der Schiffe. Wir setzen alles ein, was wir haben und treiben uns selbst an, damit wir etwas bewirken und unsere Ziele erreichen können – egal wie diese aussehen mögen.

»Ich fühle mich geehrt, diese Arbeit jeden einzelnen Tag tun zu dürfen«, erzählte mir Lauren, »und ich habe so viel Glück und bin stolz, meine Stimme und meine Erfahrungen zu nutzen – von denen ich weiß, dass viele sich ihnen nicht stellen wollen, weil es schwer und schmerzhaft ist. Aber mir wurde klar, dass ich nicht nur ein Opfer sein wollte, sondern dass ich meine Geschichte nutzen könnte, um einen Wandel in der Kultur herbeizuführen und die Art und Weise, wie wir Kinder und Überlebende schützen, zu verändern.«

Ihre Lebensreise sorgte dafür, dass sie zu einer Fürsprecherin werden konnte, wie niemand sonst es vermocht hätte. Das Universum hat sie dafür ausgewählt, auch wenn sie selbst diese Wahl nie getroffen hätte.

◉ ◉ ◉

Wenn ich mit Lauren über unsere schwierigen Erfahrungen in der Kindheit spreche – die auf verschiedene Arten schwierig waren –, dann drehen wir uns letztlich um dieselben Ideen, nämlich dass man sich dem Unangenehmen und der Angst stellen muss, statt davor zu fliehen, und wie man dadurch ein Potenzial in sich entfaltet, auf das man anderweitig keinen Zugriff hätte. »Es ist eine Reise«, sagte Lauren, »und man muss verstehen, was immer passiert ist, liegt in der Vergangenheit und daher geht es darum, einen

Weg in die Zukunft zu finden. Das ist ein Prozess, der sich konstant weiterentwickelt, nicht ein Ziel, und man muss geduldig und nachsichtig mit sich selbst sein. Das Leben ist flexibel, das Leben ist unordentlich, das Leben besteht aus Grauschattierungen, aber es wird immer Chancen geben, etwas zu bewirken und der Welt zu helfen.«

Letztendlich sollten Sie die Bedrohung jagen

Wieso war Taylor Lindsay-Noel in der Lage, ihr Leben nach einer Krise neu zu erfinden? Wieso schaffte Michael Milken den Schwenk, um ein Philanthrop des Gesundheitswesens zu werden, der wirklich etwas bewirkte? Wieso konnte Christina Tosi ihre Marke so gewaltig ausbauen, während eine Pandemie die Welt im Griff hatte? Krisen zwingen uns zu handeln. Sie lassen uns keine Wahl, als all unsere Stärke und unseren Willen aufzubringen, denn wir wissen, dass die Alternative darin besteht, etwas zu verlieren.

Oft ist es viel, viel schwerer, diese großen Schritte zu tun, wenn alles läuft wie geschmiert und es keinen unmittelbaren Anstoß gibt, etwas zu ändern. Wenn nichts uns dazu drängt, um unser Überleben zu kämpfen, machen wir einen fundamentalen Fehler. Wir glauben, es ist okay, nichts zu tun. Aber wir können es auch aus anderer Warte betrachten. In einer Krise sind unsere Optionen oft eingeschränkt. Wir müssen überleben und die Liste der Dinge, die zum Überleben führen, kann kurz und begrenzt wirken. Außerhalb von Krisen fühlen sich unsere Auswahlmöglichkeiten unendlich an. Christina Tosi hätte auch zu irgendeinem anderen Zeitpunkt in den letzten zehn Jahren ihr Produkt auf den Supermarktregalen anbieten können. Sie hätte auch nicht nur Kekse backen müssen und eine eigene Bekleidungssparte lancieren können oder ein Lagerhaus in eine Keksfabrik umwandeln, um Produkte für andere Marken herzustellen, die sie als ihre eigenen verkaufen können. Oder sie hätte eine interaktive Broadway-Keksback-Show veranstalten können, um Tausende über die Feiertage zu unterhalten. Ihr Geschäft war stabil genug, dass keine dieser Optionen, so unerwartet sie sich anhören mögen, das zerstört hätten, was sie bereits aufgebaut hatte.

Wir können alle stets kühne Dinge wagen. Aber normalerweise tun wir es nicht, weil die Welt an Optionen uns zu groß erscheint. Was sollten wir auswählen? Das ist nicht klar und den Status quo beizubehalten scheint einfacher – also wählen wir gar nichts aus.

Es ist einfach, sich einzureden, dass mehr Auswahl – mehr Optionen – immer eine gute Sache ist, aber die Forschung zeigt uns, dass Alternativen uns paralysieren können und uns weit weniger effektiv machen. Psychologieprofessor Barry Schwartz hat über das Paradox der Auswahl geschrieben: Kunden in einem teuren Lebensmittelladen erhielten einen Coupon über einen Dollar, der vom Preis eines Marmeladenglases abgezogen wurde. Einige Kunden sahen einen Tisch mit 24 Varianten an Marmelade. Eine andere Gruppe bekam nur sechs vorgesetzt. »Der größere Aufsteller zog mehr Kunden an als der kleine«, schreibt Schwartz. »Aber wenn es darum geht, einen Kauf zu tätigen, war die Wahrscheinlichkeit bei denjenigen, die die große Auswahl sahen, nur ein Zehntel so groß, etwas zu kaufen als bei denjenigen, die eine kleinere Auswahl hatten.«[47] Mit anderen Worten, zu viele Optionen zu haben, lähmt die Einkäufer.

Optionen besitzen auch eine dunkle Seite. Professor Francesca Gino von der Harvard Business School hat eine kontraintuitive Studie über Menschen durchgeführt, die in einem Callcenter in Indien arbeiten. Die Angestellten wurden in zwei Gruppen eingeteilt, eine davon hatte andere Optionen, wo sie arbeiten konnte und die andere Gruppe erhielt keine Auswahl (»keine andere Möglichkeit, Geld zu verdienen«). Man könnte denken, diejenigen mit potenziellen Alternativen hätten mehr Selbstvertrauen und würden besser abschneiden als der Rest. Aber das war nicht das Ergebnis. Während das Ausgangsniveau der Leistung in beiden Gruppen gleich war, erzielten diejenigen, die keinen Plan B hatten, am Ende ein höheres Niveau. Laut den Forschern »widerspricht [das] der althergebrachten Weisheit, dass potenzielle Angestellte mit mehr beruflichen Optionen das größte Potenzial haben, im Job eine gute Leistung abzuliefern.«

»Und mit den Optionen kommt auch das Bedauern«, fügt Professor Gino hinzu. »Wenn man fünf Möglichkeiten hat und nur eine auswählen kann, verbringt man eine Menge Zeit damit, sich zu fragen: ›War das die richtige Entscheidung?‹ Aber wenn man keine anderen Optionen hat, ist man mit höherer Wahrscheinlichkeit dankbar für das, was man hat.«

◉ ◉ ◉

Also was können wir aus den Geschichten in diesem Kapitel lernen? Es werden unangenehme Dinge passieren – in unserem Unternehmen, in unserem Leben und auf der Welt. Man kann sich zu leicht aus der Bahn werfen lassen, die eigenen Ziele aus den Augen verlieren und aufhören, die Schiffe hinter sich zu verbrennen. Aber Krisen können auch Chancen bieten, zu glänzen, aufzublühen und gewaltige Schritte nach vorne zu machen.

Wenn wir auf diese Herausforderungen zugehen, statt vor ihnen wegzulaufen, können wir letztlich nicht nur auf Kurs bleiben, sondern auch neue und vielleicht noch bessere Wege finden, die sich beschreiten lassen.

Sie sollten sich stets Folgendes fragen, in guten wie in schlechten Zeiten:

- Was kann schlimmstenfalls passieren?
- Was wäre, wenn ich heute bei null anfangen würde?
- Wie kann ich aus dieser anderweitig schlimmen Situation einen Nutzen ziehen?

Christina Tosi wünscht sich sicher, dass die Pandemie nie stattgefunden hätte. Aber ist sie jetzt glücklicher mit ihrem Unternehmen, als sie es im Februar 2020 war? Das steht außer Frage.

Und bin ich glücklich, dass ich endlich die Zeit gefunden habe, dieses Buch zu schreiben?

Absolut – und ich hoffe, Sie sind genauso froh, es zu lesen.

Es hätte keine weltweite Pandemie brauchen sollen, um das zu verwirklichen, aber es war eben doch so. Beim nächsten Mal wird es nicht so sein, denn wir lernen dazu, wir werden besser und wir realisieren, dass Dinge, die einst unmöglich schienen, tatsächlich erreicht werden können. Wir durchbrechen die Muster, die unserem Sieg im Weg stehen und entfalten unser wahres Potenzial.

KAPITEL 6

DURCHBRECHEN SIE DIE MUSTER, DIE IHNEN IM WEG STEHEN

Zum Teil geht die beste Vorbereitung auf meine Karriere bis auf meine frühen Tage als Reporter zurück. Der Grund dafür? Mustererkennung. Ein Reporter sitzt am Strom der Informationen und sieht die Muster des Lebens, die sich wieder und wieder abspielen. Wenn man Menschen lange genug beobachtet, entwickelt man die Fähigkeit, Trends zu erkennen und die Zukunft vorherzusagen.

Es sind diese Muster, die unserem Erfolg auf die Sprünge helfen, und diese gleichen Muster stehen uns auch im Weg. Ich habe in meinem Leben einige große Schritte unternommen und einige bahnbrechende Geschäfte abgeschlossen. Das schlimmste Bedauern als Käufer macht sich breit, wenn einem erst in der Rückschau auffällt, nachdem alles schiefgelaufen ist, dass man ein Problem hätte erkennen können – sei es in einem Unternehmen, bei einem Partner oder bei sich selbst –, wenn man doch nur die Fakten etwas genauer betrachtet hätte. Noch schlimmer ist es, wenn man das Problem erkannte, aber es sich selbst ausgeredet hat, aufgrund kognitiver Voreingenommenheit oder Arroganz, die einem einredete, man könnte sich daran vorbeimogeln.

Wir müssen nicht nur darin geschickt werden, die Verhaltensmuster zu erkennen, die einen starken Einfluss auf das Ergebnis unserer Bemühungen haben, sondern auch danach handeln. Manchmal sind es äußere Umstände, die wir erkennen sollten und gegen die wir vorgehen müssen. In anderen Fällen handelt es sich um innere Denkweisen, die uns eine Falle stellen, sodass wir schlechte Entscheidungen treffen oder um Methoden, mit denen wir unseren Erfolg absichtlich selbst sabotieren. Dieses Kapitel wird sich darauf konzentrieren, Ihnen beizubringen, wie man diese Muster erkennt und dann zu lernen, wie man sie überwindet.

Umschiffen Sie externe Hindernisse …

Falsche Partner

Wie bereits erwähnt, ist der richtige Partner – sowohl persönlich als auch beruflich – sehr wichtig. Ich sehe häufig ein bestimmtes Muster: Gründer gehen davon aus, dass sie, weil sie neu in einer Branche sind, jemanden mit Fachwissen brauchen. Also rekrutieren sie einen Mitbegründer, der derselben Branche entstammt, die sie umkrempeln wollen … aber der Mitbegründer ist zu sehr im Status quo verfangen, als dass er dem Unternehmen erlauben würde, weit genug aus dem Rahmen zu fallen. Die Partnerschaft kommt nicht vom Fleck, ein Partner drängt angestrengt in eine Richtung und der andere versucht verzweifelt, ihn zurückzuhalten. Das passiert auch bei etablierten Unternehmen. Jemand will innovativ sein, aber ab einem gewissen Punkt fühlt sich diese Innovation zu fremdartig und zu beängstigend an und es ist einfacher, wenn der Innovator aufgibt, als weiterzukämpfen.

Deshalb ist es so wichtig, die Kontrolle zu behalten, wenn man etwas wirklich Neues machen will. Bei allem was wir tun, müssen wir sehr sorgfältig darauf achten, ob wir einen Partner brauchen oder nur einen Mitarbeiter mit bestimmten Fähigkeiten. Ich sehe oft, dass Gründer viel zu viel Kapital und Macht an jemanden abtreten, den sie als Angestellten hätten einstellen können, statt ihn als Mitbegründer an Bord zu holen. Ja, Sie haben vielleicht ein

Problem und Sie brauchen Hilfe. Aber müssen Sie wirklich in eine Partnerschaft eintreten, aus der Sie dann nicht mehr herauskommen, selbst nachdem das Problem gelöst ist, bei dem Sie die Hilfe dieser Person brauchten?

Michelle Cordeiro Grant von Lively hatte einen brillanten Ansatz – und das Selbstvertrauen, um sich daran zu halten –, über den ich immer nachdenke, wenn ich jemanden sehe, der den Weg der Partnerschaft einschlägt, obwohl er das nicht unbedingt braucht.

»Das Erste, was ich machte, war eine Liste mit all den Dingen zu schreiben, vor denen ich Angst hatte«, sagte sie mir. »Über welche Bereiche im Business wusste ich nichts? Auftragsabwicklung, Kundenservice, digitales Marketing, all diese blinden Flecken musste ich beheben. Und dann warf ich einen genauen Blick auf mein Netzwerk und stellte meinen ›runden Tisch‹ zusammen, die Leute, an die ich mich wenden konnte, wenn ich Probleme oder Fragen hatte. Es gab so viele kleine Details, die man beachten muss, wenn man ein Start-up gründet. Aber ich konnte jemanden dazuholen, der mich als CMO oder CFO beriet. Ich konnte jemanden dazuholen, um ein bestimmtes Problem zu lösen und dennoch die Kontrolle über mein Unternehmen behalten. Es muss nichts Permanentes sein. Man kann Dinge ausprobieren und sehen, was man in diesem Moment braucht.«

Ich liebe diese Einstellung. Tatsächlich hat eine Studie aus dem Jahr 2018 von zwei Wissenschaftlern an der University of Pennsylvania, die Tausende von Kickstarter-Projekten analysierten, ergeben, dass Sologründer eine mehr als doppelt so hohe Wahrscheinlichkeit hatten, dass ihr Unternehmen überlebt, als Teams von zwei oder mehr.[48] Und doch will ich nicht darauf hinaus, dass man alles allein machen sollte. Die Daten weisen darauf hin, dass Unternehmen mit zwei oder mehr Gründern mit größerer Wahrscheinlichkeit auf einen Wert von einer Milliarde Dollar anwachsen als solche mit nur einem Gründer. 80 Prozent dieser Milliarden-Dollar-Einhörner hatten ein Gründerteam an der Spitze.[49] Also kann ein Partner eine sehr gute Sache sein – aber nur dann, wenn er aus der Notwendigkeit heraus geboren wurde und nicht aus Unsicherheit.

Wenn man potenzielle Partner bewertet, muss man auch sich selbst bewerten: Wird man tatsächlich den Beitrag anderer zu schätzen wissen oder führt es zu ständigen Reibungen? Wenn ich zum Beispiel in ein Unternehmen investieren will, das auf einer Partnerschaft aufbaut, suche ich nach bestimmten Warnzeichen:

- **Zeichen von Spannungen.** Niemand ist so leichtsinnig, einem Investor zu zeigen, dass eine Partnerschaft langsam den Bach runtergeht, aber wenn ich subtile Reibungspunkte erkenne, die sich in den Interaktionen der Partner mit mir als einem potenziellen Investor zeigen, wenn sie sich eigentlich von ihrer besten Seite präsentieren sollten, dann ist das, was hinter geschlossenen Türen vorgeht, sicher noch zehnmal schlimmer. Aus diesem Grund bin ich dann leider raus.

- **Unterschiedliche Theorien des Wandels.** Häufig gibt es einen Partner, der die Idee angestoßen hat und dann gibt es den Branchenkenner mit Erfahrung im entsprechenden Bereich. Aber dieser Branchenkenner muss dieselbe Theorie des Branchenwandels übernehmen, sonst wird es nie funktionieren. Wenn Ihr Experte dem traditionellen Denken einer Branche verhaftet ist, und entweder Angst hat, etwas anders zu machen oder nicht wirklich davon überzeugt ist, dass man überhaupt etwas anders machen sollte, dann sollte diese Person kein Mitbegründer sein.

- **Mangel an differenzierten Rollen.** Wer macht was und warum? Ja, komplementäre Fähigkeiten sollten der gemeinsamen Vision untergeordnet sein, aber wenn es eine Überschneidung beim Fachwissen gibt oder nicht klar ist, welcher Partner für einen bestimmten Bereich zuständig ist, dann ist die Partnerschaft im Kern fehlerbehaftet. Jede Person muss einen Grund haben, für ihren eigenen Teil des Business zuständig zu sein.

- **Nicht kompatible Temperamente.** Unternehmen können wie Familien sein, aber Partner dürfen nicht die dysfunktionalen Eltern – wo ein Partner bei allem nachgibt und der andere auf Disziplin beharrt – ihrer Angestellten sein. Wenn die Angestellten wissen, dass ein Gründer leichter zu überzeugen ist als der andere oder sie die Partner gegeneinander ausspielen können, wird das gesamte Unternehmen destabilisiert und kann ausgebeutet werden. Partner müssen mit einer Stimme sprechen und dasselbe wollen und nicht eine Situation begünstigen, in der die Angestellten (und damit auch die Kunden und Investoren) wissen, welcher Partner ihren Forderungen nachgeben wird und welchen sie lieber meiden sollten.

- **Ungleiche Leistung.** Manchmal arbeitet einer der Partner sehr hart und der andere ... eher weniger. Und das ist ein riesiges Problem bei jedem Team. Fragen Sie einfach den ehemaligen Navy SEAL Curt Cronin. Bevor er Berater von Unternehmen und Organisationen auf der ganzen Welt wurde, verbrachte Curt 20 Jahre bei den SEALs und war Offizier in der Naval Special Warfare Development Group. Er ist mein Guru, wenn es um Höchstleistungen geht – körperlich, mental und emotional – und ich holte ihn an Bord, um die Miami Dolphins zu trainieren, damit sie einen »Flow«-Zustand erreichten und diesen während eines Spiels so lang wie möglich beibehalten konnten. Curt spricht davon, dass jeder im Team sich voll und ganz einbringen muss, sonst fällt das ganze Vorhaben auseinander. »Der einzige Grund, warum wir – SEALs oder andere – Übermenschliches leisten können, ist das Wissen, dass jeder sich voll einbringt. In dem Moment, in dem jemand auf Nummer sicher spielt, kann niemand vollen Einsatz zeigen und sämtlicher Schwung geht verloren.« Alle müssen voll bei der Sache sein, sonst entsteht Unmut und die Sache geht schief. Ich erlebe dieses Szenario manchmal, wenn die Motive der Partner unterschiedlich sind. Der eine hat das Geld seiner Familie auf der Bank liegen, der andere ist finanziell viel hungriger und sieht dies als seinen großen Coup an. Das funktioniert nie. Wenn nicht alle ihr Bestes geben, sind alle Bemühungen vergeblich.

Schlechte Investoren

Partner sind nicht die einzigen Beteiligten, um die Sie sich kümmern müssen. Investoren sind ebenfalls wichtig, wenigstens bei den Anstrengungen, Finanzierungen von außerhalb zu erhalten, und ich sehe ein immer wiederkehrendes Muster, dass zögerliche oder anspruchsvolle Investoren zum Stolperstein werden. Wenn man sich Investoren sucht, sollte das oberste Prinzip dabei immer sein: *Keinen Schaden anrichten.*

Sie haben vielleicht von dem gescheiterten Start-up Juicero gehört – ein Entsafter mit WLAN-Verbindung, der den Kunden über ein Abo frisch abgepackte Beutel mit gehacktem Obst und Gemüse lieferte, das bereit war, entsaftet zu werden. Der Untergang war ein Video eines *Bloomberg*-Reporters, in dem gezeigt wurde, dass die Kunden auch einfach die Beutel mit den Händen ausquetschten konnten, was die 699 Dollar teure Maschine irgendwie unnötig erscheinen ließ. CNET nannte es »das beste Beispiel für die Idiotie in Silicon Valley«.[50]

Man könnte über den Nutzen der Maschine debattieren – im Grunde unterscheiden sie sich nicht wesentlich von den Kaffeepadsystemen, die in den letzten zwanzig Jahren immer beliebter geworden sind. Man braucht nicht viel mehr als etwas heißes Wasser und gemahlenen Kaffee, um eine Tasse aufzubrühen – wieso sollte es bei Saft anders sein? Aber der Untergang des Unternehmens begann Monate vor dem viralen Video, als Investoren den Gründer und CEO von Juicero, Doug Evans, aus dem Unternehmen drängten und durch einen ehemaligen COO von Coca-Cola ersetzten.

Wenn man Doug trifft, wird nach zehn Minuten klar, wer er ist und was man bekommt, wenn man einen Scheck für eines seiner Projekte ausstellt. Seine Stärken, aber auch seine Grenzen werden beim ersten Handschlag deutlich. Er lässt sich in die Karten schauen und man sieht, was ihn antreibt und was er aufbauen will. Das ist jemand, der nach Juicero jetzt in einer Jurte lebt und dafür plädiert, dass Sprossen die Zukunft der Zivilisation sind. Er hastet von einem Meeting zum anderen und ist regelmäßig beim Burning-Man-Festival. Jeder, der in Doug investieren will, sollte wissen, was er damit kauft – vor allem Vision und Passion – und Doug fallen zu lassen, weil er eben nun mal Doug ist, bedeutet, dass man den Deal gar nicht erst hätte machen sollen.

Doug sah Juicero als den Beginn einer langfristigen Idee – nicht nur einen Entsafter, sondern eine Gemeinschaft, wobei das Gerät den Einstieg in einen mit dem Internet verbundenen Lebensstil darstellt, der die Gesundheits- und Wellnessziele der Menschen fördert. Doug glaubt, dass die Investoren es nur nicht verstanden haben. Sie wollten anscheinend Disziplin und Sicherheit. Das würde mit Doug niemals funktionieren. Sie passten schlicht und einfach nicht zusammen. »Die richtigen Investoren werden den Gründer bis zum Ende unterstützen«, sagt Doug, »und ich blicke auf Juicero zurück und glaube, dass wir einige entscheidende Fehler begangen haben und unserer Zeit voraus waren. Die Investoren beschlossen, dass sie genug hätten, aber ich hatte das Gefühl, dass das Geschäft noch lange nicht am Ende war.«

Stakeholder jeglicher Art sind ein potenzielles Hindernis zwischen Ihren Instinkten und Ihrer Freiheit bei der Umsetzung. Wenn Sie nicht ihre Unterstützung genießen, wird zu viel Energie verbraucht, weil man es anderen recht machen will und das wird Ihre Chancen auf den Erfolg zunichte machen. Geben Sie anderen keine Macht, außer Sie brauchen diese Leute unbedingt.

Nicht genug Geld

Mein Rat, den Einfluss der Investoren zu begrenzen, beißt sich mit einem realen Problem für die meisten Unternehmen: Sie brauchen Investoren, weil sie Geld brauchen und diese Tatsache lässt sich nicht ignorieren. Wenn das Geld ausgeht, ist das Unternehmen am Ende. Ich habe das vor fast 25 Jahren aus erster Hand gesehen. Der beste Job, den ich je hatte, war bei Kozmo, einem Start-up, das seiner Zeit weit voraus war und in der Prä-Smartphone-Ära das Versprechen abgab, Kunden in neun Städten der Vereinigten Staaten in weniger als einer Stunde Waren und Lebensmittel zu liefern. Sie brachten Hunderte Millionen Dollar auf und verloren jeden Penny. Aber 1998 und 1999 schienen sie unaufhaltsam zu sein. Als ich noch im Bürgermeisteramt arbeitete, bot mir Kozmo eine unwiderstehliche Gehaltserhöhung an, um bei ihnen als Direktor für Krisenkommunikation anzufangen. Ich landete irgendwann wieder im Büro des Bürgermeisters, aber als Kozmo anfragte, beschloss ich, diesen Sprung zu wagen.

Joe Park, der CEO, der das Unternehmen mit gerade einmal 28 Jahren gegründet hatte, schien die Zukunft unglaublich gut einschätzen zu können. Er wusste, dass es beim E-Commerce irgendwann nur noch um die letzte Meile gehen würde, aber in Wirklichkeit war die Welt noch nicht so weit. 1997 hatten die Leute ein schlechtes Gefühl dabei, ihre Kreditkartennummer online anzugeben – »60 bis 70 Prozent unserer Kunden hatten immer noch eine analoge Einwahlverbindung«, erzählte mir Joe neulich. Um die gewaltige Lager- und Lieferinfrastruktur einzurichten, die Kozmo brauchte, um zu wachsen, mussten sie so schnell wie möglich eine kritische Masse an Kunden in jedem Territorium erreichen. Sonst hätte jede neue unprofitable Bestellung eines Bechers Eiscreme ihren Niedergang in der Tat beschleunigt.

Um dies zu erreichen, versuchten sie, die Marke bekannt zu machen, investierten sehr viel in Werbung und dehnten ihre Liefergebiete viel schneller aus, als es die Zahlen rechtfertigen konnten, aber Marktdominanz war nicht das Gleiche wie Profitabilität. »Was wir hätten anders machen sollen«, meint Joe heute in der Rückschau, »ist, zu erkennen, dass wir eine Menge mehr Spielraum gebraucht hätten, um zu warten, bis der Markt bereit war. Selbst Amazon hatte zu Beginn einen Moment, in dem sein Tod nahe schien, als es 1990 und 2000 1,8 Milliarden Dollar an Wandelanleihen aufnahm. Tesla stand ebenfalls vor ein paar Jahren noch auf wackeligen Füßen. Kozmo war eines der drei oder vier größten Start-ups der damaligen Zeit, aber wir hatten einfach nicht genug Geld, um zu überleben.«

Joe hat nicht Unrecht, wenn er behauptet, dass der Markt noch nicht bereit gewesen sei und das führt uns zum nächsten Muster, das ich immer wieder sehe.

Sie können nicht vorhersagen, wie lange es bis zum Erfolg dauert

Joe Park wusste so ziemlich vor allen anderen, wohin der E-Commerce steuerte, weshalb ihn Jeff Bezos ein paar Jahre nach dem Scheitern von Kozmo einstellte, um die Werbeabteilung und später die Gaming-Abteilung des Unternehmens zu leiten. Aber die Welt war noch nicht bereit. Das sehe ich so oft. Alle von uns rechnen viel zu früh mit Gewinnen. Wir lassen uns von den Gedanken in unserem eigenen Kopf verführen und stellen uns vor, dass andere sie auch denken, auch wenn sie es nicht tun. Ich denke oft, dass ich zu spät auf eine Idee komme, obwohl ich in Wahrheit sehr früh dran bin. Ich lese wie besessen alles, was ich finden kann und tauche tief in dieses Thema ein. Manchmal denke ich deswegen fälschlicherweise, dass alle anderen auf demselben Level sind, obwohl es nicht stimmt.

Ich hatte die Chance, frühzeitig in ein Unternehmen zu investieren, das sich äußerst erfolgreich entwickelte – ein Unternehmen für senkrecht startende und landende Flugzeuge (eVTOL) –, aber ich lehnte ab. Ein Grund, der mich zurückhielt, war, dass ich Dutzende von anderen Unternehmen in diesem Bereich sah. Ich glaubte, ich sei zu spät dran und der große Sprung habe bereits stattgefunden. Aber, um ehrlich zu sein, war ich nicht sicher. Und die Realität ist, dass Sie sich nicht wundern werden, wenn Sie den Wendepunkt überschritten haben – es wird unübersehbar sein. Wenn Sie nicht wissen, ob Sie zu früh oder zu spät dran sind, würde ich fast jedes Mal darauf wetten wollen, dass Sie zu früh dran sind und es noch eine Menge Gewinnpotenzial gibt. Fragen Sie mal die Leute, die in Facebook investierten, als es 2008 schon 15 Milliarden Dollar wert war. (Während ich diese Zeilen schreibe, ist es 15-mal so viel wert.)

Wenn Sie also versucht sind, eine Idee zu verwerfen, halten Sie inne und fragen Sie sich, ob Sie nur auf Ihre eigene Langeweile und Ungeduld reagieren oder ob es tatsächlich einen Grund gibt, auszusteigen. Gewöhnung führt zu Geringschätzung. Wir sind ausgebrannt und können unsere eigenen Storys nicht mehr ertragen, selbst wenn die Welt noch nicht das Geringste davon gehört hat.

Sie müssen die großen Wetten im Leben so gestalten, dass Sie sich dabei genug Zeit geben, recht zu behalten. Es ist schwer genug, recht zu haben; aber vorherzusagen, *wann* genau Sie recht behalten, ist unmöglich. Vielleicht haben Sie kurzfristig gesehen absolut unrecht, aber Sie sind Nostradamus, wenn es um das Langfristige geht. Ich sage den Leuten, dass ein Start-up mindestens drei Jahre braucht, um sich zu stabilisieren, und fünf, bis man die Ernte einbringen kann – und fast nie weniger, egal, um welches Produkt es geht.

◉ ◉ ◉

Dieselbe Art der Unsicherheit beim Timing machte sich bei meinem Investment in RESY bemerkbar, einem Restaurantreservierungsservice, den wir schlussendlich an American Express verkauften. Gemeinsam mit Ben Leventhal, dem Gründer der Lebensmittel-Website Eater und Gary Vaynerchuk, die beide das Vorhaben unterstützten, setzten wir bei der Idee an, dass Restaurants ihr wichtigstes Inventar nicht optimal vermarkten. Wieso sollte ein Tisch in einem Toprestaurant am Freitagabend um 21 Uhr dasselbe kosten wie an einem Dienstag um 17:30 Uhr? Wir dachten, dass es da eine Möglichkeit geben sollte, einen Mehrwert zu generieren. Aber der Markt sah es anders als wir und das hat sich auch bisher nicht geändert.

Stattdessen erkannte Ben, dass die Toprestaurants eigentlich eher eine Alternative zu OpenTable brauchten, dem Platzhirsch der Branche, der bezahlte Suchen nutzte, um die Nachfrage nach dem Restaurant abzufangen – und ihm dann diese Nachfrage zurückzuverkaufen, jedes Mal, wenn jemand eine Reservierung machte. Viele Restaurantbesitzer waren genervt, aber abhängig von der Schleife, die OpenTable durch die Position als dominanter Player eingebaut hatte.

Toprestaurants brauchten OpenTables Dienstleistung nicht – sie sorgten selbst dafür, dass Nachfrage herrschte – und sie wollten lieber etwas Robusteres als das, was OpenTable mit seiner veralteten Technologie bieten konnte. Basierend auf diesen Erkenntnissen – und der Einsicht, dass die Welt noch nicht für das ursprüngliche RESY-Modell bereit war – steuerte

Ben das Unternehmen in eine neue Richtung hin zu einem überlegenen Back-End-System für die Toprestaurants dieser Welt, um dabei OpenTables Monopol in diesem Bereich zunichte zu machen.

Aber tatsächlich verlief das nicht alles reibungslos. Als das Team sich auf den Weg machte, um Fundraising zu betreiben, ging das komplett daneben und ihnen wäre fast das Geld ausgegangen. Wir verlegten das Team in unsere Büroräume bei RSE, um eine stabile Ausgangsbasis zu haben, versuchten es auf neue Art immer wieder und verkauften letztlich für eine neunstellige Summe an American Express. Ich glaube immer noch, dass unser ursprüngliches Nutzenversprechen funktioniert hätte, aber die Welt war noch nicht so weit und ist es immer noch nicht.

◉ ◉ ◉

Als ich mich mit Joe Park unterhielt, erinnerte ich mich an einen weiteren Teil von Kozmos Geschichte. Nicht nur war der Markt noch nicht für uns bereit, sondern die Leute verglichen uns auch mit Unternehmen, die auf diesem Weg bereits einen Schritt weiter waren. Webvan war ein Lebensmittellieferant, der letztendlich als einer der größten Flops der Dotcom-Blase bezeichnet wurde und fast eine Milliarde Dollar verlor.[51] Das Modell von Kozmo unterschied sich davon (Webvan verbrauchte einen Großteil seiner Finanzen dafür, die eigenen Lagerhäuser zu eröffnen und Lieferwagen zu kaufen) und sein Weg bis zur Profitabilität war viel kürzer, aber als Webvan kollabierte, war niemand bereit, noch weiter in Kozmo zu investieren.

Ich sah das gleiche Muster bei Kin, dem Versicherungsunternehmen, das ich an die Börse bringen wollte. Ja, der allgemeine Rückgang des Aktienmarktes war sicherlich ein Problem, aber vor allem brach der Aktienkurs des engsten Konkurrenten des Unternehmens, Hippo, in weniger als einem Jahr um 90 Prozent ein. Auch wenn Hippo von LinkedIn-Gründer Reid Hoffman unterstützt wurde, hatte der Markt wenig Interesse an dem Börsengang. Es gab Unterschiede zwischen Hippo und Kin (ich glaubte, Kin habe ein weit überlegenes Geschäftsmodell und die Zahlen, um das zu belegen), aber die institutionellen Investoren konnten nicht über diesen Vergleich hinausblicken. Es war einfach zu früh in der Evolution des Markts für Versicherungstechnologie, um subtile Unterschiede zu sehen. Das alles lehrt uns letztlich eine Lektion: Wenn man früh dran ist, sollte man sicherstellen, dass man seinen eigenen Markt erschaffen kann und nicht mit anderen Playern als Benchmark verglichen wird. Sie müssen der erste sein, der seine Geschichte schreibt und mit den eigenen Verdiensten leben oder sterben – und man darf nicht ins Kreuzfeuer geraten, wenn eine weniger gute Version einer eigenen Idee scheitert.

Diese externen Hindernisse – Partner, Investoren, Geld und Timing – können natürlich fatal sein, aber die Muster, die nicht immer so offensichtlich sind, sind diejenigen, die ganz speziell auf Sie zutreffen und weniger auf den Rest der Welt.

... Aber vergessen Sie nicht, nach innen zu blicken

Sie können nicht alles allein machen

Dieses Muster sehe ich sehr häufig: Sie sind CEO und ein hoch leistungsfähiges Individuum. Sie verstehen Ihr Business außergewöhnlich gut und wenn es kein Limit für Ihre Kapazität oder die Anzahl der Stunden am Tag gäbe, würden Sie liebend gerne alles allein machen. Sie stellen Menschen ein, weil Sie es müssen, nicht weil Sie es wollen. Deswegen legen Sie an Ihre Angestellten einen unmöglich hohen Standard an, mikromanagen sie und nehmen ihnen zu schnell die Arbeit ab, wenn Sie sich Sorgen machen, dass sie einen Fehler machen könnten. Das führt dazu, dass Sie eine zu hohe Belastung durch den alltäglichen Betrieb im Unternehmen haben, statt das zu tun, was ein CEO tun sollte – dazulernen und wachsen, mit einer Vision führen und das Schiff steuern. Es ist der sichere Weg zum Scheitern und die größte Falle, in die ich kluge Führungskräfte immer wieder treten sehe.

Es gibt kein besseres Beispiel dafür als den Cheftrainer der meisten Footballteams. Cheftrainer steigen fast immer als Offensiv- oder Defensivkoordinatoren auf, die die Spielzüge vorgeben und darin wirklich exzellent werden. Dann werden sie befördert und sollen plötzlich die Fertigkeit hinter sich lassen, die sie erfolgreich gemacht hat? Viele können das nicht. Sie wollen immer noch die nächsten Spielzüge bestimmen, was bedeutet, dass sie nicht den nötigen Schritt zurücktreten, um das große Ganze zu betrachten. Und doch wird in der Kultur der NFL zu viel Wert auf den Mythos gelegt, dass man als Führungspersönlichkeit geboren wird und den Job als frischgebackener Cheftrainer nicht erst erlenen muss. Es wird erwartet, dass man entweder das gewisse Etwas hat oder eben nicht. Es ist keine Überraschung, dass die meisten neuen Trainer innerhalb von drei Jahren gefeuert werden.

Selbst die besten Spielstrategen müssen über sich hinauswachsen und die Rolle des Cheftrainers für das gesamte Team ausfüllen. »Sie müssen sich in den Job hineinentwickeln«, sagte Mike Tannenbaum.

»Sie brauchen das nötige Selbstvertrauen, um gute Leute einzustellen«, fügt Rex Ryan hinzu. »Als ich den Cheftrainerjob bekam, hatte ich keine Angst davor, die besten Leute einzustellen, die für mich arbeiteten. Ich habe einen Bewerber gegen mich aufgebracht, weil ich wusste, dass sie sich für mich entschieden haben, warum sollte ich mich also bedroht fühlen? Ich holte junge Leute dazu, Leute, die ich kannte und einige, die ich nicht kannte, die aber einen exzellenten Ruf genossen. Ich wollte die absolut Besten.«

Aber Rex ist die Ausnahme. Viele Cheftrainer weigern sich, jemanden einzustellen, der besser ist als sie, weil sie sich Sorgen machen, dass ihre Position dann in Gefahr ist. Tappen Sie nicht in die übliche Ego-Falle.

◉ ◉ ◉

In der Geschäftswelt ist es noch schwerer, denn es geht nicht nur darum, ein offensives oder defensives Spiel anzusagen. Es gibt unendlich viele Rollen, die ausgefüllt werden müssen und gute Leader müssen sich selbst überflüssig machen, indem sie praktisch alle beherrschen.

Stellen Sie sich selbst die Frage: Wird das Unternehmen noch laufen, wenn Sie eine Woche im Krankenhaus sind? Das muss es. Und wenn Sie Angst haben, dass andere Sie übertrumpfen könnten, dann stellen Sie Ihr

Ego hintan. Sie müssen Leute einstellen, die bei jeder Aufgabe besser sind als Sie und das müssen Sie feiern, statt sich darüber zu ärgern. Niemand will für Führungskräfte arbeiten, die über das Mikromanagement nicht hinauskommen. Alle wollen für Führungskräfte arbeiten, die sie wertschätzen und ihnen vertrauen. Der wichtigste Job eines Leaders besteht darin, die besten Talente einzustellen und ihnen dabei zu helfen zu glänzen.

Um zu skalieren, müssen Sie Ihre eigenen Stärken und Schwächen kennen. Wenn es um die Politik geht, meinte Lauren Book zu mir, sollte man strategische Allianzen eingehen. Finden Sie jemanden, mit dem Sie sich abstimmen können, der unterschiedliche Stärken mitbringt, und die Kombination funktioniert. Sie nutzen Ihre Beziehungen und Ihre Fähigkeiten, um ihnen dabei zu helfen, ihre Ziele zu erreichen, und sie nutzen die ihren, um Ihnen zu helfen. Aber das trifft überall zu, egal ob Politik oder Business. Sie müssen wissen, was Sie können und wissen, wo andere hinzugezogen werden sollten.

Nicholas Horbaczewski von der Drone Racing League bietet dafür das perfekte Beispiel. Er ist furchtlos, wenn es darum geht, anderen die Chance zu geben, sich hervorzutun. »Es ist definitiv einfacher, wenn ich alles selbst mache«, gibt er zu. »Das habe ich lange gemacht – zu lange. Aber irgendwann musste ich mir eingestehen, dass ich die falschen Kompromisse einging. Ich wusste, dass ich einen Geschäftsführer einstellen musste, aber Führungskräfte anzustellen ist für ein Unternehmen so ziemlich das Schwerste, was man tun muss. Eine schlechte Entscheidung beim Einstellen einer Führungsposition ist eine Katastrophe.«

Nicholas stellte im Zuge der C-Finanzierungsrunde Rachel Jacobson als Präsidentin der DRL ein. Es war eine schwere Entscheidung für ihn, von der Firmenleitung zurückzutreten. Aber es war notwendig. »Sie war genau, was wir brauchten, um die Firma auf dem richtigen Weg voranzubringen«, erklärt Nicholas. Rachel sprang ein und half dabei, das Unternehmen auf die nächste Stufe zu heben. Sie schloss neue Partnerschaften, half bei der Legalisierung von Drohnenrennen für Sportwetten, brachte das firmeneigene Videospiel auf die wichtigen Spielekonsolen und vieles mehr. Ohne sie hätte DLR vielleicht kein weiteres Jahr überstanden. Eine Person kann nicht alles allein machen.

Nicht zu klein denken

Eines der vielen Dinge, die ich an meinem Geschäftspartner bei RSE, Stephen Ross, bewundere, ist: Er versteht, dass man groß aufspielen sollte. Vergessen Sie Risikominimierung. Wenn Sie einen Gewinner haben, sollten Sie daran denken: Gewinner sind sehr selten. Das ist vielleicht der wichtigste Punkt der gesamten Strategie, die Schiffe hinter sich zu verbrennen. Setzen Sie alles auf den Gewinner, denn »je weniger man wettet«, wie Stephen immer sagt, »desto mehr verliert man, wenn man gewinnt.«

Es ist schwierig, alles auf eine Karte zu setzen, wenn man sich wie auf einer einsamen Insel fühlt. Wir alle haben Angst davor, unrecht zu haben. Mein rationales Gehirn kommt oft meinem emotionalen in die Quere. Mein rationales Gehirn versteht nicht, wieso alle anderen, wenn man ihnen genau die gleichen Fakten vorlegt, die ich sehe, nicht vor Freude über eine Chance auf und ab springen. Mein emotionales Gehirn realisiert, dass Liebe im Auge des Betrachters liegt und wir alle unserem Herzen folgen müssen.

Wenn Kopf und Herz im Widerstreit liegen, kann man leicht versucht sein, auf beide zu setzen. Wir gehen nur kleine Wetten ein, damit wir uns nicht so schlecht fühlen, wenn wir falsch liegen. Aber wenn es sich lohnt, überhaupt auf etwas zu wetten, würde ich behaupten, es lohnt sich, alles zu setzen. Ich weiß, es gibt Investoren, die eher »draufhalten und hoffen einen Treffer zu landen« und ein bisschen Geld hier und da investieren, in der Hoffnung, dass sich einiges davon lohnt, um die Verluste an anderer Stelle auszugleichen. Ich habe das auch versucht und mir wurde klar, dass es einen anderen Namen für diese Philosophie gibt: Glücksspiel. Investoren, die um kleine Einsätze spielen, sind nicht diejenigen, die hinter den großen Erfolgen stehen. Wenn Sie ein Leader sein wollen, müssen Sie tatsächlich das Risiko eingehen und führen.

Weil man nicht um kleine Einsätze spielen sollte, hören die loyalen Zuschauer von *Shark Tank* regelmäßig, dass die Sharks auf mehr Anteilen bestehen. Wir wissen, dass es erhebliche Energie kostet, sich zu engagieren, egal ob wir 2 Prozent oder 42 Prozent halten, und wenn wir nur 2 Prozent des Gewinns haben, können wir die Zeit nicht rechtfertigen. Es gibt bei allem

Opportunitätskosten und seine Zeit in ein Projekt zu stecken, bedeutet, man hat keine Zeit mehr für andere Projekte.

Man muss sich oft Hunderte von potenziellen Geschäftsmöglichkeiten oder mögliche Deals ansehen, um einen Gewinner zu finden – das stimmt auf jeden Fall. Sie würden nicht unbedingt die erste Person heiraten, mit der Sie je ein Date hatten, also sollten Sie auch keinen Scheck ausstellen, bevor Sie eruiert haben, ob es nicht eine bessere Verwendung für Ihr Geld gibt. Die besten Entscheidungen sind immer relative Entscheidungen. Sie sollten, egal in welchem Kontext, niemals eine Wahl in Isolation treffen, ohne sie mit einer tragfähigen Alternative zu kontrastieren. Aber falls Sie einen dieser Gewinner finden – diejenigen, die auch einem Vergleich und genauerer Untersuchung standhalten –, zögern Sie nicht und lassen Sie nicht nach. Klein zu spielen ist der beste Weg, um sicherzustellen, dass Sie niemals große Träume verwirklichen werden.

Glauben Sie dem Hype nicht

Es ist schwer, alles zu setzen, wenn niemand anders das sieht, was Sie sehen. Aber lassen Sie sich von dieser Angst nicht dazu verleiten, der Herde zu folgen und zu denken, dass andere es schon besser wissen werden. Investoren tappen in diese Falle, wenn sie sehen, dass ein Markt schon überfüllt ist und sie nicht widerstehen können, ebenfalls mitzumischen. Sie machen sich selbst eine Geschäftsidee schmackhaft, weil sie Angst haben, etwas zu verpassen.

Sehen Sie sich Theranos an, das Unternehmen für Gesundheitstechnologie, das 700 Millionen Dollar Finanzierung aufbrachte und einen Börsenwert von zehn Milliarden Dollar erreichte, bevor es sich als Schwindel herausstellte. Die Gründerin Elizabeth Holmes behauptete, eine Technologie entwickelt zu haben, die Bluttests revolutionieren würde, bei der man keine Nadeln oder einen Piks in den Finger mehr brauchte, um mehr als 240 Tests an einem einzigen Tropfen Blut durchzuführen (Cholesterin, Chlamydien, Kokain … und das ist nur eine kleine Auswahl).[52] Das wäre toll gewesen, wenn es funktioniert hätte, aber das tat es nicht. Das hielt Holmes aber nicht auf. Sie stellte eine beeindruckende Firmenleitung zusammen aus Koryphäen und 80-Jährigen, inklusive Henry Kissinger, Bill Frist, James Mattis und David Boies, und nutzte deren Bekanntheit, um Investoren anzulocken.

Ehrlich gesagt, als ich den Vorstand von Theranos sah, zu dem all diese berühmten Namen gehörten, wusste ich, dass im Staate Dänemark etwas faul war. Ich war mir nicht sicher, ob es Betrug war, aber es war klar, dass Holmes eine Finte ausführte – ein Spielzug im Football, der die Aufmerksamkeit von dem ablenken soll, was der Quarterback eigentlich mit dem Ball vorhat. Ich stellte mir die Frage: Würde eine dieser Personen es überhaupt auf meine Liste schaffen, wenn ich einen Vorstand zusammenstellen wollte, um Bluttests zu revolutionieren? Sie hatte zwar eine Person aus der Welt der Wissenschaft, Dr. William Foege, ehemaliger Direktor des CDC (der tatsächlich nie in seiner Unterstützung des Unternehmens nachließ, selbst als der Betrug aufgedeckt wurde!), aber der Rest des Vorstands war nicht in dieser Branche tätig. Als Elizabeth Holmes im Herbst 2021 vor Gericht stand, schrieb die Website TechCrunch: »Abgesehen von Foege hatte niemand die geringste Ahnung über diagnostische Testmethoden, die Technologie dahinter, die Herausforderungen, die Logistik, die wirtschaftlichen Aspekte oder auch nur die biologischen … [Vorstandsmitglieder wie James Mattis] nahmen Holmes und das Senior Leadership Team beim Wort, dass die Technologie funktionieren würde.«[53]

Elizabeth Holmes hatte eine beeindruckende Story zu erzählen und eine Menge guter Presse bekommen. Allen Berichten zufolge versuchte das Unternehmen, seine Science-Fiction-Träume zu verwirklichen … aber sie konnten es nicht und logen und niemand fand es heraus, bis viel zu viel Geld verloren war. Im Jahr 2022 wurde Holmes in vier Anklagepunkten des Betrugs an Anlegern für schuldig befunden. In ihrem Prozess wurde deutlich, wie weitreichend sie Beweise, Berichte und Finanzergebnisse gefälscht hatte.

Die Geschichte von Theranos ist eine hervorragende Lektion dafür, sich nicht aus den falschen Gründen hinters Licht führen zu lassen. Wenn jemand bei Ihnen eine emotionale Reaktion hervorruft und versucht, die Ängste zu beschwichtigen, von denen Sie nicht einmal wussten, dass sie vorhanden sind, müssen Sie sich die Frage stellen, bevor Sie eingelullt werden und nachgeben: *Werde ich manipuliert?*

Das ist eine bewährte Falle für unser fehlbares menschliches Gehirn. Wir können einen Blick auf das werfen, was man die *Verfügbarkeitskaskade* (availability cascade) nennt, der Teufelskreis, der Fake News vorantreibt, bei dem eine Geschichte umso glaubwürdiger wird, je weiter sie verbreitet wird, wobei die Bekanntheit die Genauigkeit ersetzt und die Wahrscheinlichkeit steigt, dass die Menschen etwas glauben, nur weil sie es immer wieder hören. Die Professoren Timur Kuran und Cass Sunstein haben über dieses Phänomen geschrieben und dabei festgehalten, dass selbst falsche Informationen Fuß fassen, nur weil Leute sich denken, wenn sie davon hören, muss es auch stimmen.[54]

Unseriöse Unternehmer können das zu ihrem Vorteil nutzen, indem sie ihr Unternehmen in der Presse hypen, einige große Namen als Unterstützer gewinnen und es so aussehen lassen, als würden all die »coolen Leute« hinter ihnen stehen. Man will dabei nichts verpassen und nimmt an, dass die anderen schon wissen werden, was sie tun, also steigt man mit ein. Die Forschung spricht dabei von »Verfügbarkeitsunternehmern«, die diese Dynamik verstehen und damit ihre Agenda vorantreiben. Es lässt sich sicherlich Geld verdienen, wenn man auf die Theorie des größeren Narren setzt, d. h. auf die Vorstellung, dass jeden Tag ein neuer Trottel geboren wird, der die Bewertung eines Unternehmens in die Höhe treibt und Ihnen eine stattliche Rendite beschert. Aber ich verspreche Ihnen, dass Karma real ist, und selbst wenn eine solche Investmentstrategie eine Weile funktionieren mag, wird es einen letztlich vergiften, wenn man dafür sorgt, dass andere unethische Entscheidungen treffen. Ich bevorzuge Unternehmer, die tatsächlich einen Mehrwert liefern und mich nicht nur davon überzeugen wollen, dass sie ein guter Deal sind.

Manchmal müssen wir loslassen

Wir lieben alle unsere Unternehmen und wollen keinen Fehlschlag einräumen – uns selbst oder der Welt gegenüber. Es gibt die Versuchung, zu lange einem Ziel hinterherzujagen, selbst wenn alle Hinweise in die andere Richtung deuten. Der Unternehmer Danny Grossfield trat in *Shark Tank* auf und wollte trinkfertigen heißen Kaffee in Dosen verkaufen, in Verbindung mit einer Warmhaltebox. Anscheinend war das der neueste Hit in Japan, aber hatte sich in den Vereinigten Staaten einfach nicht durchgesetzt. Er hatte versucht, das Produkt in Bodegas, Kinos und überall da zu verkaufen, wo es seiner Meinung nach sinnvoll erschien – aber in sechs Jahren hatte er keinen Verkauf getätigt, und lediglich nur verschiedene Anfragen erhalten. Danny hatte mehr als zwei Millionen Dollar von Freunden und Familie investiert, darunter mehr als eine halbe Million Dollar von seinem eigenen Geld.

In der Show lief es gar nicht gut für ihn. Robert Herjavec wies darauf hin, dass es bereits sehr viele Coffeeshops in den Vereinigten Staaten gab und das Produkt vielleicht nicht dieselbe Marktlücke besetzte wie in Japan. Mark Cuban meinte, ihm gefiele das Konzept, aber er hasse das Business. »Dieser Felsen wird Ihnen auf den Kopf fallen und Sie zerquetschen«, meinte er.

Der eindeutige Mangel an Interesse des Marktes war für jeden der Dealkiller. Lori Greiner meinte, dass Danny »die Verluste stoppen« sollte und Kevin O'Leary war der Meinung, wenn ein Unternehmen spätestens drei Jahre nach Gründung noch keinen Profit einfuhr, dass es an der Zeit war, »es in die Scheune zu bringen und zu erschießen«. Ich glaube, Kevins Faustregel ist vielleicht etwas zu einfach – Facebook brauchte fünf Jahre, um profitabel zu werden und Amazon neun –, aber wenigstens hatten sie User, Umsatz und hatten sich durchgesetzt, was alles darauf hinwies, dass es den Leuten wichtig war. Danny hatte nichts vorzuweisen.

Wir halten zu lange an Ideen fest, zum Teil wegen des Fehlschlusses der versunkenen Kosten, der Vorstellung, dass ein weiteres Investment gerechtfertigt ist, weil wir bereits zu viel in ein gescheitertes Projekt investiert haben. Das ist auch unter dem Spruch bekannt, dem guten Geld noch schlechtes hinterherzuwerfen. Tun Sie das nicht. Sie brauchen Anzeichen, dass Ihre Idee Fahrt aufnimmt. Sie müssen sehen, was der Markt dazu meint. Ich glaube, es gibt einen Kipppunkt bei Finanzierungsrunden, der diesen Aspekt unterstreicht. Wenn Sie bis zu einer Serie E gekommen sind und das Unternehmen immer noch Geld braucht, kommen Sie langsam an den Punkt, an dem es keine Umkehr mehr gibt. Wenn die Buchstaben der Serien zu weit reichen, ist das ein sichtbares Signal dafür, dass irgendetwas ziemlich schiefgelaufen ist. Wenn Sie bei F, G und darüber hinaus ankommen, sollten Sie entweder profitabel geworden sein oder aussteigen, von seltenen Ausnahmen abgesehen. Ehrlich gesagt, die Realität dieser Finanzierungsrunden ist derart beschaffen, dass die Anteile, die der CEO und das Managementteam halten, mit jeder weiteren Runde verringert und die Bedingungen vermutlich mit jedem weiteren Investment immer ungünstiger werden. Wenn Sie diesen Weg zu weit beschritten haben, dann verbrennen Sie keine Schiffe – Sie treten die Türen ein und suchen nach einem Ausweg.

Irgendwann müssen Sie sich einige schwere Fragen stellen:

- Ist das eine Lösung, die noch auf der Suche nach einem Problem ist?
- Was könnten Sie sonst noch mit Ihrer Zeit und Ihrem Geld anfangen? (Opportunitätskosten!)
- Bringt künftiger Einsatz wirklich den Nutzen aus den Anstrengungen und dem Geld, das Sie bereits hineingesteckt haben oder reden Sie sich nur ein, dass Sie Fortschritte machen, um weiter auf Kurs zu bleiben?
- Wenn Sie neu anfangen würden – wie ich in Kapitel 5 gefragt habe –, wäre dies das Unternehmen, das Sie heute gründen würden?

Die Menschen befürchten, dass sie nie wieder eine großartige Idee haben werden, wenn sie ihren Traum aufgeben. Aber Gewinner haben nicht nur eine gute Idee im Leben. Ideen sind vergleichbar mit Häusern in der Immobilienbranche; es gibt immer ein neues, das morgen auf den Markt kommt.

Manchmal muss man gar nicht den dramatischen Schritt gehen, eine Idee komplett aufzugeben, und es geht mehr darum, den richtigen Schwenk zu vollziehen, so wie Emmett Shine und sein Team entschieden, dass Pattern bestehende Marken aufkaufen würde, um schneller voranzukommen, statt die eigenen von Grund auf zu entwickeln. Gewinner versuchen stets etwas Neues. Das Universum ist uns wohlgesonnen und gibt einem immer eine weitere Chance, um den Kurs zu korrigieren, bevor es zu spät ist. Was die erfolgreichsten Menschen von den anderen unterscheidet, ist nicht nur die Fähigkeit, diese Kurskorrekturen vorzunehmen, sondern auch, dass sie es tun, bevor sie dazu gezwungen werden. Sie nutzen gerne das, was ich ihre kleinen Raketen nenne.

Ich stelle mir gerne das Verfolgen eines bedeutenden Zieles so vor, als würde man ein Raumschiff starten. Große Booster-Raketen nutzen die Kraft von 3000 Tonnen Schubkraft, um das Schiff auf den Kurs durch die Erdatmosphäre zu bringen. Das ist die wichtige Entscheidung, einen Plan umzusetzen. Aber ein Raumschiff hat auch kleinere Raketen, die sogenannten Steuertriebwerke. Beim Start nutzen diese wenig, denn sie werden zum Abheben nicht gebraucht. Aber auf der Reise sind diese Triebwerke entscheidend. Wenn ein Raumschiff auch nur wenige Grad vom Kurs abweicht, wird es als Feuerball über dem Atlantik enden. Kleine Impulse dieser Triebwerke werden das Raumschiff wieder auf den Kurs nach Hause bringen. Exzellente Leader nutzen diese Steuertriebwerke, bevor irgendetwas in Flammen aufgeht.

Vielleicht sind Sie der falsche Leader für dieses Business, egal wie unglaublich es ist

Wir kommen nun zu den schwerwiegenden Faktoren, den Mustern, die Sie zum Scheitern verurteilen, auch wenn alle anderen Puzzleteile an Ort und Stelle sind. Ich habe schon viele Situationen gesehen, in denen das Unternehmen wirklich gut aufgestellt ist und vielleicht sogar einen großartigen Leader hat, aber es ist einfach nicht die richtige Paarung. Einer meiner Lieblingsinvestoren, Ben Lerer, nennt es das Zusammenpassen von Gründer und Produkt (founder/product fit). Manchmal weiß die Führungsperson, dass es nicht passt, aber hat Angst, sein Baby im Stich zu lassen. Denken Sie daran: Nur weil Sie etwas tun *können*, heißt das nicht, dass Sie es auch tun *sollten*. Ist das wirklich die Reise, mit der Sie Ihre nächsten drei, fünf oder auch zehn Jahre verbringen wollen? Wir sind nicht alle gleich. Wir haben nicht alle die gleichen Leidenschaften, Interessen und Wünsche.

Ich weiß, nicht jeder ist meiner Meinung, aber ich mag niemanden unterstützen, der nicht seinen Traum lebt. Ich würde lieber jemanden unterstützen, der das Gefühl hat, seiner Berufung zu folgen, selbst wenn das aus Gründen geschieht, die die Person nicht erklären kann. Dieser mystische Impuls wird sie die Schinderei überstehen lassen, die damit verbunden ist, ein Unternehmen aufzubauen – und es wird auch im besten Fall dazu kommen, dass man sich schinden muss. Sie können ein wunderbarer Unternehmenslenker sein, aber wenn Sie nicht die Person auf diesem Planeten sind, die dazu bestimmt ist, genau das zu tun, dann bin ich nicht interessiert. Ich will das Gefühl haben, dass Gott oder das Universum oder ein göttliches Wesen, wie Sie es auch nennen wollen, Sie genau in diesem Moment auf diesen Planeten gesetzt hat, um diesen Traum zu verfolgen, wie immer er auch aussehen mag. Ich will, dass Sie so aussehen, als könnten Sie gar nicht anders.

Nennen Sie es vielleicht Hobbyversicherung. Auf dem Weg wird es so viele verrückte Wendungen und Kurven geben, so viele Herausforderungen, so viele Krisen, so viele Momente, wenn man leicht die falsche Entscheidung treffen kann, dass ein Unternehmen einen Leader braucht, der verrückt genug ist, sich selbst zu opfern, damit das Unternehmen funktioniert. Höre ich den Satz, »Wenn Sie mich doch nur unterstützen, können wir das gemeinsam tun«, nehme ich ängstlich Reißaus, denn wenn Sie nicht überzeugt sind, es auch ohne mich zu schaffen, sind Sie nicht der Richtige.

Der größte Fehler, den ich gemacht habe, war, mir vorzustellen, dass die Macht einer Idee über die Macht des Individuums hinausgeht. Ich möchte, dass zwischen dem Unternehmen und der Führungskraft eine enge Verbindung besteht. Wie Freddie Harrel von RadSwan oder Christina Tosi. Also stelle ich mir jedes Mal, wenn ich mir eine Geschäftsgelegenheit ansehe, die Frage: Besitzt dieser Gründer eine Passion für die Branche, die ihn oder sie auch die dunkelsten Tage überstehen lässt? Sie werden sie brauchen. Eine Freundin von mir ist neulich mit einer Idee an mich herangetreten. Sie sagte, sie wolle ein landesweites Netzwerk von Ladestationen für Elektroautos schaffen, wie Tankstellen auf Steroiden, mit gehobenen Geschäften und Unternehmen. Das ist ein kapitalintensives Geschäft und man muss die Planung und Einteilung in verschiedene Zonen verstehen sowie Jahre zur Verfügung haben, um das alles aufzubauen.

Sie sagte, sie wolle, dass ich die Sache in die Hand nehme und sie in die Tat umsetze. Ich lachte. Eine Idee allein ist noch nichts wert. Sollte ich mein Leben neu ausrichten, um an dieser Idee zu arbeiten, weil sie vielleicht funktionieren könnte? Wie bei allem, geht es auch hier um die Umsetzung und die Umsetzung wird nur dann erfolgreich sein, wenn Ladestationen für Elektroautos ein brennendes Interesse bei mir wecken. Das tun sie nicht. »Aber wenn du dieses Interesse hast«, sagte ich zu ihr, »dann solltest du es versuchen«.

In gleicher Weise will ich niemanden unterstützen, wenn ich auch nur den Hauch der paranoiden Vorstellung bemerke, jemand könnte die Ideen dieser Person stehlen. Wenn wir nicht tatsächlich über eine Erfindung reden, die erst einmal geheim bleiben sollte, bis man sie gesetzlich ausreichend geschützt hat, gibt es nichts, wovor man Angst haben müsste. Sie können ein erfolgreiches Business nicht einfach stehlen. Wenn Sie sich über Diebstahl Gedanken machen, bedeutet das, dass Sie nichts aufgebaut haben, nichts geschützt haben, nichts, was einen Cent wert ist. Es gibt einen tollen Satz in *The Social Network*, als Mark Zuckerberg im Film zu den Winklevoss-Zwillingen sagt: »Wenn Ihr die Erfinder von Facebook wärt, *hättet Ihr Facebook erfunden.*« Umsetzung ist das Entscheidende und wenn Sie nicht die eine Person auf diesem Planeten sind, die am besten dazu geeignet ist, diese Vision umzusetzen, suchen Sie sich ein anderes Business, denn das ist nicht das richtige für Sie.

Oder vielleicht sind Sie nicht bereit, Leader zu sein ...

Nicht jeder ist in dem Moment, in dem sich eine Chance bietet, als Leader geeignet. Die Lektionen in diesem Buch können Ihnen vielleicht helfen, dorthin zu gelangen, das ist zumindest das Ziel, aber die meisten von uns sind nicht als Top-Performer geboren. Wir müssen wachsen, um an diesen Punkt zu gelangen. Ich habe schon Unternehmen unterstützt, obwohl ich wusste, dass der Leader der Aufgabe nicht gewachsen war, im Glauben, die Macht der Idee wäre ausreichend, um die Schwäche des Gründers auszugleichen. Das passiert aber nie. Ein großartiger Gründer kann eine schwache Idee zum Erfolg führen, aber eine tolle Idee wird unter dem Gewicht eines schwachen Gründers zusammenbrechen. Ich habe den großen Fehler begangen, zu glauben, eine Idee sei so revolutionär, dass sie sich von selbst manifestieren wird. Das stimmt nicht.

Das Gegenteil hingegen kann eintreten – eine großartige Führungskraft wird auf jeden Fall eine Idee auf dem Weg zum Weltklasseunternehmen abwandeln. Was braucht man dazu? Es ist einfach auszusprechen und fast unmöglich in den Menschen zu kultivieren, die es nicht selbst sehen. Sie brauchen die richtige Mischung aus Selbstvertrauen und Bescheidenheit. Sie müssen zugeben können, wenn Sie falschliegen und dann umgehend aufgrund dieser Information handeln und in die richtige Richtung umsteuern. Ich kann ein künftiges Versagen eines CEOs aufgrund dessen vorhersagen, wie schnell der Leader eine Entscheidung trifft, wenn diese Entscheidung unvermeidlich geworden ist. Wenn Sie den Eisberg erst vor der Nase haben müssen, um das Steuer herumzureißen, sind Sie zu spät dran und werden scheitern.

Die richtige Mischung aus Selbstvertrauen und Bescheidenheit stellt sicher, dass es Ihnen nicht unangenehm aufstoßen wird, wenn Sie eine Veränderung herbeiführen müssen. Wenn der Leader nicht darüber verfügt, schließe ich daraus (wie man auf Italienisch sagt: *il pesce marcisce dalla testa*), dass der Fisch vom Kopf her stinkt – und ich ziehe weiter zu einem neuen Unternehmen, auf der Suche nach den richtigen Leuten, die genau am richtigen Wendepunkt stehen und ihren Träumen folgen. Wenn ich sie gefunden habe, unterstütze ich sie ohne Vorbehalte.

◉ ◉ ◉

In meinem HBS-Kurs habe ich in drei Sitzungen die Geschichte von immi erzählt, einem Unternehmen, das sich auf gesunde Ramen-Nudeln spezialisiert hat und dessen Geschichte sich immer noch entfaltet, während ich dies schreibe. Ich bat meine Studenten, mir bei der Entscheidung zu helfen, ob ich immi einen Scheck über 250.000 Dollar ausstellen und der erste externe Investor des Unternehmens werden sollte oder nicht. Die Studenten waren begeistert … bis ich ihnen erzählte, dass die Beta-Version des Produkts furchtbar schmeckte und die Kritiken fast durch die Bank negativ waren und zwar in einem Ausmaß, dass das Unternehmen buchstäblich sein Marketing und den Verkauf der Ramen einstellen musste, weil sie in den sozialen Medien verrissen wurden. Als sie das hörten, stimmte natürlich keiner dafür, einen Scheck auszustellen. Wieso sollte man ein Lebensmittelunternehmen unterstützen, wenn es Essen verkauft, das keiner essen will?

Und dann bringe ich die beiden Mitbegründer, Kevin Lee und Kevin Chanthasiriphan, ins Spiel und es wird sofort offensichtlich, dass diese beiden Menschen auf dieser Erde sind, um den Leuten Protein-Ramen zu verkaufen. Sie besitzen Selbsteinsicht, wissen, was falschgelaufen ist und sind wieder in ihrer Testküche, um eine zweite Version zu entwerfen, wobei sie all die richtigen Daten nutzen und den richtigen Instinkten folgen.

Am Ende des Kurses, als die beiden Kevins darüber sprachen, dass asiatisches Essen noch nicht auf den Gesundheitstrend aufgesprungen ist, dem sich so viele andere gern konsumierte Produkte mit großem Erfolg angeschlossen haben, und nachdem sie ihren Plan erläutert haben, wie sie dorthin gelangen wollen, gingen alle Hände nach oben. Sie würden das Unternehmen unterstützen – und das tat ich auch. (Und 15 Monate nach diesem Kurs sicherte sich das neue und verbesserte immi einen Deal mit Whole Foods und sie können das Produkt gar nicht schnell genug in die Regale stellen.) Nicht nur ändern Gewinner ihr Vorgehen, sie haben auch eine magische Anziehungskraft, andere für ihre Sache zu begeistern. Wenn Sie jemanden treffen, der ein hohes Maß an Selbsterkenntnis hat, selbst wenn sie zum bewussten Schluss kommen, dass derjenige auf dem Holzweg ist, denken Sie unterbewusst: »Das wird der schon herausfinden.« Sie vertrauen instinktiv darauf, dass derjenige den Kurs korrigieren wird, wenn das Schiff auf Grund läuft.

◉ ◉ ◉

Was ist das Gegenteil von Selbsterkenntnis? Vielleicht Ignoranz. Täuschung möglicherweise. Am meisten schreckt es mich ab, in eine bestimmte Person zu investieren, wenn ich das Gefühl habe, dass sie etwas verheimlicht oder verkennt, dass man eigentlich nichts verheimlichen kann. Probleme werden letztlich ans Licht kommen und deswegen müssen Sie einen Schritt voraus sein und sie aufspüren, bevor sie Sie einholen.

Curt Cronin spricht von einem Mangel an Kommunikation und davon, dass wir alles auf den Tisch legen müssen, egal wie schwer und unangenehm es für uns ist. »Die schwierigsten Unterhaltungen, die ich jemals hatte, führte ich bei den SEALs«, sagte er mir, »wenn ich beschloss, die Dinge laut auszusprechen, die ich für den Grund hielt, wieso etwas schiefgegangen war.« Wir können uns nicht auf unsere Annahmen verlassen. Wir müssen die Dinge ans Licht bringen.

»Viele haben Angst vor einer schwierigen Unterhaltung«, erläutert Curt, »weil wir uns den schlimmsten Ausgang des Gesprächs vorstellen. Aber wir denken nicht über die Kosten nach, die entstehen, wenn wir die Unterhaltung nicht führen und wie ineffizient es ist, wenn wir raten, was jemand anderes denkt und fühlt, statt es wirklich zu wissen.«

Ich sehe häufig, dass schlechte Leader Unterhaltungen vermeiden. Sie wollen über Vergangenes hinweggehen, von dem sie glauben, ich würde es in ihrem Unternehmen nicht erkennen, statt mit mir zusammenzuarbeiten, um die Probleme zu lösen. Ich erfuhr das erste Mal von dieser menschlichen Neigung, alles Mögliche zu verheimlichen, als ich als junger Mann bei McDonald's arbeitete. Wenn niemand hinsieht, machen die Leute Unsinn (es klebte so viel Kaugummi unter den Tischen) und überlassen es anderen, den Dreck wegzumachen. Ich erkannte in diesem versifften Partyraum, dass man alles (auch jedes Unternehmen) wie geleckt aussehen lassen kann, aber nur das, was direkt unter der Oberfläche lauert, erzählt einem die ganze Geschichte.

Unter den besten Umständen sind die Leader direkt an Ihrer Seite und suchen angestrengt nach jedem Fehler. Gute Leader sind intellektuell neugierig – auf sich selbst und ihr Unternehmen. Ich sage immer: Suchen Sie nicht nach Löchern, damit Sie darin herumstochern können, sondern nach Löchern, die man stopfen kann. Exzellente Leader sind begeistert, wenn sie ein Loch stopfen können, wenn sie die Gelegenheit haben, cleveren Investoren diese Dinge offenzulegen und herauszufinden, wie man das Unternehmen verbessert.

Wenn ich den Eindruck habe, dass jemand die Wahrheit verbirgt oder nicht ganz authentisch ist, interessiert es mich nicht mehr, was sie tatsächlich verbergen, denn ich habe bereits erfahren, was ich wissen wollte. Ich kann nicht mit jemandem zusammenarbeiten, der Angst davor hat, es könnte etwas herauskommen, und der nicht komplett präsent, völlig offen und bereit ist, harte Arbeit zu leisten. Ich achte auf Signale der Transparenz, wie zum Beispiel zugeben zu können, dass man etwas nicht weiß. Niemand kann alle Fragen beantworten – und Investoren verstehen das. Ich will nicht, dass jemand versucht, mich zu beschwichtigen, denn dann weiß ich, dass Sie einfach nur alles tun, um einen Deal zu machen und sich nicht so sehr darum kümmern, ob es wirklich das Richtige für Sie ist.

◉ ◉ ◉

Es schockiert mich, dass nicht mehr Menschen eine der Methoden nutzen, die ich anwende, um meine instinktiven Eindrücke über jemanden zu bestätigen, bevor ich über einen Deal entscheide. Ein weit verbreiteter Fehler bei Private Equity besteht darin, Tonnen von Geld und Energie in Experten zu stecken, damit die sich die Finanzen eines Unternehmens ansehen, aber kein Geld für Psychologen auszugeben, um sich den Leiter eines Unternehmens genauer anzusehen. Als ich bei den Jets in die Führungsebene befördert wurde, bat man mich, mich einen ganzen Tag von einem Betriebspsychologen untersuchen zu lassen, eine Mischung aus Befragung und einem auszufüllenden Testbogen, um meine Psyche sowie meinen Führungsstil, meine Schwächen und meine falschen Konzepte über die Welt zu analysieren. Ich war zuerst schwer beleidigt und es wäre wohl den meisten so gegangen. Wieso sollte ich mich mit einem Psychologen treffen, bevor ich die Beförderung erhielt? Hatte ich meinen Wert nicht schon unter Beweis gestellt? Am meisten Sorge hatte ich, dass die Tests der Stimme in meinem Kopf recht geben würden, die mich als Hochstapler bezeichnete.

Aber es war eine lebensverändernde Erfahrung.

Ich erfuhr so viel über mich selbst und als alles abgeschlossen war, wusste ich – das war ein Werkzeug, um die Gewinner von den Verlierern zu trennen. Heute ziehe ich stets meine Lieblingsbetriebspsychologin, Dr. Laura Finfer, hinzu, wenn es um größere Deals geht, um die Möglichkeit zu haben, eine solche Untersuchung zur Bedingung zu machen, bevor ich einen Scheck ausstelle. Ohne sie mag ich gar keinen wichtigen Deal mehr abschließen. Geben Sie einem erfahrenen Profi drei Stunden Zeit, um in die dunkelsten Winkel des Verstandes eines Menschen vorzudringen und er wird alles schwarz auf weiß zu Papier bringen. Diejenigen, die sich wehren, sind übrigens in der Regel auch diejenigen, die am schlechtesten abschneiden. Sie sehen Feedback nicht als das Geschenk, das es in Wahrheit ist.

Die größten Patzer meiner Karriere folgten immer daraus, dass ich den Bericht ignoriert hatte oder beschloss, über die zwei oder drei kritischen Sätze hinwegzugehen, welche die verborgene Wahrheit ans Licht zerrten. In mehr als dreißig solcher Analysen waren diese entscheidenden Informationen stets vorhanden. Um also dieses Kapitel zum Abschluss zu bringen, beschloss ich, mit Dr. Finfer zu sprechen, die Leiterin von Leadership Excellence Consulting ist, und sie nach den Mustern zu befragen, die sie am häufigsten bei ihrer Arbeit sieht und wonach sie sucht, wenn sie einen Leader beurteilen soll. Hier sind die fünf Muster, die Dr. Finfer am häufigsten dafür verantwortlich macht, dass die Leute, mit denen sie in großen und kleinen Unternehmen zusammenarbeitet, vom Kurs abkommen:

- **Sich zu sehr allein auf reine Intelligenz verlassen.** Einerseits ist natürlich definitiv eine hohe Intelligenz die Voraussetzung für den Erfolg und die Grundlage dafür, Probleme lösen zu können, strategisch zu denken und eine tragfähige Vision für ein Unternehmen zu erschaffen. Aber neben dem Intellekt muss auch die emotionale Intelligenz vorhanden sein – die Fähigkeit, mit anderen zu arbeiten und die Fähigkeit, an sich selbst zu arbeiten. Sie müssen bereit sein, sich anzupassen und zu verändern. Sie müssen Feedback annehmen können und um eine gute Führungskraft zu sein, muss man auch in der Lage sein, Feedback zu geben.

- **Zu großer Respekt vor Autoritäten.** Natürlich sollten Sie immer auf alle Beteiligten hören, egal, welche Rolle Sie innehaben und Sie sollten im zwischenmenschlichen Umgang nicht tyrannisch rüberkommen. Aber Sie brauchen das Selbstvertrauen, um für das einzustehen, an was Sie glauben. Leute, die gute Performer sind, sagen, was sie denken und haben keine Angst, damit Konflikte auszulösen. Dr. Finfer meinte zu mir: »Ich bin manchmal schockiert. Manche Menschen haben viel zu viel Angst vor Meinungsverschiedenheiten.« Man muss wissen, mit wem man es zu tun hat, mahnt sie, aber wenn jemand – ein Vorgesetzter, Investor oder Partner – eine Meinung nicht tolerieren kann, die von seiner eigenen abweicht, werden Sie das Problem nicht lösen, indem Sie dieser Person einfach immer zustimmen.

- **Kein Verständnis für die Betriebspolitik.** »Ein Mangel an politischem Sachverstand kann leicht dazu führen, dass man strauchelt, während man in einer Organisation aufsteigt«, sagt Dr. Finfer. »Sie müssen Ihre Worte sorgsam verpacken und die richtigen Momente wählen. Sie müssen wissen, wie man mit jedem Einzelnen in einer Organisation umgeht, weil jeder anders reagiert.« Mit anderen Worten: Sie müssen darüber nachdenken, was eine bestimmte Person motiviert und was sie abschreckt.

- **Anerkennung nicht weitergeben.** Dr. Finfer achtet genau auf die Sprache, wenn sie jemanden beurteilt. Sie merkt, wenn Leute »Ich« statt »Wir« sagen, wenn sie über Erfolge in der Arbeit sprechen. »Es kann normalerweise nicht sein, dass sie das ganz allein geschafft haben, also sagt es etwas darüber aus, wie sehr sie die Leute um sich herum zu schätzen wissen«, sagt sie.

- **Fragen ausweichen.** Dr. Finfer stellt auch fest, dass Menschen versuchen, Fragen auszuweichen oder ihre eigene Agenda verfolgen, anstatt ihr wirklich zuzuhören und auf das zu reagieren, was gefragt wurde. »Sie wollen keine Schwäche zeigen oder sie verbergen etwas.«

Das lässt sich auf den tödlichen Fehler zurückführen, über den ich gerade gesprochen habe: nicht ehrlich und authentisch zu sein. Sie können nicht Ihre Zeit damit verbringen, Leute hinters Licht zu führen. Es ist offensichtlich und es wird Ihnen eines Tages auf die Füße fallen.

Die gute Nachricht ist, dass man sich in all diesen Bereichen verbessern kann. Vor allem muss man sich seiner Schwächen bewusst werden und bereit sein, sich zu entwickeln und zu verbessern. Und wenn Sie das tun und diese Muster durchbrechen, werden Sie endlich am gegenüberliegenden Ufer angekommen sein. Sie verbrennen die Schiffe und greifen weiter nach Ihren Träumen.

Und was dann?

Das Leben besteht nicht nur aus einer einzigen Reise.

Wir alle wissen, wie befriedigend es sein kann, etwas abgeschlossen zu haben – etwas erreicht zu haben. Aber wir können manchmal vergessen, wie viel Spaß es macht, etwas zu beginnen, wie viel Vorfreude, Begeisterung und Hunger damit verbunden sind. Genießen Sie diese Momente, wenn Sie sich auf etwas Neues konzentrieren und wenn Sie sich etwas so sehr wünschen, dass Sie das Gefühl haben, die Welt aus den Angeln heben zu können.

Wenn Sie zur Ziellinie kommen, sollten Sie, noch bevor Sie tief durchgeatmet haben, nach vorn blicken. Genießen Sie den Sieg, aber stellen Sie im selben Augenblick die Frage, die alles mit Leben erfüllt: »Was kommt als Nächstes?«

TEIL 3

BAUEN SIE MEHR SCHIFFE

KAPITEL 7

KONSOLIDIEREN SIE IHRE GEWINNE

Wenn ich darüber nachdenke, die nächste Stufe zu erklimmen, denke ich an Marc Lore und seine unglaublichen Exits, die er in Serie erreicht hat. 1999 gründete Marc The Pit, einen Internetmarktplatz für Sammelgegenstände, den er nur zwei Jahre später an den Sportsammelkartengiganten Topps für 5,7 Millionen Dollar verkaufte. 2005 war es Diapers.com, das für einen hohen Preis an Amazon verkauft wurde und dann Jet, ein Shopping-Club, der mit Amazon konkurrieren sollte, einen geringeren Jahresbeitrag als Amazon Prime verlangte, über optimierte Preisalgorithmen verfügte und schließlich von Walmart für einen noch höheren Preis gekauft wurde.

Lore verließ Walmart im Januar 2021 und hatte seine Pläne angekündigt, »eine Stadt der Zukunft« zu bauen.[55] »Seiner Meinung nach sollte kein Arbeitnehmer mehr als 15 Minuten pendeln müssen«, schreibt Jim Souhan im *Star Tribune*.[56] »Dass alle Abfälle unterirdisch gelagert werden sollten. Dass alle Fahrzeuge selbstfahrend sein sollten … [Lores Ziel ist] eine Stadt, die darauf angelegt ist, das Beste von New York, Stockholm und Tokyo zu vereinen.« Aber das ehrgeizige Ziel war noch größer als die Stadt selbst. »Ich versuche, ein neues Modell für die Gesellschaft zu schaffen, in dem Reichtum auf faire Weise entsteht«, erzählte Marc *Fortune*. Er nennt das neue Wirtschaftsmodell Equitism, »[es soll] den Bürgern und den Menschen etwas zurückgeben – den Reichtum, den sie mit kreiert haben.«[57] Er plant bis 2030 diese neue Stadt namens Telosa (griechisch für »höchster Zweck«) – auf günstigem Land in einem unbesiedelten Teil des Landes errichtet – mit 50.000 Bürgern aller Schichten und Ethnien zu besiedeln, die nach einem neuen Lebensstil suchen.

Darüber hinaus hat Marc neulich Wonder gegründet (in das ich investiert habe), ein neues Unternehmen, das Nobelküche direkt zu den Leuten nach Hause bringen soll – mit Bussen, in denen Küchen eingebaut sind und Köchen, die Mahlzeiten von Michelin-Qualität direkt vor der Tür des Kunden zubereiten und anrichten sollen. Das ist Essen für zu Hause on Demand, mit einer Reihe von Starköchen – wie Bobby Flay, Marcus Samuelsson, Nancy Silverton und Jonathan Wayman –, die bereits zugestimmt haben, dass Wonder ihre Gerichte nachkocht und ausliefert. Flay sagte der *New York Post*: »Sie haben herausgefunden, wie man genau das nachmacht, was ich tue.«[58] Wonder hat gerade eine Finanzierung von 400 Millionen Dollar aufgebracht und wird mit vier Milliarden Dollar bewertet.

Und als wäre das noch nicht genug, wurde Marc gerade gemeinsam mit meinem Kollegen, der ebenfalls Gast bei *Shark Tank* war, Alex Rodriguez, zum Miteigentümer der NBA-Mannschaft Minnesota Timberwolves und der Minnesota Lynx aus der WNBA.

An Marc ist besonders faszinierend, dass er so etwas einfach durchzieht. Er baut einfach eine Firma nach der anderen auf. Haben die Lektionen von Diapers.com zu seinem Wissen beigetragen, mit dem er Jet aufgebaut hat? Sicherlich. Wird seine Erfahrung mit Jet das beeinflussen, was er als Nächstes tut? Zweifellos. Aber er verinnerlicht diese Lektionen, konsolidiert seine Gewinne und begibt sich auf die nächste Reise. Was machen Sie, wenn Sie das Ende einer Reise erreicht haben? Die Schiffe hinter sich verbrennen und alles noch einmal tun.

Damit Sie sich dieses Mindset des permanenten Wachstums ganz zu eigen machen können, habe ich vier Prinzipien zusammengestellt, die Ihnen eine Richtschnur sein sollen.

Nutzen Sie jeden Vorteil, über den Sie aktuell verfügen

Ich halte Reden vor Footballspielern, wie sie sich auf ihre Karriere nach dem Ende der Spielerkarriere vorbereiten können. So viele von ihnen haben Träume – in Immobilien investieren, Filme produzieren, Kommentator auf ESPN werden, das eigene Vermögen vermehren –, aber sie wollen nicht über irgendetwas davon nachdenken, bevor sie mit dem Spielen aufhören. Ich sage ihnen, dass sie eine Chance verpassen, ihr wichtigstes Kapital zu nutzen: Relevanz. Die Leute sagen gerne, dass sie mit einem NFL-Spieler im Geschäft sind – einem *aktuellen* NFL-Player. Sobald sie sich zur Ruhe setzen, sinkt diese Zugkraft (die Fähigkeit, zu Aktionen anzuregen) stark ab. Ist das eine harsche Aussage? Absolut. Aber meine Aufgabe besteht darin, ihnen das Riechsalz zu reichen, damit sie aufwachen, bevor es zu spät ist.

Wie können diese Spieler ihren aktuellen Status vorteilhaft nutzen? Indem sie herausfinden, wie ihr Leben im Ruhestand aussehen soll, und dann alle Puzzleteile schon jetzt an die richtige Stelle bringen. Viele dieser Footballspieler erhalten Werbeanrufe von Leuten, die wollen, dass sie in ihr Unternehmen investieren oder ihnen eine Geschäftschance anbieten, bei denen sie Teilhaber werden sollen, aber ich sage ihnen, sie sollen diese Anrufe ignorieren und sich stattdessen selbst bemühen, einige Anrufe zu tätigen. Was wollen *sie* machen? Es gibt fast niemanden, der nicht zurückrufen wird und fast nichts, was unerreichbar wäre.

Ich kenne Footballstars, die sich an diesen Rat halten und selbst so bekannte Leute wie Warren Buffett kontaktieren, um sich beraten zu lassen und eine Strategie für die Zukunft zu entwickeln. Würde ein Milliardär ans Telefon gehen, wenn irgendjemand anruft? Sicher nicht. Aber Stars haben einen Status – und den können sie zu ihrem Vorteil nutzen. Ein Beispiel ist Byron Jones, der 2015 in der ersten Rekrutierungsrunde ausgewählt wurde und 2020 einen Vertrag bei den Dolphins unterschrieb, was ihn zum damals höchstbezahlten Cornerback der NFL machte – 82 Millionen Dollar über fünf Jahre mit einer Garantie auf weitere 50 Millionen. Byron lebt nach der Philosophie, sich auf die Zukunft vorzubereiten und einen Spielplan zu erstellen, um nicht nur für das bereit zu sein, was im Moment passiert, sondern auch für das, was noch kommen mag. Er weiß, dass er nicht sein ganzes Leben Footballstar sein wird. Es ist nur der erste Schritt. »Ich wusste immer, dass ich in der NFL spielen würde«, sagte er mir. »Aber ich habe tatsächlich zwei Praktika am College gemacht, eines in der Hauptstadt des Bundesstaats und eines im Kongress, um mich auf das Leben nach dem Football vorzubereiten.«

Byron plante für die Zukunft, noch lange bevor die meisten Spieler überhaupt daran gedacht hatten. Er rief mich sogar an, kurz nachdem er den Vertrag unterschrieben hatte, um mich übers Investieren auszufragen, weil er wissen wollte, wie er seine garantierten 50 Millionen Dollar in 100 Millionen verwandeln konnte. Er erzählte mir, dass er vor der Unterzeichnung seines Vertrags von 10.000 Dollar im Monat lebte und sich selbst eine Gehaltserhöhung auf 13.000 Dollar im Monat gegeben hatte. Hört sich nach viel an, bis einem klar wird, dass es Millennials in New York City gibt, die weit mehr als das im Monat haben und definitiv keine NFL-Stars mit einem garantierten Deal über einen achtstelligen Betrag sind. »Ich lebte die ersten vier Jahre, nachdem ich in die Liga gekommen war, vom selben Budget«, erzählte er mir.

Selbst Byrons Weg in die NFL war in weiten Teilen das Produkt eines fokussierten Plans. Bevor er in die Liga geholt wurde, achtete er besonders auf die Fähigkeiten, von denen er wusste, dass sie beim NFL Scouting Combine besonders in Augenschein genommen werden würden, wo die Liga die besten College-Spieler einem Test unterzieht. »Ich musste tatsächlich in den Monaten vor dem Combine auf Reha gehen, wegen meiner Schulter, also konnte ich nicht trainieren. Aber das bedeutete nicht, dass ich mich nicht auf andere Weise vorbereiten konnte. Ich konzentrierte mich auf die Ernährung, mein Gewicht und sah mir Filme an. Ich wollte wissen, wie es bei dem Combine aussehen würde, nach welchen Elementen sie uns bewerten und welche Bewegungen wir machen würden.«

Ein Element beim Combine ist der Weitsprung aus dem Stand. Byron konnte immer gut springen und hatte es mit acht Jahren zu einem nationalen Leichtathletik-Wettbewerb geschafft, aber er beschloss, dass er seine

Energie vor allem auf den Standweitsprung konzentrieren und sich damit von der Masse abheben könnte. »Das Combine dauerte drei anstrengende Tage, die aufregendste Zeit in meinem Leben«, erinnert er sich. »Es wurden Röntgenaufnahmen gemacht, Kernspintomografie, und dann fanden die Events auf dem Feld statt. Im Training hatte ich einen Sprung von 3,43 Metern geschafft, manchmal 3,45. Mein erster Sprung war 3,50 Meter. Und der zweite dann 3,73 Meter. Ich hatte niemals gedacht, dass ich 3,65 Meter schaffen würde, aber ich versuchte, cool zu bleiben und so zu tun, als sei das für mich normal.«

Byron mag versucht haben, es normal aussehen zu lassen, aber dieser Sprung war 20 Zentimeter weiter, als je ein anderer NFL-Spieler gesprungen war. Er sprang sogar weiter als jeder Weitsprung aus dem Stand in der Geschichte und hält aktuell den inoffiziellen Weltrekord.

Wie konnte er also seine 50 Millionen Dollar in 100 Millionen verwandeln? Hier ist einer der Pläne, die ich ihm nannte, als er mich danach fragte. Sie haben also dieses einzigartige Kapital, das Sie gewinnbringend einsetzen können, sagte ich. Der Weitsprungrekord konnte ihn sicherlich zum Star machen. Stellen Sie sich eine Werbekampagne auf TikTok vor, bei der er über eine Reihe ungewöhnlicher Hindernisse springt: acht TikTok-Stars, die auf dem Boden liegen, eine Lücke zwischen zwei Wolkenkratzern, ein paar hundert von Christina Tosis Keksen (ich suche immer nach guter Werbung für meine Unternehmen). Er konnte sich intensiv den sozialen Medien widmen, Follower gewinnen und ein Held in den sozialen Medien werden.

Byron unterbrach mich. »Ich will nichts mit diesem Social-Media-Zeug zu tun haben«, sagte er. »Ich will ein ernsthafter Investor werden.« Während Byron ein immer größerer Footballstar wird, hat er Zeit, sich Gedanken über die Zukunft zu machen – aber in der heutigen Welt, so sagte ich ihm, sind die Grenzen fließend. Man wird ein besserer »ernsthafter« Investor, mit Zugang zum größtmöglichen Cashflow, wenn die Leute wissen, wer man ist, mit dem sie dann Geschäfte machen wollen. Byrons Vorteil ist die Plattform, die ihn relevant und angesagt machen konnte, als prominente Persönlichkeit, die für das Unternehmen, das er unterstützt, die Hebel in Bewegung setzen konnte. Das ist unglaublich wertvoll. Vielleicht kann das durch seine Fähigkeiten beim Weitsprung befördert werden oder vielleicht durch etwas anderes – aber ich weiß, dass Byron darüber nachdenkt und er ist clever, wenn es um seine Zukunft geht. Er wird in seinem Leben weit über den Football hinaus enorm erfolgreich sein.

◉ ◉ ◉

Die Vorteile eines Footballstars sind offensichtlich, aber das bedeutet nicht, dass dieser Punkt für den Rest von uns irrelevant ist. Wir sind vielleicht keine Footballstars, aber Footballstars verfügen mit Sicherheit nicht über die einzigartigen Vorzüge, die *Sie* mit an den Tisch bringen. Die Realität ist, dass jeder einen nutzbaren Wert mit sich bringt, der sich gewinnbringend einsetzen lässt – eine Eigenschaft, einen bestimmten Lebensumstand, eine Story – und einen direkt in Richtung der eigenen Träume befördert. Als ich bei McDonald's arbeitete, bestand mein Vorteil in meiner Bereitschaft, der beste Kaugummiabkratzer überhaupt zu werden, und es mit einem Lächeln zu tun. Ich sage zu den Leuten, die gerade entlassen wurden: Ihr Vorteil ist es, dass Sie nicht mehr an irgendwelche festgelegten Erwartungen gebunden sind. Sie sind frei. Es ist schwer, mit klarem Blick die Welt zu betrachten, wenn man in einem System gefangen ist. Bei all den Optionen, die auf dem Tisch liegen, können Sie neu anfangen und wirklich herausfinden, was als Nächstes kommen sollte. Was sind Ihre Fähigkeiten, die Sie nutzbringend einsetzen können?

Denken Sie darüber nach:

- **Was können Sie besser als jeder andere?** Byron Jones springt. Christina Tosi backt. Wie sieht es mit Ihnen aus?

- **Zu wem oder was haben Sie einen besonderen Zugang?** Sie glauben vielleicht, dass Sie darauf keine Antwort geben können (besonders, wenn Sie keine Milliardäre kennen). Aber alles, was wir tun, verschafft uns Zugang zu bestimmten Welten, die wenige andere Menschen sehen. Als ich beim Bau des Mahnmals für 9/11 half, wurde ich durch meine Erkenntnisse über Städteplanungszonen und Landnutzung zum perfekten Kandidaten, um von einem Footballteam eingestellt zu werden, das ein neues Stadion bauen wollte. War diese Verbindung für alle offensichtlich? Nein, aber mein Wissen machte mich einzigartig. Halten Sie ein Auge offen für Chancen, die ungefähr in Ihrem Fachgebiet liegen und lassen Sie sich nicht von einer mangelnden Expertise abhalten, wenn Sie wissen, dass Sie über die nötigen Kenntnisse verfügen, die Sie dafür brauchen.

- **Inwiefern gibt Ihnen Ihre Realität – die vergangene oder künftige – eine spezielle Perspektive auf die Welt?** Ich dachte nur darüber nach, wie ich aus der Schule ausscheiden, meinen GED machen und direkt ans College gehen konnte, weil meine Mutter dasselbe als Erwachsene gemacht hatte. Ich wäre sicher nie auf die Idee gekommen, wenn ich nicht das gleiche Muster an Fakten in einem anderen Zusammenhang gesehen hätte.

Es geht wirklich um das Framing. Ich könnte meine Probleme in der Kindheit als etwas betrachten, das mich mein ganzes Leben lang behindern könnte, oder ich könnte sie als etwas sehen, das mir die Augen für die Probleme anderer Menschen auf dieser Welt geöffnet hat und mir besondere Empathie für diejenigen verliehen hat, die sie überwunden und erkannt haben, was jemand braucht, wenn er am Tiefpunkt ist. Ich kann dieses Wissen einsetzen, um Marken aufzubauen, die das Leben derjenigen verändern, die am meisten Hilfe brauchen. Das ist nicht mein einziges Kapital, das ich nutzen kann, aber es gehört auf jeden Fall dazu, und Sie haben ja auch jede Menge davon.

◉ ◉ ◉

Das gleiche Prinzip gilt auch in Unternehmen selbst: Sie finden ihren nutzbaren Vermögenswert und erweitern ihn. Ich bin zwar keine Naschkatze, aber meine Jahre als Investor bei Milk Bar haben RSE wertvolle Erfahrungen bei der Skalierung einer Bäckereimarke gebracht. Als wir hörten, dass Magnolia Bakery zum Verkauf stand, wussten wir, dass wir auf unsere Erfahrungen mit der Milk Bar zurückgreifen konnten, um dieser beliebten amerikanischen Institution ihren rechtmäßigen Platz zurückzugeben. Einst Liebling der Popkultur in den Hochzeiten von Sex and the City, der Ort, an dem Carrie Bradshaw ihren Heißhunger auf Cupcakes auf einer Bank im West Village stillte, ist Magnolia langsam in der Versenkung verschwunden. Aber wenn man an einem Samstagmorgen die Bleecker Street entlanggeht, wird man immer noch Touristen aus der ganzen Welt sehen, die um den Block anstehen, um einen Bananenpudding zu ergattern. Diese Liebe zu Magnolia Bakery hat sich mehr als zwei Jahrzehnte erhalten.

Mein Team und ich kauften Magnolia Bakery mitten in der Pandemie. Und wir wussten, dass unsere Erfahrung mit Milk Bar – wobei wir leckerste Backwaren zu verpackten Lebensmitteln machten, die von Kunden im ganzen Land genossen werden konnten – der Trumpf war, den wir brauchten, um das Unternehmen auf die richtige Spur zu bringen.

Die Marke war für zwei Jahrzehnte nicht vom Fleck gekommen, denn sie hatten zu wenig Ressourcen und verfügten nun über die Möglichkeit, endlich den Rollout durchzuführen, den sie verdient hatten. Wir stellten einen Chief Marketing Officer ein und bauten unsere eigene Infrastruktur auf, um Bananenpudding an jeden im Land zu verkaufen, wodurch wir den E-Commerce-Umsatz von 900.000 Dollar auf 10 Millionen steigerten. Und als Nächstes? Der Verkauf in Geschäften im ganzen Land. Der Vorteil dabei? Bekanntheitsgrad. Wir hatten leichtes Spiel, denn wir kannten das Regelbuch bereits: Das Produkt durch so viele Kanäle wie möglich in die Hände der Leute bringen, während man gleichzeitig das besondere Erlebnis bewahrt, das zu langen Warteschlangen im West Village von New York City führt – das Gleiche, was wir nun bei Stephen Ross' Hudson-Yards-Projekt tun werden.

Große Sprünge, nicht Fortschritt in kleinen Schritten

Alles, was wir tun, ist mit Opportunitätskosten verbunden. Ich sehe so viele Menschen, die meinen, sie müssten sich den nächsten Schritt erst verdienen, darauf warten, dass die Welt ihr Potenzial erkennt und sie aus ihrer gegenwärtigen Rolle holt, um ihnen eine traumhafte Zukunft zu präsentieren, die sich, das kann ich Ihnen versichern, niemals verwirklichen wird.

Ich schüttle den Kopf, wenn ich Freunde sehe, die auf eine Beförderung nach der anderen warten und glauben, sie würden die Leiter bis zur Spitze erklimmen – und eines Tages stellt das Unternehmen stattdessen lieber jemanden von außen ein. Der loyale Angestellte ist auf einmal nicht mehr der Liebling des Chefs, der Karriereweg versandet und er stagniert. Ich habe das Büro des Bürgermeisters zweimal hinter mir gelassen, anstatt darauf zu warten, dass irgendwer eines Tages entscheidet, dass ich eine Beförderung verdiene. Indem ich ging, kam ich auf meinem Pfad schneller voran, denn ich war nicht länger an die Hierarchie dort gebunden und konnte auf einer höheren Stufe wiedereinsteigen.

Den Pfad zu umgehen, der in kleinen Schritten nach oben führt, scheint kontraintuitiv, besonders wenn wir ängstlich sind. Wir stellen uns vor, wir sollten alles langsam angehen, kleine Veränderungen vornehmen und irgendwann wird das dann zu einem bedeutenden Fortschritt führen. Aber der einzige Effekt ist, dass unsere Reise noch länger dauert und wir immer mehr Gelegenheit haben, auf diesem Weg umzukehren.

Jesse Derris und ich debattieren darüber immer wieder. Er schlug vor, zuerst nur einen kleinen Betrag aufzuwenden, bevor wir mehr Geld in die Hand nehmen – aber wieso? Welche Fähigkeiten würde er sich aneignen, wenn er 10 Millionen Finanzierung aufbrachte, die ihn daran hinderten, 100 Millionen Dollar aufzubringen? Die wirkungsvollsten Gespräche, die ich mit Menschen führe, sind die, in denen ich ihnen den Irrglauben nehmen kann, dass alles, was sie für notwendig halten, in Wirklichkeit gar nicht erforderlich ist. *Niemand wird mich als Gründer ernst nehmen, wenn ich nicht mindestens zehn Jahre Erfahrung habe. Niemand wird mich anheuern, um ein solch großes Projekt zu leiten, wenn ich nicht mindestens drei kleinere Projekte in derselben Branche geleitet habe. Niemand wird mir Geld geben, wenn ich nicht schon welches habe.* Ich bin hier, um Ihnen zu sagen, dass das alles nur Lügen sind, die Ihnen im Weg stehen. Sie können direkt Ihr Ziel anpeilen – so wie ich direkt aufs College gegangen bin. Wer brauchte schon den Rest der Highschool?

Ich will gar nicht abstreiten, dass Erfahrung entscheidend ist, wenn Sie eine neue Fähigkeit erlernen wollen. Wir können nicht alle direkt zum Höhepunkt unserer Karriere springen. Aber ich glaube, dass wir alle instinktiv verstehen, ob wir wirklich noch mehr Erfahrung brauchen, um zu wachsen – oder ob wir bereit sind und nur darauf hoffen, dass uns die Welt endlich unsere Chance präsentiert. So häufig sind es gerade die Menschen in unserem Leben, deren Motive am meisten kompromittiert sind, die uns sagen, dass wir geduldig sein sollen. Der eifersüchtige Ehepartner. Der unsichere Chef. Der Freund, mit dem uns eine Hassliebe verbindet, ohne den wir aber anscheinend nicht leben können. All diese Ratschläge sollten mit einer gesunden Skepsis beurteilt werden. Der Einsatz ist einfach zu hoch. Ein schlechter Rat, sich Zeit zu nehmen, kann Sie Jahre an Wachstum kosten. Wenn Sie wissen, Sie sind bereit, dann sind Sie bereit – und Sie sollten sich niemals von den Ansichten anderer darüber, wie langsam man voranschreiten sollte, aufhalten lassen.

◉ ◉ ◉

Alexander Harstrick war ein Rockstar, ein ehemaliger Offizier der militärischen Aufklärung, der im Pentagon gearbeitet hatte und im Irak im Einsatz gewesen war, und nun seinen MBA in Harvard machte. Er hatte den Traum, seinen eigenen Investmentfonds in der Verteidigungsindustrie zu starten – und das Wissen, um es zu tun –, aber ging davon aus, dass er nicht genug Erfahrung hatte.

Alex hatte eine stichhaltige These über militärische Innovation und er verfügte über die Verbindungen und die Erfahrung, Deals in phänomenalem Ausmaß abschließen zu können. Aber als er in meinem Büro saß, war er nervös. Alex hatte sich die herkömmlichen Ansichten zu eigen gemacht und den Eindruck, dass er keine andere Wahl hatte, als ein unterdurchschnittliches Angebot einer Private-Equity-Firma in New York annehmen zu müssen und »seine Schuldigkeit zu tun«. Ich stellte diese Einstellung der Verbesserung in kleinen Schritten infrage.

»Aber wer wird mich unterstützen?«, fragte er. »Wer stellt mir einen Scheck aus, wo ich gerade die Hochschule abgeschlossen habe?«

»Niemand«, sagte ich. »Bis es doch jemand tut.«

Ich hörte ein paar Monate nichts von ihm. Eines Nachmittags rief er an und bat mich um meine Adresse. Er wollte mir ein paar Werbeartikel schicken – eine Mütze oder einen Stift. »Werbeartikel für was?«, fragte ich.

»Oh«, erwiderte er, »für den Fonds, den ich gründete, nachdem ich aus Ihrem Büro gegangen bin.«

Ich war davon ausgegangen, dass Alex sich für die banale Existenz in der großen Private-Equity-Firma in New York City entschieden hatte. Aber es stellte sich heraus, dass er einen Tag, nachdem wir uns unterhalten hatten, das Jobangebot ablehnte. Stattdessen lief er sich die Hacken ab, um einen Ankerinvestor zu finden, damit er den neuen Fonds starten konnte. *Seinen* Fonds, J2 Ventures.

»Ich habe nicht nur einen gefunden, nachdem ich so viele *Absagen* erhielt, dass ich mich nicht einmal erinnern kann, wie viele es waren«, sagte er mir, »ich habe sogar einen 10-Millionen-Dollar-Fonds aufgelegt und arbeite gerade daran, weitere 50 Millionen Dollar aufzubringen.«

Ich bin einer seiner Investoren und stolz darauf.

»Was mich am meisten überrascht hatte, wenn man etwas Neues anfängt«, fuhr Alex fort, »ist, wie wenig beängstigend es war. Nicht, dass jemand denkt, es wäre einfach gewesen – es war weit davon entfernt –, aber der Wert, den ich durch meine geleistete Arbeit erhielt und durch das Unternehmen, das mein Team aufgebaut hat, war sehr ausgewogen in Bezug auf die tatsächliche Arbeit, die wir geleistet haben. Seitdem wir starteten, war der einzige beängstigende Gedanke, dass es jemals eine Welt geben könnte, in der ich wieder für jemand anderen arbeiten muss.«

Die einfache Entscheidung, sich die Einstellung zu eigen zu machen, dass Veränderung in großen Schritten stattfindet, hat die Richtung von Alex' Leben für immer verändert. Wir neigen dazu, zu glauben, dass unser Leben sich wie Sedimentgestein entwickelt, mit vielen farbenfrohen Schichten, wobei jede Errungenschaft sanft auf die vorherige geschichtet wird. Wir glauben, es gäbe eine vorgeschriebene Reihenfolge für den Erfolg, dass man erst den Limonadenstand haben muss, bevor man Limonade weltweit verkaufen kann, dass man 10.000 Dollar aufbringen muss, bevor man 10.000.000 Dollar Finanzierung erhalten kann, oder dass man Erfahrung als CEO braucht, bevor man andere führen kann. Nichts davon stimmt, wenn man sich ansieht, wie die Welt tatsächlich funktioniert. Die Ansicht, es gäbe Erfolg in kleinen Schritten, ist nur der Versuch, Ordnung in das Chaos des Lebens zu bringen und den Erfolg auf eine verständliche Formel herunterzubrechen. *Leiste deinen Beitrag und du wirst mit dem Aufstieg belohnt werden.* Tatsächlich ist es so, dass diejenigen, die sich dem normalen Fahrplan verweigern, die größten Erfolge einfahren.

Wir gehen von langsamen und sichtbaren, schrittweisen Veränderungen aus, obwohl es keinen Grund dazu gibt. Überspringen Sie die Schritte, die Sie nicht brauchen und machen Sie die Sprünge, die Sie am weitesten hinauftragen, damit Ihr nächster Sprung Sie noch weiter bringt.

»Forschungsergebnisse zeigen tatsächlich, wenn Sie Ihren Entscheidungsfindungsprozess auf Ihre Passionen ausrichten, statt auf den normalen Verlauf einer Karriere, werden Sie schneller lernen und erfolgreicher sein«, meint Francesca Gino von der HBS. »Viele unserer MBA-Absolventen gehen in Beratungsfirmen. Sie glauben, dass sie dort zwei Jahre bleiben und dann ein eigenes Unternehmen gründen, aber das Timing stimmt nie. Der richtige Moment kommt nie, um das zu erreichen.«

Bevor Sie beschließen, einen kleinen Schritt zu tun, statt einen großen Sprung zu wagen, sollten Sie sich selbst fragen: Wieso glauben Sie, dass dies die notwendige Reihenfolge an Ereignissen ist? Glauben Sie tatsächlich, dass diese kleinen Schritte Ihnen zu den Fähigkeiten verhelfen, die für den Erfolg nötig sind oder versuchen Sie nur, ein imaginäres Publikum zu beeindrucken und zögern damit unnötig das Unvermeidliche hinaus?

Der Ansatz der kleinen Schritte ist der Grund, wieso ich den Leuten rate, die Unternehmenshierarchien hinter sich zu lassen, wann immer das möglich ist. Traditionelle Geschäftsmodelle versuchen, viele Leute unter einen Hut zu bringen und zu organisieren, sie auf Linie zu halten und langsam die Treppe hinaufsteigen zu lassen. Das ist die Falle, die sich etwa in Anwaltskanzleien und Beratungsfirmen auftut. Sie sind ein Teil einer Klasse von Angestellten, die in der gleichen Situation sind und es gibt nur wenige Möglichkeiten, herauszustechen und schneller zur Spitze aufzusteigen als Ihre Kollegen.

Zweckmäßig für das Unternehmen. Absolut deprimierend für Sie.

Für jemanden, der nach Höherem strebt, ist das eine lang andauernde Zeitverschwendung. Sie müssen sich gegen Versuche wehren, Sie an Ort und Stelle festzunageln oder Ihr Wachstum zu beschränken. Ich sage den Leuten immer, dass sie keine Angst haben sollten, ihren Job zu kündigen, wenn sie wissen, dass sie mehr verdient haben und keinen Weg finden, um dorthin zu gelangen – es geht viel schneller, in der Hierarchie an anderer Stelle einen Sprung nach oben in den Rängen zu machen. Wenn Sie zu einer neuen Firma gehen, sind Sie wie neu geboren und können neu anfangen. Und ja, natürlich sollten Sie in dem Job bleiben, den Sie lieben – aber nur, wenn Sie ihn wirklich lieben. Sie müssen nicht kündigen, aber Sie sollten immer daran denken, dass Sie es können und sollten, wenn Ihr Wachstum eingeschränkt wird. Glauben Sie nie, Sie könnten all Ihre Karriereziele in einem einzigen Job verwirklichen. Wenn Sie ehrgeizig sind, ist das nicht realistisch, denn Sie werden sich mit Sicherheit schneller weiterentwickeln, als es die übliche Unternehmenskultur zulässt.

◉ ◉ ◉

Ich weise auf diesen Punkt hin und frage mich dabei oft, ob ich es zu einfach darstelle. Es ist schwierig, die ausgetretenen Pfade zu verlassen, das weiß ich. Und es wird noch durch alle möglichen Überlegungen erschwert, sowohl solchen, die unserer Kontrolle unterliegen, als auch einigen, die wir überhaupt nicht kontrollieren können. Ich frage mich dann, ob ich selbst die Sprünge in meiner Karriere hätte machen können, wenn ich mit dem Ballast beschwert gewesen wäre, den viele in unserer Gesellschaft heute schultern müssen.

Am letzten Tag meines Kurses an der Harvard Business School im Januar 2022 hatte ich eine sehr offene Unterhaltung über Rasse – ein mindestens so wichtiges Thema wie all die anderen, die wir im Kurs besprochen hatten – mit einer bemerkenswerten Studentin, Tracey Thompson. Nachdem ein weißer männlicher Unternehmer in unserem Kurs gewesen war, dessen flapsige Ausdrucksweise und lässiger Stil zum Image gehörten, das er der Welt präsentierte, vertraute mir Tracey, eine schwarze Frau, deren Mutter aus Jamaika nach New York eingewandert war, an, dass sie niemals in der Lage sein würde, sich vor einem Publikum auf dieselbe Weise zu präsentieren.

»Wieso nicht?«, fragte ich.

Ihre Antwort lautete, dass es nicht nur an ihrer Sorge lag, andere würden eine schwarze Frau nicht respektieren, die sich so ausdrückte. Sie hatte auch das Gefühl, dass sie den Ruf ihrer Rasse und ihres Geschlechts auf dem Rücken trug, wohin sie auch ging, und dass sie die Pflicht habe, sie bestmöglich zu repräsentieren – oder andere, die in ihre Fußstapfen traten, würden entsprechend beurteilt werden. In ihrer Vorstellung gab es dabei keinen Spielraum für Fehler.

Ich war, ehrlich gesagt, privilegiert genug, dieses Gewicht – diese Last – mein ganzes Leben vermeiden zu können. Ich musste mir nie Sorgen machen, dass ich irgendjemand anderen als mich selbst repräsentierte und ich wusste, dass man sicherlich oft genug nur aufgrund meines Geschlechts und meiner Herkunft zu meinen Gunsten entschieden hat.

Ich würde gerne glauben, dass wir uns als Gesellschaft in die richtige Richtung bewegen, wenn es um diese Themen geht, aber ich erkenne auch, dass andere Menschen Lasten zu tragen haben, die ich nicht tragen muss, und dass ihre Fähigkeit, kühne Entscheidungen zu treffen, davon beeinflusst wird, wie die Welt sie wahrnimmt und von den Verpflichtungen, die sie mit sich herumtragen. Deswegen ist Traceys Karriereziel – die Grenzen des institutionalisierten Rassismus niederzureißen und Gründer aus allen Schichten und Ethnien sowie ihre Unternehmen mit Venture Capital zu unterstützen – für mich so inspirierend.

»Es geht nicht nur darum, in Unternehmen zu investieren, die Schwarzen gehören«, erläutert Tracey. »Ich möchte dazu beitragen, dass mehr People of Color in Vorständen und Aufsichtsräten sitzen, auch wenn das Unternehmen nicht jemandem gehört, der einer Minderheit entstammt. Ich will Unternehmen unterstützen, deren Lieferketten vielfältig sind und die Menschen mit unterschiedlichem ethnischem Hintergrund beschäftigen. Ich will mehr People of Color im Bereich der Finanzierungsunternehmen mit Venture Capital ausbilden und eine neue Generation von Unternehmen unterstützen, die gerechter sind und gleichzeitig finanziell erfolgreich. Ich will beweisen, dass People of Color tolle Unternehmen betreiben können und Diversität und Erfolg sich gegenseitig begünstigen können.«

Das können wir nur, wenn wir erkennen, dass die Barrieren, die uns im Weg stehen, für jeden anders sind – und dass die Gesellschaft bestimmten Leuten ein schlechteres Blatt auf die Hand gibt. Wenn jeder das größtmögliche Bestimmungsrecht über sein eigenes Leben und Macht über das eigene Schicksal haben soll, muss es das ultimative Ziel sein, gerechte Bedingungen für jeden herzustellen, sodass die Ergebnisse nicht von Faktoren verzerrt werden, die außerhalb unserer Kontrolle liegen.

Jede Reise ist leichter als die vorherige

Einen Job zu kündigen oder eine sichere, aber mit begrenzten Wachstumsmöglichkeiten versehene Stelle zu verlassen, besonders, wenn man hinterher auf sich selbst gestellt ist, wird das erste Mal, wenn Sie es tun, immer furchteinflößend sein. Sie haben noch keinen Erfahrungsschatz im Gedächtnis, der Ihnen die Sicherheit gibt, dass Sie es schaffen können und alles gut ausgehen wird. Beim zweiten Mal ist es einfacher. Beim dritten Mal noch einfacher als beim zweiten. Und wenn Sie ein Meister darin geworden sind, die Schiffe hinter sich zu verbrennen, muss man nicht einmal mehr groß darüber nachdenken. Forschungsergebnisse rund um das Thema Gewöhnung unterstützen die offensichtliche Annahme, dass die Dinge einfacher werden, wenn man sie schon mal gemacht hat. Risiken einzugehen, ist einfacher, wenn Sie schon mal welche eingegangen sind.

Aber Gewöhnung kann uns auch schaden. Ich mache mir Sorgen, dass Gewöhnung zwar mein Leben effizienter macht, aber der Preis dieser Effizienz darin besteht, dass ich an Kreativität einbüße – genau die Kreativität, die für die notwendigen Einsichten sorgt, um zu wachsen und erfolgreich zu sein. Gewöhnung kann ein großartiges Werkzeug sein, aber hüten Sie sich davor, zum Roboter zu werden.

Studien haben gezeigt, dass wir uns an Ablenkung am Arbeitsplatz gewöhnen – Telefongespräche im Hintergrund, das starke Parfüm einer Kollegin – und sie immer weniger wahrnehmen.[59] Aber dieselbe Forschung zeigt auch, dass wir irgendwann nicht mehr bemerken, wie uns das System ausbremst und die Strukturen eines Unternehmens uns in unseren Möglichkeiten beschneiden. 1974 schrieb Harry Braverman ein bahnbrechendes Werk über die Psychologie am Arbeitsplatz. In *Labor and Monopoly Capital* widmet er ein ganzes Kapitel der »Gewöhnung des Arbeiters an die kapitalistische Form der Produktion«. Sein Punkt: Unternehmenshierarchie gewöhnt uns daran, furchtbare Arbeitsbedingungen zu akzeptieren.[60] Wir dürfen uns nicht einfach an Langeweile, Monotonie und die Zerstörung unseres unternehmerischen Geistes gewöhnen. (Das hätte Jesse Derris passieren können, wenn er nicht den Sprung gewagt und seine eigene Firma gegründet hätte.)

Das erste Mal, als ich in Harvard unterrichtete, nahm es mich völlig in Anspruch. Aber beim zweiten Mal war es weniger anstrengend. Je öfter wir etwas tun, desto effizienter werden wir darin. So können wir viel mehr gleichzeitig machen. Andererseits stellt sich die Frage, wie man sein Bestes geben kann, wenn die Leistung automatisiert wird.

Dwayne »The Rock« Johnson hat eine exzellente Rede über dieses Thema vor den Los Angeles Lakers aus der NBA gehalten. »Immer den Rücken [zur Wand] … Spiele mit Wut im Bauch.«[61] Mein größter Kampf ist es, die Dämonen zu beschwören, die mich antreiben, wenn ich anfange, mich zu sicher zu fühlen. Mein Verstand arbeitet immer auf Hochdruck und ich muss häufig der Versuchung widerstehen, zur nächsten Sache überzugehen, bevor die letzte einen stabilen, selbsterhaltenden Zustand erreicht hat. Ich vergesse, dass die Hauptsache nicht die Bewegung ist, sondern die Höhe zu maximieren, die man bei jedem Unterfangen erreichen kann.

In den offenen Worten meines Partners Stephen Ross: *Sei kein Grashüpfer.* »Wenn du eine tolle Idee hast, musst du dranbleiben«, sagt er, »und nicht einfach schnell zur tollen Idee von jemand anderem übergehen. Du musst die Idee auch umsetzen und sicherstellen, dass das richtige Team am Drücker ist, bevor du wieder abspringst.« Wenn Sie zu früh gehen, können Sie nicht den Lohn der gesammelten Erkenntnisse und der geleisteten Arbeit einfahren. Sie nehmen den Exit vor dem großen Zahltag, bevor die Welt reif für das ist, was Sie geschaffen haben. Sie haben das Gefühl, weiter dem Nervenkitzel nachjagen zu müssen, den Druck wieder zu spüren, aber Sie versäumen die Chance, auch wirklich Kapital daraus zu schlagen. Irgendwann wird die Plackerei Sie auslaugen. Sie werden eine ganze Reihe halbfertiger Projekte hinterlassen und das wird an Ihrem Selbstwertgefühl nagen.

Um weiterhin Höchstleistungen zu erbringen, selbst wenn es sich so anfühlt, als hätte der Druck nachgelassen, müssen Sie Ihr Motivationssystem ändern, von der optimierten Angst aus Kapitel 4 hin zu einem Streben nach wahrer Größe. Sie geben alles, nicht nur, um es zu überstehen, sondern um Ihr eigenes Potenzial weiter zu steigern und die Latte immer höherzulegen.

Was können Sie heute tun, was Sie gestern noch nicht konnten?

Jedes Mal, wenn ich etwas Neues erreiche, halte ich sofort nach etwas Ausschau, das auf diesem Erfolg aufbauen kann – oft auf eine Art und Weise, die nicht unbedingt vorher ersichtlich war. Als ich begann, in Unternehmen zu investieren, hatte ich plötzlich die Art von Erfahrung, die mich bis zu *Shark Tank* bringen konnte. Sobald ich das *Shark Tank*-Gütesiegel hatte, konnte ich an der HBS unterrichten. Sobald ich an der HBS unterrichtete, konnte ich auch ein Buch schreiben. Was können Sie heute tun, was Sie gestern noch nicht konnten und was bringt Sie dem näher, was Sie morgen tun wollen? Solange Sie atmen, sollten Sie immer einen Wunsch parat haben, was

Sie morgen tun wollen. Und jede neue Sache, die Sie im Leben erreichen, verbessert Ihre Position, um den nächsten Meilenstein zu erreichen, wie immer dieser auch beschaffen sein mag.

Ein aufregendes und befreiendes Gedankenexperiment: Wenn Sie alle Grenzen ignorieren würden, und annähmen, Sie könnten alles tun, was würden Sie mit Ihrem Leben anfangen wollen?

◉ ◉ ◉

Jesse Palmer war Ersatz-Quarterback in der NFL, aber er sah etwas in sich, das über den Football hinausging. »Erst als ich das Glück hatte, in einem Medienzentrum wie New York in die Mannschaft geholt zu werden, öffneten sich meine Augen für all die Möglichkeiten und Chancen«, sagte Jesse zu mir.

Jesse wurde der erste Profisportler, der 2004 in *The Bachelor* auftrat – und für das Publikum war es etwas Besonderes. Danach war Jesse weiter erfolgreich im Fernsehen und nutzte seine Liebe zum Essen, um Moderator für Backwettbewerbe im Food Network zu werden. Er verbrachte zwei Jahre als Korrespondent für *Good Morning America* und wurde Moderator seiner eigenen Show namens *DailyMailTV*. »Ich sagte nicht häufig nein«, erinnert er sich heute. »Am Anfang bejahte ich eine Menge verschiedener Sachen, um mir selbst die Gelegenheit zu geben, zu entscheiden, ob es mir gefiel. Ich hätte in Millionen Jahren nicht geglaubt, eine Kochsendung zu machen und als ehemaliger NFL-Spieler über Cupcakes und Gebäck zu reden.«

Jesse war nicht gezwungen worden, sein Leben als Ersatz-Quarterback hinter sich zu lassen. Er hatte immer noch Möglichkeiten. Aber er sah sein Potenzial im Medienbereich und beschloss, den Sprung zu wagen. »Es ist nicht leicht, etwas hinter sich zu lassen, so sehr ich mich auch über die Möglichkeit gefreut habe, im Fernsehen über meine Passion zu reden, ist es doch schwer, diesen Rausch zu ersetzen, das Hochgefühl, das man verspürt, wenn man Profi-Football spielt … aber ich erhielt das Angebot, im Fernsehen zu sein und es gibt nur eine begrenzte Zahl solcher Gelegenheiten, also beschloss ich, die Welle zu reiten«, sagt er.

Jesse reitet immer noch diese Welle. Er ist heute der Moderator der Fernsehsendungen *The Bachelor* und *The Bachelorette*. Er spielt nicht mehr Ersatz für jemand anderen.

◉ ◉ ◉

Stellen Sie sich Ihre ehrgeizigsten Ziele vor – und machen Sie dann den ersten Schritt. Machen Sie den Anruf, legen Sie die Website an, produzieren Sie den Prototyp, schreiben Sie das Buch, halten Sie die Rede, bewerben Sie sich auf die Stelle, fragen Sie Ihren Schwarm nach einem Date, was immer es auch ist – bringen Sie Ihre Stärke, Ihren Mut und alles in Ihrer Vergangenheit auf, das Sie bis an diesen Punkt gebracht hat, und setzen Sie sich in Bewegung.

Sie glauben vielleicht, das ist für Prominente einfacher als für den Rest von uns – sodass jemand wie die wunderbare Schauspielerin und meine Freundin, Scarlett Johansson, keine Probleme haben sollte, ein neues Projekt aus den Startlöchern zu bringen. Aber da liegen Sie falsch. In ihr steckte eine Unternehmerin, die schon seit Jahren auf ihren Auftritt gewartet hat, aber angesichts ihrer erfolgreichen Karriere hatte sie nie Zeit und Energie, die sie investieren konnte, um das wirklich umzusetzen.

Wie bei vielen Unternehmerinnen und Unternehmern entstammte die Vision für Scarletts Hautpflegemarke, The Outset, aus ihrem eigenen Leidensdruck heraus. Die meisten würden es nicht ahnen, aber Scarlett hatte auch noch als Erwachsene mit Akne und »Problemhaut« zu kämpfen. Sie fand für sich die Lösung für dieses Problem in einer einfachen und dauerhaft angewendeten Schönheitsroutine, zu der die tägliche Reinigung der Haut, Vorbereitung und Feuchtigkeitspflege gehört. Während der Markt trendige, aber aggressive Inhaltsstoffe und komplizierte Pflegeroutinen bewarb, glaubte Scarlett, dass gute Hautpflege mit den grundlegenden Dingen anfängt und sie wusste, dass die Kunden von einem ähnlich einfachen und pflegenden Ansatz profitieren konnten.

Sie erzählte mir: »Als Schauspielerin musste ich aufgrund der Arbeit auf meine Haut achten, seitdem ich acht Jahre alt war. Ich glaube, ich habe so gut wie jedes Produkt auf dem Mark ausprobiert und mit den anerkanntesten Experten im Schönheitspflegebereich gearbeitet. Während ich reifer wurde, reiften auch meine Erwartungen an Produkte und die Schönheitsideale, die sie repräsentieren. Ich sah eine Marktlücke für saubere und effektive Hautpflege, die im Alltag einfach anzuwenden und doch etwas Besonderes war. Aber am wichtigsten war mir, dass ich endlich das Selbstbewusstsein hatte, um meine Sichtweise anderen mitzuteilen.«

Es gab eine eindeutige Gelegenheit und alles ergab Sinn. Der große Schritt für Scarlett bestand darin, zu akzeptieren, dass sie nicht in der Lage sein würde, es allein zu schaffen. Sie konnte sich nicht ganz auf ein Unternehmen einlassen, wie es viele von uns nicht können – also musste sie jemanden finden, der es konnte, jemanden, der ihre Leidenschaft teilte und ihre Idee zu einem funktionierenden Unternehmen verwandeln konnte.

Jesse Derris und ich arbeiteten mit Scarlett daran, Kate Foster zu rekrutieren, eine Unternehmerin, deren erstes Start-up von einem großen Medienunternehmen gekauft wurde und die schon einige Erfolge vorweisen konnte, als Führungskraft in Unternehmen der Beauty-Branche und im Modebereich, wie Victoria's Secret, Ann Taylor und Juicy Couture. Gemeinsam brachte das clevere und motivierte Duo Millionen auf, um ihre Vision für eine Hautpflegekollektion für den Alltag zu verwirklichen, die so etwas wie das »perfekte weiße T-Shirt« [»the perfect white tee«] der Hautpflege werden sollte.

The Outset war geboren und während ich diese Zeilen schreibe, haben sie gerade ihre Website in Betrieb genommen und sind in jedem Laden der Kette Sephora in den Vereinigten Staaten verfügbar. Ich bin sehr stolz darauf, sie auf dem Weg beraten zu haben. Scarletts Lebensweg verläuft anders als meiner und sicherlich sehr verschieden von dem der meisten Menschen. Aber die Gedankengänge bleiben die gleichen:

- Wie können Sie Ihren Traum verwirklichen?
- Welche Zutaten brauchen Sie, um von der Stelle, an der Sie eben stehen, zu der Stelle zu kommen, an der Sie sein wollen?

- Wie können Sie die Gewinne konsolidieren, die Sie vorher gemacht haben, um sich selbst die beste Chance auf den Erfolg bei Ihrem nächsten Projekt zu geben?

Natürlich wagen wir genau wie bei der Partnerschaft zwischen Scarlett und Kate den Sprung selten allein.

KAPITEL 8

WÜRDIGEN SIE DIE GRÖSSE ANDERER

Ich traf Gary Vaynerchuk 2009, als ich noch für die Jets arbeitete. An diesem Punkt seiner Karriere war Gary ein Weinunternehmer im vorstädtischen New Jersey – oder genauer gesagt, ein YouTube-Weinkritiker mit einem wachsenden Publikum, ein Star auf der aufstrebenden Plattform, der versuchte, das Weingeschäft der Familie auszuweiten, indem er es online brachte. Ich traf mich mit Gary – einem fanatischen Jets-Fan –, um zu versuchen, etwas von seinem neugefundenen Reichtum zum Nutzen des Teams einzusetzen und ihm eine Suite im Stadion zu verkaufen.

Ich kannte Gary nicht und als ich mich auf unser mittägliches Treffen in einem Bagelshop in Springfield, New Jersey, vorbereitete, ging ich davon aus, dass wir uns angenehm über unser Lieblingsteam in rot und weiß unterhalten würden und ich vielleicht etwas über das Weingeschäft lernen würde. Ich hätte nicht weiter danebenliegen können. Was mir nicht klar war, bis wir uns an einen Tisch setzten, war, dass Wein vielleicht Garys Geschäft, aber nicht sein Schicksal war. Es war nur sein Zugang zum Internet und einer Onlinewelt, deren Entwicklung er auf eine Weise vor dem geistigen Auge sah, dass es sich damals verrückt anhörte, aber am Ende hatte er genau richtig gelegen.

In den ersten zehn Minuten erzählte er mir von den seismischen Veränderungen, die bald von den Mark Zuckerbergs und Jack Dorseys der Welt entfesselt werden würden, von Vorhersagen, in welche Richtung die Welt sich entwickelte, wobei er Muster identifizierte und Jahre in die Zukunft blickte. Twitter zeige uns allen, dass wir in der Lage seien, Inhalte zu erstellen, betonte er, und es werde die Unternehmen auf dem falschen Fuß erwischen, weil Einzelpersonen auf eine Art und Weise Verbindungen herstellen und schnell handeln könnten, wie es Unternehmen nicht könnten.

Er pitchte mir die Idee für eine Firma, die Unternehmen in die neue Welt der sozialen Medien führte, ihnen zeigte, wie sie das System besiegen konnten, bevor die Konkurrenz überhaupt verstand, dass es ein System gab, das besiegt werden musste … und es passte alles zusammen. Mit seiner übersprudelnden Begeisterung, die noch in jedem Atemzug von Schimpfwörtern unterstrichen wurde, hätte man Gary einfach abtun können. Tatsächlich haben das auch die meisten »ernsthaften« Leute gemacht, als Gary loslegte: ihn nicht beachtet. Stattdessen hätten sie sehr viel sorgfältiger hinhören sollen.

Ich wusste, dass Gary, wenn wir ihm die nötigen Mittel zur Verfügung stellen würden, die Art und Weise verändern könnte, wie die Jets unsere Fans erreichen. Er kaufte keine Suite, aber wir vereinbarten, dass die Jets der erste Kunde von VaynerMedia, seiner noch zu gründenden Marketingfirma, werden sollten und wir gaben ihm vier Eintrittskarten für Sitzplätze an der 50-Yard-Linie für die Spiele der Jets (die er heute noch besitzt) im Austausch dafür, dass er unsere Vision für die sozialen Medien entwarf.

Seither arbeiten Gary und ich zusammen. Als ich zu RSE ging, erkannte Stephen Ross ebenfalls Garys Genialität und wusste, dass er beim Aufbau unseres Geschäftsportfolios ein Alleinstellungsmerkmal sein konnte. Wir wurden sein einziger Partner und kauften einen bedeutenden Anteil an seinem Unternehmen. VaynerMedia macht heute 250 Millionen Dollar Jahresumsatz mit Kunden wie TikTok, Unilever und PepsiCo, hat Büros auf der ganzen Welt und unzählige Auszeichnungen. Die kleine zusammengeschusterte Agentur, die zu Beginn für jeden, der einen Scheck schreiben konnte, den Twitter-Account managte, produziert heute Super-Bowl-Werbespots für Fortune-100-Unternehmen. Gary hat außerdem fünf Bestseller geschrieben und ich durfte die ganze aufregende Reise miterleben. Der Mann, dem ich damals bei seinen Tiraden in einem Bagelshop in New Jersey zuhörte, hat seine Methoden nicht verändert – abgesehen davon, dass er heute, wenn er den Mund aufmacht, 20 Millionen Menschen mit einem einzigen Kommentar erreicht.

Ich habe es gesehen und andere auch – wenn sie nur ignoriert hätten, wie unwahrscheinlich es war, dass ein profaner Gauner von einem Weinhändler die Onlinewelt besser versteht als jeder andere auf dem Planeten, und voll eingestiegen ist.

◉ ◉ ◉

Ein Freund von mir hat mich kürzlich gefragt, was der wichtigste Schlüssel für meinen beruflichen Erfolg in den letzten zehn Jahren gewesen wäre. »Es ist ja nicht so, dass du ein tolles Produkt erfunden oder ein großartiges Unternehmen aufgebaut hättest«, sagte er zu mir. Und er hat recht. Aber was ich getan habe, war der unglaublich wichtige Übergang vom Glauben, ich hätte alle Antworten und könnte es selbst an die Spitze schaffen, hin zur Realisierung, dass der Schlüssel zum Erfolg auf den höchsten Ebenen und im größten Maßstab darin besteht, Leute zu finden, die besser sind als Sie, in nahezu allem, was man überhaupt jemals tun sollte, und man sollte einfach das anerkennen, was sie so unglaublich macht.

Es ist inspirierend, jeden Tag wieder Demut zu lernen. Es ist einfach, von sich selbst gelangweilt zu sein und es ist weit interessanter, im Ruhm anderer zu baden und im strahlend reflektierten Lichtschein der wunderbaren Leute um sich herum zu sitzen. Das war der beste Wendepunkt in meinem Leben, als ich erkannte, dass nicht alles auf meinen Schultern lasten musste, sondern dass ich mich stattdessen der Förderung anderer widmen, und ihre Gaben zu unserem gemeinsamen Nutzen einsetzen konnte.

In diesem Kapitel geht es darum, anderen zu Diensten zu sein und sie zu stärken. Um das effektiv zu tun, gibt es eine relativ einfache Formel: Identifizieren Sie die Talente anderer, bremsen Sie sie nicht aus, und tun Sie dann alles, was Sie können, um deren volles Potenzial zu entfalten. Folgen Sie diesem Plan und Sie werden die Lektion verstehen, die ich wieder und wieder gelernt habe: Es geht nicht um Ideen, es geht um Menschen.

Größe identifizieren

Wir haben bereits viele der Eigenschaften besprochen, nach denen ich in anderen suche. Zuerst einmal gibt es die pragmatischen Optimisten, über die ich in Kapitel 2 geschrieben habe, die Ihnen helfen werden, Ihre Ideen zu nähren und zu hegen, statt Sie niederzumachen. Ich habe nie einen übermäßig erfolgreichen Pessimisten getroffen. Und dann gibt es noch diejenigen, die Selbstvertrauen mit Bescheidenheit kombinieren, die perfekte Kombination, um ein Gründer zu sein, in den es sich lohnt zu investieren.

Vier weitere Eigenschaften, die sich meiner Meinung nach als Faktoren erwiesen haben, die auf künftigen Erfolg hinweisen:

- **Empathie**. Sie müssen mit anderen mitfühlen können, ihre Bedürfnisse verstehen und ihren Schmerz wahrnehmen. Sie müssen aus sich heraustreten und in den Schuhen anderer Menschen laufen, um eine Situation auch von allen Seiten zu verstehen, eine 360-Grad-Ansicht zu erhalten und Probleme zu lösen.

- **Trotz.** Ich rede nicht darüber, unbelehrbar oder wütend zu sein – mit »Trotz« meine ich, dass man auf seiner Vision der Zukunft beharrt und sich nicht abbringen lässt. Wie Jeff Bezos über Amazon gesagt hat: »Wir sind stur, wenn es um unsere Vision geht. Bei den Details sind wir flexibel.«[62] Sie dürfen nicht einknicken. Genau wie Dr. Laura Finfer in Kapitel 6 gesagt hat, müssen Sie für Ihre Vision einstehen und nicht nur schweigend danebenstehen, wenn jemand anderes die falsche Entscheidung trifft oder Ihr Unternehmen in die falsche Richtung steuert. Letzten Endes sind wir alle fähige Akteure, auch wenn die Ausübung dieser Macht am Ende bedeutet, dass wir uns dafür entscheiden, wegzugehen.

- **Details.** Es gibt eine verschwindend kleine Zahl an Menschen, die sich wirklich der Idee verschreiben, dass schrittweise Anstrengungen, egal wie klein, überproportional viel bewirken können – aber es stimmt. Ich rede nicht über die negativen Konnotationen, die wir oft dem Konzept des Perfektionismus beilegen, wobei man endlos viel Zeit aufwendet, ohne eindeutigen Nutzen, nur um einen Fehler zu vermeiden. Aber ich glaube, es steckt ein unterschätzter Wert darin, die kleinen Details richtig hinzubekommen. »Wie man sich Kleinigkeiten widmet, tut man auch alles andere«, schalt Mike Tannenbaum oft nachlässige Spieler, als wir gemeinsam bei den Jets und Dolphins arbeiteten. Es ist ein alter Spruch, der aber dennoch stimmt. Ich gebe gerne zu, dass ich mich mehr als viele andere um die kleinen Details sorge, aber das liegt daran, dass die Details wichtig sind. Ich sehe sie stellvertretend für Kompetenz. Wenn Sie kleine Fehler machen, wette ich, dass Sie auch große machen werden.

- **Finish.** Dieses Konzept lernte ich das erste Mal schätzen, als ich mit Eric Mangini daran arbeitete, dass die Spieler auf dem Feld alles aus sich herausholten. Mangini hämmerte dem Team ein, dass man immer alles geben muss, nicht kurz vor Abpfiff nachlassen darf und niemals aufgibt. Aber das reicht weit über Football hinaus. Jeder, der über ein Talent verfügt, das ihm zum Durchbruch verholfen hat, egal in welcher Branche, sehe ich dieses Verlangen, zum Schluss nochmal eine Schippe draufzulegen, den Hunger, ein starkes Finish hinzulegen. Mein Lieblingsandenken an all meine beruflichen und persönlichen Leistungen ist ein Video von mir, wie ich beim Marathon in Paris über die Ziellinie laufe. Ich bin nicht athletisch begabt – einen Marathon zu laufen, war eine Übung darin, mein Tempo besser einzuteilen. Ich musste einen neuen mentalen Muskel trainieren, auf den ich mich normalerweise nicht verlassen musste, nämlich geduldig zu sein, um meine Energie über eine längere Strecke einteilen zu können, statt eine explosive Anstrengung zu unternehmen. Ich hatte ein einziges Ziel an diesem Morgen in Frankreich: nicht nur den Marathon zu beenden, sondern ein starkes Finish zu schaffen und die letzte Viertelmeile schneller zu laufen als die erste. Das bedeutete, dass ich genug Treibstoff im Tank lassen musste, um zu sprinten, wenn ich die Markierung für die letzten 400 Meter in der Ferne erkannte. Ich werde nie das Gefühl vergessen, als ich, leicht übergewichtig wie ich war, in diesen letzten Minuten an einer Gruppe anderer Läufer vorbeisauste, die kurz vor dem Ziel waren. Es gibt die Neigung, dass man müde oder schlaff wird, wenn das Ziel in Sichtweite kommt. Die Herausforderung besteht darin, diesen Drang niederzukämpfen und stattdessen alles zu geben – bis zur Ziellinie und über sie hinaus.

◉ ◉ ◉

Wenn das also die Charakteristika sind, die den Ausschlag zu unserem Vorteil geben, besteht die nächste Frage darin, wie man diese anwenden sollte. Wie lassen sich diese Eigenschaften einsetzen, um den Sieg auf dem Spielfeld zu erringen? Ich habe festgestellt, dass in jedem Unternehmen vier spezifische Bereiche besetzt werden müssen, vier Archetypen, die dafür sorgen, dass ein Unternehmen auf starken Beinen steht: der Visionär, der Katalysator, der Umsetzer und der Kommunikator. Es ist nicht notwendig, dass eine Person all diese Rollen erfüllen muss, aber ein talentiertes Individuum muss für jeden dieser Bereiche verantwortlich sein – und der Gründer kann nicht für alle vier Bereiche zuständig sein. Wir müssen erkennen, welche Rolle am besten zu unseren Fertigkeiten und unserem Temperament passt und dann für den Rest Genies einstellen und mit ihnen eine Partnerschaft eingehen.

Der Visionär

Der Visionär ist die Person, die um Ecken sehen und zehn Schritte in die Zukunft vorhersagen kann, wie sich die Welt entwickeln wird. Gary Vaynerchuk und sein magischer Verstand sind das beste Beispiel. »Um in die Zukunft zu sehen, muss man ein Auge auf die aktuelle Strömung haben«, sagte er zu mir. »Ich achte auf Datenpunkte, egal ob ich mir die am häufigsten heruntergeladenen Apps ansehe, Reddit, 4chan oder Discord besuche, Twitter lese oder beobachte, wer auf TikTok auftaucht. In vielerlei Hinsicht sehe ich mich selbst als den A&R-Manager in einer Plattenfirma in den 1970er-Jahren – der Typ, der den nächsten großen Künstler findet. Damals wäre ich in die Bars gegangen und hätte mir angesehen, wie die Menge auf verschiedene Bands reagierte und dann wäre ich zu einem Auftritt nach dem anderen gegangen, um das zu bestätigen. Niemand würde je glauben, wie viele Hausaufgaben ich machen musste, um zu meinen Schlussfolgerungen zu gelangen. Die Leute denken, ich verschwende meine Zeit – aber genau diese Zeit muss man investieren, um die Welt zu verstehen, Muster zu erkennen und die Zukunft vorherzusagen.«

◉ ◉ ◉

Kelsey Falter erhielt den ersten Scheck, den wir bei RSE jemals ausstellten. Sie war eine 23-jährige Ingenieurin und Designerin, die gerade an der Universität Notre Dame ihren Abschluss gemacht und ein Unternehmen gegründet hatte, Poptip, das maschinelle Sprachverarbeitung auf Twitter nutzt, um in Nanosekunden die Gefühle zu analysieren, die Unternehmen oder Ideen umgeben. Indem sie unstrukturierten Text aus Tweets sammelte und analysierte und kurze Umfragen, sogenannte Instapolls, einsetzte, konnte sie sehen, was den Leuten gefiel und was nicht, was sie begeisterte, wütend, traurig oder emotional machte – und konnte diese Daten dann nutzen, um Strategien für Marken und Einzelpersonen zu entwickeln. Sie hatte Erstanwender, die das Produkt liebten, und eine große Vision, dass ihre Software für so unterschiedliche Anwendungen genutzt werden konnte, wie Turnschuhe zu verkaufen oder jemandem zu helfen, der selbstmordgefährdet ist, noch bevor er es selbst merkt. Sie stellte sich vor, dass diese Daten bestimmte Auslöser erkennen konnten, die eine proaktive Intervention ermöglichten, um Menschen zu helfen, die dringend Hilfe benötigten.

Kelsey war mit vielen ihrer Ideen anderen weit voraus, aber als wir ihr Unternehmen langfristig aufstellen wollten, bestand die größte Herausforderung darin, dass wir genügend andere Menschen dazu bringen mussten, diese Vision ebenfalls zu sehen. Kelseys Vorstellungskraft hätte Poptip vielleicht zu einem milliardenschweren Unternehmen gemacht, aber die Welt war noch nicht ganz so weit – Twitter und Instagram brauchten sogar noch sieben Jahre, um die Funktionalität in ihre Plattformen zu integrieren, die Poptip bot. Eine Vision alleine reicht nicht aus, selbst wenn ein Produkt frühzeitig angenommen wird.

Kelseys Story ist deswegen so unerwartet, weil sie in diesem jungen Alter bereits das Problem verstanden hatte. Sie wusste, dass es mehr als das bereits Vorhandene brauchen würde, und sie wusste, dass ihr Unternehmen angreifbar war. »Wir hatten ein Produkt, das regelmäßig von riesigen Unternehmen genutzt, bezahlt und geliebt wurde«, erinnert sie sich, »aber es baute auf riskanten Partnerschaften auf.«

Kelsey besaß die nötige Selbstsicherheit, um zu erkennen, dass die Welt sich vielleicht nicht genau so entwickeln würde, wie sie gehofft und erwartet hatte. »Wir waren bei Twitter und Facebook eng eingebettet und hatten Zugang zu ihren Daten«, erläutert Kelsey, »aber die Landschaft veränderte sich ständig und es war schwierig, sich auf eine vertrauensvolle Partnerschaft zu verlassen und darauf aufzubauen. Wir wussten nicht, ob wir nicht morgen vom Datenstrom abgeschnitten werden würden und dieser Mangel an Kontrolle machte mir Sorgen. Wir mussten einen anderen Weg in die Zukunft finden und ich wusste, das würde alles andere als eine sichere Sache werden. Die Iteration, die bei Poptip nötig gewesen wäre, um zu einem teuren Software-as-a-Service-Produkt zu werden, war zu riskant, um so weiterzumachen.«

Zur gleichen Zeit, als Kelsey darüber nachdachte, wie sie das Risiko in der Zukunft verringern könnte, bot das Datenanalyseunternehmen Palantir Technologies, das von Kelseys Datenmaschine begeistert war, an, das gesamte Unternehmen zu kaufen. »Es war nicht meine Vision gewesen, es zu verkaufen«, meint sie, »aber ich wollte gegenüber den Angestellten und Interessenvertretern mein Wort halten. Ich wollte Kapital an meine Investoren zurückgeben. Ich wusste, wir konnten etwas Großartiges erschaffen, aber es war noch nicht soweit.«

Kelsey hatte genug Selbsteinsicht, um einen Schritt zu gehen, der für viele Gründer eine unmögliche Entscheidung darstellt: Sie verkaufte das Unternehmen, bevor sie es tun musste, um ein möglicherweise schlimmeres Schicksal zu vermeiden. »Ich sprach mit den Investoren, während ich gleichzeitig Gespräche mit zwei möglichen Käufern führte«, erzählt Kelsey. »Einen Tag, bevor ich dem Palantir-Deal zustimmte, besuchte ich noch Pitch-Meetings, weil ich Optionen haben und die beste Entscheidung treffen wollte. Ich kanalisierte all meine Energie, um ein positives Ergebnis für das Unternehmen zu erzielen, selbst wenn ich nicht wusste, wie dieses positive Endergebnis letztlich aussehen würde.«

Kelsey blieb noch einige Jahre nach dem Verkauf bei Palantir, um mitzuhelfen, ihre Vision zu verwirklichen. Sie war ein wahrer Rockstar in ihrem Fachgebiet und kurz nachdem sie zu Palantir kam, gewann sie den unternehmensweiten Hackathon, bei dem sie gegen einige der erfahrensten Softwareingenieure antrat. Palantir ging an die Börse und Kelsey braucht nie wieder zu arbeiten – aber wenn sie diese Zeilen lesen, ist ihr sicher schon wieder was Neues eingefallen und ich werde sie dabei unterstützen, denn ich glaube nicht nur an ihre Gabe als Visionärin, sondern auch daran, dass sie das Selbstvertrauen besitzt, um alle künftigen Chancen zu überblicken und dafür zu sorgen, dass die Endresultate maximal positiv ausfallen. Unser Investment in Poptip hat den siebenfachen Betrag des Schecks eingebracht, den wir RSE ursprünglich ausgestellt hatten. Es war meine erste Lektion darin, den Jockey zu unterstützen und nicht das Pferd. Die Lektion lautet, wenn Sie dem Stern eines anderen folgen, sollten Sie sich besser einen echten Visionär suchen.

Der Katalysator

Wenn der Visionär der Drehbuchschreiber ist, dann braucht dieser Autor einen Produzenten, um sich zu überlegen, wie der Film tatsächlich gedreht werden soll. Der Visionär braucht einen Katalysator, um die Puzzleteile zusammenzusetzen und die Vision zu verwirklichen. Das ist normalerweise eine bestimmte Person. Visionäre verfügen selten über die Tools, um Leute zusammenzubringen, die notwendig für die Umsetzung sind. Katalysatoren müssen gut organisierte Motivatoren sein, die die richtigen Teammitglieder finden, in diesen die nötige Begeisterung entfachen und sie alle an Bord holen. Während der Visionär die Agenda festlegt, teilt sie der Katalysator in umsetzbare einzelne Schritte auf, erstellt einen Plan, der ausgeführt werden kann und leitet den alltäglichen Betrieb des Unternehmens.

Sean Harper ist einer der besten Katalysatoren, die ich je getroffen habe. Ich habe Sean bereits als meinen Mitbegründer und CEO von Kin Insurance vorgestellt. Kin hat eine Branche herausgefordert, die von hundert Jahre alten Giganten dominiert worden war, und gezeigt, dass bessere Daten alles andere verändern können. Sean verbrachte fünf Jahre damit, die Art und Weise, wie Versicherungsunternehmen Häuser versichern, neu zu gestalten, indem er die Berechnungen auf die wichtigsten Variablen reduzierte, und dann das Kundenerlebnis in der Hausversicherung für das einundzwanzigste Jahrhundert neu erfand, indem er direkt zum Verbraucher ging und Zwischenhändler ausschaltete. Das ergibt alles zusammen eine erstaunliche Geschichte über die Neuerfindung einer ganzen Branche – und Sean ist genau der Richtige, um am Ruder zu stehen.

Sean hat diese stille Passion, die nur wenige Menschen in sich selbst am Leben erhalten können. Seine Superpower besteht darin, stets die Gemüter im Raum zu besänftigen, Leuten wohlwollend gegenüberzustehen, Wut zu reduzieren und zu verhindern, dass man den Wald vor lauter Bäumen nicht mehr sieht. Die Versicherungsbranche ist hoch reguliert. Es gibt viele detaillierte Anforderungen und gleichzeitig ständige Verschiebungen und Veränderungen. Um ein Team zu organisieren und zu managen, das angesichts dieser Komplexität zu Höchstleistungen aufläuft, ist eine bedeutende Herausforderung.

»Meine Fähigkeit, Emotionen im Griff zu behalten, ist ein großer Vorteil im Business«, erzählte er mir. »Es führt dazu, dass die Leute gerne Geschäfte mit einem machen. Es ist Arbeit, die Emotionen anderer positiv zu beeinflussen; es fordert seinen Tribut, andere anhaltend zu motivieren oder ihre Gefühle für sie zu verarbeiten. Wenn man die eigenen Gefühle im Griff hat, statt andere zu zwingen, dieses Ziel mit einem selbst gemeinsam zu erreichen, dann arbeiten andere sehr viel lieber mit einem zusammen. Wenn das Gegenüber zuversichtlich sein kann, dass Sie nicht eine irrationale emotionale Reaktion auf die Dinge um Sie herum an den Tag legen, wird man Ihnen vertrauen und gerne mit Ihnen und für Sie arbeiten.«

Das ist ein bemerkenswerter Punkt. Sean spricht von den Gelegenheiten, als eine Krise vor der Tür stand und seine Investoren ihn fragten: »Wieso machen Sie sich keine Sorgen?« Er erläutert: »Zum Teil deswegen, weil ich möglicherweise über mehr Daten verfüge, wie einmal, als wir die Gehälter auszahlen mussten, aber nicht die nötige Liquidität hatten, ich aber wusste, was als Nächstes noch anstand, und daher darauf vertrauen konnte, dass das Geld auf dem Weg war. Aber zum Teil ging es gar nicht um die Daten, es ging darum, meine emotionale Reaktion unter Kontrolle zu haben. ›Wollen Sie, dass ich panisch herumrenne‹, fragte ich sie, ›oder wollen Sie, dass ich ruhig und fokussiert bleibe?‹ Angesichts dieser Frage ist die Antwort offensichtlich. Natürlich ist es besser, wenn ich ruhig und fokussiert bin. Es ist besser für das Unternehmen und es ist besser für jeden, der mit mir Geschäfte macht.«

Wenn das nach jemandem klingt, den Sie kennen, sollten Sie diese Person immer in der Nähe haben, denn ein Visionär kann Träume nicht ohne einen Katalysator verwirklichen, der ihn aus dem Bett holt.

Der Umsetzer

Während ein Katalysator den Wald vor lauter Bäumen sehen muss, sieht ein guter Umsetzer die Bäume und ignoriert den Wald, indem er sich auf seine spezielle Rolle konzentriert und sie mit Bravour meistert. Ein Anwalt ist ein

Umsetzer in einem bestimmten Silo des Unternehmens. Der CFO ist ein Umsetzer. Der CTO ist häufig ein Umsetzer. Diese Leute sind manchmal in ihren Positionen unglücklich und wollen lieber zwischen der Rolle des Visionärs und des Katalysators hin und her wechseln, anstatt sich damit zufrieden zu geben, tief in ihr Fachwissen einzutauchen und es zu nutzen, um Wettbewerbsvorteile zu finden. Die Umsetzer leiden in diesen Fällen unter etwas, das ich als visionären Neid bezeichne. Das bringt Unternehmen durcheinander, weil es am Ende zu konkurrierenden Visionen, Streitigkeiten über die Aufteilung der Verantwortlichkeiten und einer Diskrepanz in der Umsetzung kommt.

Dieses Problem kann zum Teil dann auftreten, wenn es ein schwaches Glied gibt, das die Rolle des Visionärs oder Katalysators einnimmt. Jemand muss diese Rollen ausfüllen und wenn die Leute, die sie ausfüllen sollen, Fehler machen, wird der Umsetzer zwangsläufig den Druck zu spüren bekommen und fühlt sich genötigt, die Lücke zu füllen, auch wenn diese Person für die Rolle nicht geeignet ist. Oder Sie stehen vor der Situation, dass die Vision gelobt wird, aber der Umsetzer ignoriert oder als austauschbar betrachtet wird, dann besteht das Potenzial für Neid und Grabenkämpfe. Exzellente Visionäre und Katalysatoren werden einen exzellenten Umsetzer mit Anerkennung überschütten, denn sie wissen, dass sie ihre Wertschätzung für diese Rolle zum Ausdruck bringen sollten und nicht versehentlich dafür sorgen, dass eine Mission aus dem Ruder läuft. Schließlich muss irgendjemand die Arbeit tun!

Wenn ich an exzellente Umsetzer denke, denke ich an Rachel O'Connell. Bevor ich an die Harvard Business School kam, arbeitete sie tagsüber in einer Bank, aber verbrachte ihre Abende als Freiwillige in der Modewelt. »Es fühlte sich so energetisierend und erfüllend an, kreativen Menschen dabei zu helfen, ihre Vision zum Leben zu erwecken«, erzählte sie mir später. Als ich meinen Harvard-Kurs abhielt, sah sich Rachel nicht notwendigerweise selbst als eine der visionären Kreativschaffenden, die wir im Kurs behandelten, aber sie war begeistert von der Vorstellung, diesen Kreativen dabei zu helfen, ihre Träume zu verwirklichen, und sie leistete dazu gerne einen wertvollen Beitrag, wann immer sie konnte. Ihr Plan war gewesen, eine Praktikantenstelle bei einer der großen, traditionellen Einzelhandelsketten oder bei einem Hersteller zu finden, in der Hoffnung, sich die Ränge hochzuarbeiten, aber der Kurs inspirierte sie dazu, nach einem Weg zu suchen, der diese Reise beschleunigen konnte.

»Zu hören, wie Unternehmer ihre Leidenschaft teilen, hat mich daran erinnert, dass es nicht die Arbeit in der Modewelt oder der Beauty-Branche war, die mich so interessierte. Es ging darum, kreativen Menschen zu helfen und eine tiefe Verbindung zu ihnen herzustellen. Ich wollte diese Verbindung von Anfang an in einer kreativ-unternehmerischen Partnerschaft finden.« Das ist die Veränderung des Tempos, von der ich in Kapitel 6 sprach – scheuen Sie sich nicht, in großen Dimensionen zu denken, statt weiter den Pfad der kleinen Schritte zu beschreiten.

Als ich mich nach dem Kurs mit ihr unterhielt, wurde mir klar, dass Rachel ebenso ein besonderes Talent hatte, wie die Unternehmer, die ich an die HBS gebracht hatte, denn die Bereitschaft, sich in den Dienst eines Visionärs zu stellen, ist eine Gabe. Statt anderen den Erfolg übelzunehmen und ihn sich selbst zu wünschen, verlegte sie sich ganz auf die ebenso wichtige Unterstützerrolle. Mir kam auch sofort bei einem Gedankenblitz der richtige Job für sie in den Sinn. Ich wusste, dass Kosmetiklegende Bobbi Brown, eine brillante, kreative Frau, die zugibt, dass die reinen Zahlen sie nicht interessieren, nach jemandem mit analytischem Sachverstand suchte, um eine neue Produktreihe auf den Markt zu bringen. Rachel sagte, sie liebe Bobbi Brown und ich konnte nicht anders, als zu glauben, dass es Schicksal war. Ich holte mein Handy heraus, legte es in der Cafeteria in Harvard auf den Tisch und sagte zu Rachel: »Wenn Bobbi abnimmt, dann ist es Schicksal.« Sie tat es und am Ende der Unterhaltung hatte Rachel einen Termin für ein Bewerbungsgespräch.

»Es war eine solch unglaubliche Gelegenheit, diese tiefgehende Lernerfahrung zu machen und etwas darüber zu erfahren, welch enorme persönliche Bedeutung eine Aufgabe haben kann. Das erfährt man nur in der Zusammenarbeit mit einer kreativen Führungsperson, der man dabei hilft, ihre Vision auf die Welt zu bringen«, meint Rachel. Sie half Bobbi Brown, eine neue Reihe von Kosmetikprodukten auf den Markt zu bringen – die Schöpferin und die Analytikerin, die gemeinsam neue Höhen erklimmen – und arbeitet heute bei Estée Lauder, wo ihre Karrieremöglichkeiten unbegrenzt sind, denn sie weiß, wie man anderen zu Diensten ist und etwas umsetzt.

Bei allen geschäftlichen Dingen sollten Sie ehrlich mit sich selbst sein, wenn es um Ihre Stärken und Schwächen geht, und niemals versuchen, eine Rolle auszufüllen, für die Sie nicht geeignet sind. Wenn Sie immer davon geträumt haben, Unternehmer zu sein, aber stattdessen feststellen, dass Sie in einer Rolle aufblühen, in der Sie Unternehmer unterstützen, lassen Sie sich nicht von Ihrem eigenen Ego den Erfolg sabotieren. Werden Sie ein erstklassiger Umsetzer.

Der Kommunikator

Selbst wenn alle anderen Elemente vorhanden sind, unterschätzen wir oft, wie wichtig es ist, anderen erklären zu können, was die Mission eines Unternehmens ist und wieso das Unternehmen in der Lage ist, diese Vision auch tatsächlich umzusetzen. Storytelling ist dabei entscheidend – und zwar gegenüber einem breiten Publikum, von den Investoren über die Angestellten und Kunden bis zu den Medien – und ist nicht nur eine zusätzliche Fähigkeit, die von jedem erwartet werden sollte. Ich habe mit Unternehmen gearbeitet, in denen die leitenden Mitarbeiter selbst versucht haben, die Storyteller des Unternehmens zu sein, aber wenn sie darin nicht gut sind, wird das gesamte Projekt nicht von der Stelle kommen.

Mein Freund Tom Carroll ist meine Geheimwaffe in Sachen Storytelling. Ich bringe ihn in Unternehmen ein, die Schwierigkeiten haben, ihre eigene Geschichte herauszuarbeiten und zu artikulieren. Tom war CEO von TBWA\Chiat\Day, der global operierenden Werbeagentur, die in den 1980er-Jahren Apple an die Spitze brachte und den Tech-Giganten später ebenfalls mit der revolutionären »Think Different«-Kampagne zum Relaunch verhalf, als Steve Jobs 1997 in die Rolle des CEO zurückkehrte. Tom hat schon mit einigen der talentiertesten Storyteller der Welt gearbeitet und ist leidenschaftlich daran interessiert, große, ikonische Brands zu erschaffen

– aber seine Fähigkeiten sind nicht nur dann wichtig, wenn es darum geht, die Kunden zu erreichen, sondern sie sind für jeden wichtig.

Wir alle begreifen intuitiv, wie mächtig Storytelling ist, wenn es um B2C-Marketing (Business to Consumer) geht, aber das Gegenteil trifft zu, wenn wir an B2B-Marketing (Business to Business) denken. Der Begriff *B2B* ist im Grunde selbst schon irreführend, denn diejenigen, die letztlich die Kaufentscheidungen bei *B* treffen, sind weitere *Cs*. Jeder, an den Sie verkaufen, ist letztlich ein Consumer. Jeder Verkauf ist ein Versuch, Glauben von einem Menschen auf den anderen zu übertragen. Und aller Glaube wird von einem emotionalen Imperativ untermauert. Um den Komiker Finley Peter Dunne zu zitieren – großartiges Storytelling wird die Betroffenen trösten und die Getrösteten betroffen machen.[63]

Sie dürfen Storys nicht außer Acht lassen, selbst in den Branchen, in denen Storytelling nicht unbedingt passend erscheint. Kin hat eine unglaubliche Versicherungsgeschichte geschrieben: Es nutzte Daten, um Risiken besser zu managen als seine Konkurrenten und sich in der »neuen Normalität« des Klimawandels zu behaupten – während es gleichzeitig direkt auf den Verbraucher zuging und im »neuen Normal« dessen, was Kunden in nahezu jeder Branche erwarten, Hilfestellung und Kommunikation über Messaging und die sozialen Medien anbot. Aber ihr Team war schlecht darin, das zu erklären.

Ich holte Tom Carroll hinzu, um Kin ein neues Markenimage zu verpassen – der Begriff des »neuen Normals« entstammt direkt seiner Arbeit – und wir halfen dem Unternehmen, seine Story effektiver als vorher zu erzählen. Die Fertigkeit, eine Botschaft zu destillieren und zu verbreiten, kann die Zeit, die die Welt braucht, um sie zu verstehen und zu akzeptieren, deutlich verkürzen. Wenn Sie für die Welt zu früh dran sind, ist Kommunikation das entscheidende Werkzeug, das Sie brauchen, um die Lücke zu schließen.

Neulich beklagte ich gemeinsam mit der legendären Investorin Cathie Wood die Tatsache, dass es oft länger dauern kann, als man dachte, bis andere das sehen, was man selbst erkannt hat. Sie machte ihren Schritt, die Schiffe hinter sich zu verbrennen, als sie 2014 ihre Stelle als Chief Investment Officer bei Alliance-Bernstein kündigte, um auf eigenen Beinen zu stehen und Ark Invest zu gründen. Ark Invest setzte mit mehreren aktiv verwalteten ETFs auf Innovationen und verwaltete in der Spitze ein Vermögen von fast 50 Milliarden US-Dollar.

Cathie erinnerte mich daran, dass sie für Tesla geworben hatte, noch lange bevor die Entwicklung des Unternehmens auch dem Markt offensichtlich geworden war. Im August 2018 schrieb sie auf Twitter, dass sie mit einem Aktienpreis von 400 Dollar für das Unternehmen rechnete, was damals eine unwahrscheinliche Bewertung am Markt von 670 Milliarden Dollar bedeutet hätte. Die kühne Ansage wurde belacht. Der Markt war noch nicht so weit.

»Wir konnten kaum glauben, dass niemand auf uns hören wollte«, erzählte sie Bloomberg 2020 in einem Interview.[64] »Sie haben sich darüber lustig gemacht. Und dadurch stand ich erst recht hinter Tesla, denn was mit der Zeit passiert, während die Neinsager mehr wurden, war, dass Teslas Marktbarrieren ebenfalls höher wurden.«

Cathie hat sich letztlich mit ihrem Kursziel getäuscht, aber auf erfreuliche Art und Weise – Tesla erreichte 2021 einen Börsenwert von einer Billion Dollar. »Der Markt ist sehr ineffizient und viele derjenigen, die Bewertungen für eine Innovation abgeben, haben keine direkte Erfahrung mit dieser Innovation«, erklärte sie mir. Ihr Büro liefert dazu das Gegengift, denn hier verrichten junge Analysten ihre Arbeit, die es kaum erwarten können, herauszufinden, was als Nächstes kommt. Diese Kultur der intellektuellen Neugier hat sie ins Pantheon der königlichen Investoren katapultiert und sogar eine eigene Produktlinie hervorgebracht.

Irgendwann werden andere aufschließen und Ihre Einsichten teilen. Aber Sie können sich selbst einen großen Gefallen tun und sich an den richtigen Kommunikator wenden, der Ihre Vision verständlich machen und zum Leben erwecken kann.

◉ ◉ ◉

Gemeinsam bilden diese vier Bereiche die Kernkompetenzen eines herausragenden Unternehmens. Und natürlich müssen die Personen, die für jede dieser Kompetenzen verantwortlich sind, ebenfalls herausragende Player sein – ob als Angestellte oder Gründer.

Wie ich bereits zu Beginn dieses Abschnitts sagte, kann man nicht alles selbst tun und ich bin dafür das beste Beispiel. Ich werde ständig gefragt, wie ich es schaffe, alle diese Unternehmen zu leiten, all die Deals abzuschließen, in Harvard zu arbeiten und im Fernsehen aufzutreten – und die Antwort ist schlicht und ergreifend, dass ich das alles gar nicht tun könnte, wenn ich nicht ein Dream-Team von Leuten hätte, die mit mir als Partner zusammenarbeiten, um all das wahr werden zu lassen.

Uday Ahuja, Chief Investment Officer von RSE ist fast vom ersten Tag an bei mir. Er ist Absolvent der Ross School of Business an der University of Michigan und erhielt prestigeträchtige Stellen bei Goldman Sachs im Investmentbanking und dann bei einer Private-Equity-Firma, bevor er schließlich bei RSE anfing. Uday übernimmt die Führung, wenn wir über ein Investment entscheiden, kreative Deals strukturieren, Bedingungen verhandeln und unser gesamtes Team durch den Due-Diligence-Prozess führen. Manchmal sieht es so aus, als würde Udays gesamter Job darin bestehen, sich mit den Launen schwieriger Persönlichkeiten zu beschäftigen und doch ist er unerschütterlich, egal mit welchen Problemen man ihn konfrontiert. Er ist genau die ruhige Hand, die meinen Enthusiasmus ausgleicht. Im rechtlichen Bereich habe ich Corrine Glass als Rechtsberaterin, die in Harvard studiert hat und jedes Wort einer Vereinbarung unter die Lupe nimmt. Sie ist genauso strukturiert wie ich, hat ein unglaublich gutes Gedächtnis und findet stets clevere Methoden, um Probleme zu lösen, die mir nicht einmal in den Sinn gekommen wären. Ihr entgeht nichts. Und auch wenn Corrine eine taffe Anwältin ist, behält sie stets das große Ganze im Auge – wie es gute Anwälte tun – und lässt nie zu, dass Parteilichkeit einem Deal im Weg steht.

Ihre Fähigkeit, gemeinsam den Investmentmanagementprozess von Anfang bis Ende im Griff zu behalten, gibt mir die Möglichkeit, das zu tun, was ich am besten kann.

Das Wichtigste, das wir alle tun sollten, ist, unsere eigenen Talente zu verstehen und an welcher Stelle wir uns am besten einbringen können. Aber es ist nicht genug, nur die Größe in sich selbst und in den Menschen um uns herum zu erkennen. Wir müssen auch das Gegenteil erkennen – wenn Menschen den Untergang einer Organisation verursachen oder ihr Erfolgspotenzial einschränken. Die Probleme lassen sich normalerweise auf ein einfaches Muster eindampfen: Jemand an der Spitze hält das gesamte Unternehmen zurück, weil derjenige schwierig ist, andere nicht unterstützt und die Einflussmöglichkeiten aller Menschen um sich herum beschneidet. Schwierige Leute – die anderen etwas vorenthalten, sich etwas unter den Nagel reißen, sich als Opfer oder Märtyrer aufspielen oder andere hinters Licht führen – stehen anderen im Weg, die dadurch nicht ihr volles Potenzial entfalten können und üben dabei eine toxische Wirkung aus, während sie nach dem Sieg streben.

Halten Sie niemanden zurück

Wir bekommen es alle irgendwann mit schwierigen Personen zu tun, besonders, wenn wir in den Hierarchien anderer gefangen und ihren Launen unterworfen sind. Das ist zum Teil der Grund, wieso ich anderen rate, sich aus Hierarchien zu befreien und ihre eigene zu erschaffen. Eine meiner wichtigsten Regeln ist, dass ich keine Geschäfte mit schwierigen Personen mache, wenn ich es vermeiden kann. Wenn Sie jemanden sehen, der unhöflich ist, andere Meinungen niedermacht, feindselig ist oder respektlos, selbst wenn es nicht an Sie gerichtet ist – gehen Sie dieser Person aus dem Weg. Sämtliches Verhalten, das Sie im Umgang mit anderen sehen, wird irgendwann auch Ihnen gegenüber in Erscheinung treten. Eine behutsame Ausnahme würde ich für Situationen machen, bei denen die Kunst im Mittelpunkt steht. Ich definiere Kunst dabei recht breit – visuelle Kunst, Performancekunst, Kochkunst, Schreibkunst. Kunst zieht gemarterte Seelen an, also muss ich mehr Toleranz für die Tatsache aufbringen, dass Künstler schwierig sein können. Das bedeutet nicht, dass ich jemals Gemeinheiten oder Grausamkeit tolerieren würde, aber manchmal muss man gewisse Eigenheiten, die vielleicht an Launenhaftigkeit grenzen, bei bestimmten Personen einfach tolerieren.

Was man nicht vergessen sollte, wenn man das erste Mal mit jemandem verhandelt – ob das ein Investor, Partner oder Angestellter ist –, wird sich Ihr Gegenüber von seiner besten Seite zeigen. Niemand fällt mit der Tür ins Haus und zeigt sich von seiner schlechtesten Seite. Wenn also diese beste Seite schon schwierig ist oder man auf Verhalten stößt, das sich nicht erklären, vorhersagen oder tolerieren lässt, sollte man schleunigst das Weite suchen. Bitte glauben Sie mir, wenn ich Ihnen sage, dass es nie besser, sondern nur schlimmer werden wird.

Es gibt fünf Verhaltensmuster, die ich immer wieder sehe und die Menschen und Organisationen zu Fall bringen. Sie sollten es vermeiden, diese selbst an den Tag zu legen oder mit Menschen zu interagieren, die diese Verhaltensmuster zeigen. Wenn Sie eine solche toxische Persönlichkeit treffen, rennen Sie weg.

Die ›Vorenthalter‹

Sie sind unfähig, jemanden zu loben oder froh zu sein, wenn jemand anderes seinen Teil beiträgt und für einen Erfolg mitverantwortlich ist. Diese Leute sind durch Unsicherheit oder den Willen bestimmt, andere zu dominieren. Sie sind missgünstig gegenüber allen, die Fähigkeiten besitzen, die sie selbst nicht haben oder gegenüber anderen, die nicht den gleichen Selbsthass empfinden, von dem sie manchmal geplagt werden. Wenn Sie auf dem aufsteigenden Ast sind, sehen sie es als ihre Mission an, diesen abzusägen.

Wenn Sie zu sehr von einem Mentor abhängig sind, besteht die Gefahr, dass Sie auf Vorenthalter treffen und sich in einem Teufelskreis wiederfinden, in dem Sie Anerkennung von jemandem suchen, der sie Ihnen nie geben wird. Die meisten von uns nehmen an, dass andere rational handeln. Wir nehmen an, eine gut gemachte Arbeit wird Anerkennung und Lohn finden. Vorenthalter nutzen diese Annahmen zum eigenen Vorteil und quälen die Leute um sich herum.

Wenn Sie für einen Vorenthalter arbeiten, werden Sie niemals gewinnen. Sie müssen kündigen. Ich muss zugeben, dass ich zwei anscheinend widersprüchliche Ansichten vertrete, wenn es um Geduld und berufliches Weiterkommen geht. Einerseits sehe ich, dass zunehmende Verantwortung ein positiver Frühindikator ist, selbst wenn das Gehalt nicht genauso schnell steigt. Gute Performer werden auch mit Wachstumsmöglichkeiten belohnt und das Gehalt sollte auch irgendwann steigen. So sollte es zumindest sein. Aber so ist es nicht, wenn Sie es mit einem Vorenthalter zu tun haben. Sie werden das einfach auf alle Ewigkeit ausnutzen, solange Sie ein williger Komplize sind. Wenn Sie auch nur den geringsten Verdacht haben, Sie könnten selbst ein Vorenthalter sein, müssen Sie aufhören, anderen etwas vorzuenthalten. Loben Sie die Menschen um sich herum. Zollen Sie ihren Talenten Anerkennung, egal worin diese bestehen, und helfen Sie ihnen dabei, diese zu maximieren. Schaffen Sie einen Platz für Dankbarkeit in Ihrem Herzen und was immer Sie bedrückt, wird endlich heilen. Es kann nur Gutes dabei herauskommen, wenn Sie die Leute um sich herum unterstützen.

Die ›Unter-den-Nagel-Reißer‹

Ich erhalte Unmengen an Nachrichten auf Instagram und LinkedIn und fühle mich schuldig, weil ich realistischerweise auf die meisten nicht antworten kann. Ich lese sie, das mache ich wirklich, und ich suche in ihnen nach Anzeichen für ernsthafte Probleme oder Depressionen, wenn ein nettes Wort meinerseits vielleicht wirklich etwas Positives bewirken kann. Wenn man von Leuten umgeben ist, die sich etwas unter den Nagel reißen wollen, werden solche Emotionen gefördert. Die Menschen verzweifeln und wissen nicht, an wen sie sich wenden sollen.

Eine junge Unternehmerin, die ich noch nie getroffen hatte, schickte mir vor Kurzem eine Direktnachricht auf Instagram. Sie fiel mir auf, weil sie so ungewöhnliche Kunst erschuf. Sie besaß ein kleines Unternehmen, das gewagte Designs machte, um Autos zu einem echten Statement zu machen – Klebefolien, sogenannte ›Wraps‹, die einen Wagen völlig umwandelten und gleichzeitig schützten.

Sie schickte mir eine Nachricht, weil sie mir vorschlagen wollte, meinen Wagen mit Klebefolien wie einen Hai aussehen zu lassen, nachdem ich bei *Shark Tank* aufgetreten war. Aber sie wollte mich auch um einen Rat fragen.

Sie erläuterte, dass sie wusste, wie viel ihre Arbeit wert war, aber manchmal fand sie sich in der Situation wieder, dass jemand einfach nicht für ihr Produkt bezahlen wollte. Jemand hatte sie um einen Wrap gebeten und sie hatte Tag und Nacht wochenlang sorgfältig daran gearbeitet. Der Kunde war mit der Arbeit zufrieden, aber anscheinend nicht zufrieden genug, um auch dafür zu bezahlen. Das war ein Muster, das immer wieder auftrat. Jemand beauftragte sie mit einer Arbeit und suchte dann nach kleinen Fehlern, die unrealistisch aufgeblasen wurden, um sich zu weigern, zu bezahlen – oder sie einfach zu ignorieren.

Sie war so konfliktscheu, dass sie diese Diebe nicht konfrontieren konnte und hatte nicht das Selbstvertrauen aufgebracht, Bezahlung im Voraus zu verlangen, aus Angst, dass sie dann gar keine Bestellungen mehr erhalten würde. Es mangelte ihr am Selbstwertgefühl, um die ›Unter-den-Nagel-Reißer‹ dieser Welt zu meiden, die einfach nur von ihr stehlen wollten.

Ich versicherte ihr, dass ihre Arbeit einen Wert hatte und diese Leute sie schlecht behandelten. Ich riet ihr, sie solle keine Angst haben, die Bezahlung zu verlangen sowie auch die Bezahlung im Voraus. Das ist eine Lektion, die sie selbst lernen musste und mit der Zeit tat sie es auch. Heute läuft ihr Geschäft prima, sie hat ein neugefundenes Selbstvertrauen und wenn Sie nach einem Wrap für Ihren Wagen suchen, wenden Sie sich an Christina McKay bei Curvaceous Wraps und sagen Sie ihr, ich hätte Sie geschickt. (Und bezahlen Sie!)

Es ist nicht immer so dreist und extrem, aber im Grunde sind ›Unter-den-Nagel-Reißer‹ dasselbe wie ›Vorenthalter‹ mit dem Bonus, auch noch aggressiv zu sein. Sie wollen das, worin Sie gut sind, und es für sich beanspruchen, wobei sie sich Ihre Schwachstelle zunutze machen. Wenn man auf ehrliche Weise einen Wert durch ein kreatives Genie erhalten will, muss man den Schwachstellen anderer gegenüber empathisch sein und sie nicht ausnutzen wollen. Ein exzellenter Leader wird jemandem ein faires Gehalt bezahlen, auch wenn der Leader weiß, dass diese Person niemals den Mut hätte, selbst darum zu bitten. Mich erinnert das an &pizza und an Michael Lastoria und wie er sich dafür eingesetzt hat, den landesweiten Mindestlohn anzuheben – »die deutlichste Art, unseren Arbeitnehmern zu sagen, ›Ihr seid uns wichtig‹«, meint Michael. Ein guter Leader wird sogar noch weitergehen und alles tun, um diejenigen fair zu entlohnen, die am wenigsten in der Lage sind, selbst darum zu bitten, denn dieser Leader sieht den kaum zu überschätzenden Nutzen, wenn Menschen sich sicher fühlen und dass diese Sicherheit ihre Talente im größtmöglichen Ausmaß zum Vorschein bringt.

Opfer

Im Allgemeinen arbeiten gute Performer von einem Standpunkt der Dankbarkeit aus. Sie erheben keinen Anspruch auf Erfolg und sind daher begeistert und dankbar, wenn er sich einstellt. Opfer leben stattdessen in einem ständigen Zustand der Ungerechtigkeit. Es sind die Menschen, die nie ihre Dämonen und Feinde überwunden haben. Opfer sehen jede unwegsame Stelle auf ihrem Pfad als die Bestätigung an, dass man es ausgerechnet auf sie abgesehen hat. Das ist für Wachstum und Erfolg nutzlos. Wenn etwas Schlechtes passiert, kann man es akzeptieren und daraus lernen, aber man sollte nicht seine gesamte Identität darauf aufbauen.

Als ich mit 32 Krebs bekam, besuchte ich eine Selbsthilfegruppe und alle waren so wütend, dass wir nun ein Teil der unglücklichen 7000 Männer waren, die jedes Jahr in den Vereinigten Staaten die Diagnose Hodenkrebs erhielten. Man darf nicht vergessen, wir hatten noch Glück gehabt und erhielten Behandlungen gegen einen Krebs, der eine Überlebensrate von 95 Prozent hat. Wir würden vermutlich überleben und nach der Behandlung noch ein langes und ansonsten gesundes Leben vor uns haben. Das ist natürlich Ansichtssache, aber ich fand keinen Draht zu meinen Mitüberlebenden in der Gruppe, die darüber jammerten, wie unästhetisch es aussah, nur einen Hoden zu haben. (Ich hatte sowieso nie dem Glauben angehangen, dass dies die schmeichelhafteste Region der männlichen Anatomie sei.)

Nach meiner Krebsoperation und während ich fast einen Monat lang täglich eine Strahlenbehandlung am Memorial Sloan Kettering erhielt, hatte ich eine Offenbarung, während eines dieser Momente, in dem man sich fragt, ›*warum ich?*‹ Das Gegenteil von *warum ich* ist *warum nicht ich?* Ich hatte keine gute Antwort darauf, wieso jemand anderes meinen Platz einnehmen und sich mit diesem Unglück herumschlagen sollte, aber ich hatte jede Menge Gründe, zu glauben, dass ich besser dafür gerüstet war, damit umzugehen, als die meisten meiner Altersgenossen. Ich hatte viel Geld; eine Vergangenheit mit relativ gesehen schlimmeren Traumata; einen Galgenhumor. Ja, wieso nicht ich? Vielleicht versuchte ich nur, es zu rationalisieren, aber ich bin stolz auf meine Arbeit, auf meine Erfolge und sogar auf meine Narben. Ich bin dankbar, anders zu sein – anders als andere, aber nie weniger als sie. Hodenkrebs war nur ein weiteres außergewöhnliches Ereignis. Über Nacht wurde ich möglicherweise der Einzige in Amerika, der seinen Hochschulabschluss nachgeholt, das Jurastudium beendet und nur einen Hoden hatte. (Und wenn ich unrecht habe und es gibt noch einen von uns da draußen – schreiben Sie mir auf Instagram und wir gehen ein Bier trinken, mein Freund!) Ich verbringe überhaupt keine Zeit damit, meine Situation zu bejammern, und das sollten Sie auch nicht tun, egal, wie diese Situation beschaffen ist. Sie sind niemals dazu bestimmt, ein Opfer zu sein. Sie werden immer das letzte Wort haben und zwar bis zum letzten Atemzug.

Ich glaube wirklich, dass man vor und während einer Krise die gleiche Person ist. Die Krise verstärkt nur alles, was einen stark oder schwach macht. In einer Krise wird es besonders offensichtlich, ob man ein Opferbewusstsein hat. Opfer sehen eine Krise als die Bestätigung all ihrer Ansichten über die Welt. Alle haben es auf sie abgesehen. Sie können einfach keinen Erfolg haben. Und dann wird die Prophezeiung war und sie scheitern.

Tappen Sie nicht in diese Falle.

Märtyrer

Märtyrer sind so etwas wie Opfer, die tatsächlich auch ihre Arbeit machen – aber nicht gut genug, um die psychische Belastung zu rechtfertigen, die sie für eine Organisation darstellen und sie neigen dazu, sich zu sehr zu verausgaben, um ihre Leistung zu optimieren. Märtyrer laden sich so viel auf, wie sie überhaupt noch handhaben können – und noch mehr –, aber sie tun es nicht, um dem Team zu helfen. Stattdessen benehmen sie sich so, um das

Narrativ über sich selbst zu bestätigen, mit dem sie sich gerne umgeben, dass man ihnen ungerechterweise die Lasten anderer auferlegt.

Die gute Neuigkeit ist, dass man Märtyrer umerziehen kann und sie nicht notwendigerweise böse Absichten haben – genau wie Nick Stone von Bluestone Lane, der zuerst versuchte, alles selbst zu tun, und dann das Delegieren lernte, wodurch sein Unternehmen neue Höhen erklimmen konnte. Wenn Sie jemanden überzeugen können, dass es beim Verfolgen eines Zieles am besten ist, die Aufgaben an diejenigen zu delegieren, die am besten dafür geeignet sind, dann kann diese Person seine Energie darauf konzentrieren, die besten Leute einzusetzen, statt alles selbst zu machen. CEOs werden manchmal zu Märtyrern, weil es ihnen an Reife oder Erfahrung fehlt oder weil sie Konflikte vermeiden wollen. Wenn das Unternehmen eine Zeit lang knausern musste, ist es schwierig, umzudenken, sobald wieder Ressourcen vorhanden sind, um jemanden einzustellen, der helfen kann. Der CEO vermeidet es, eine Aufgabe neu zu definieren und klammert sich an den Heldenstatus, weil er die ganze Verantwortung auf seinen Schultern trägt.

Schlechte Leader belohnen möglicherweise Märtyrer, weil sie diese für harte Arbeiter halten, die bereit sind, alles zu tun, aber diese Leader erkennen nicht, dass »tun« nicht dasselbe wie »vollbringen« ist. Märtyrertum und Opfergebaren sind eigentlich zwei Seiten derselben Medaille. Den Märtyrern wird vom Universum eine ungerechtfertigte Last aufgezwungen und den Opfern verbaut das Universum jede Chance auf den Erfolg. In beiden Fällen ist es die Schuld des Universums und sie erkennen nicht an, dass sie selbst ihr Schicksal steuern können.

Gaslighter

Normalerweise denken wir bei Gaslightern an persönliche Beziehungen, aber es gibt sie auch in der Unternehmenswelt. Gaslighter in Unternehmen sind die letzte Kategorie der negativen Einflüsse, die ich regelmäßig sehe. Sie verbringen ihre Energie damit, die Realität umzuschreiben und das zum Nachteil aller um sie herum. Häufig besitzen sie narzisstische Eigenschaften. Sie vereinen die Qualitäten der Vorenthalter, Unter-den-Nagel-Reißer,

Opfer und Märtyrer in einer Person und versuchen, andere davon zu überzeugen, dass sie nicht sehen, was sich direkt vor ihren Augen abspielt.

Um zu Elizabeth Holmes und der Geschichte von Theranos zurückzukommen. Sie ist der klassische Gaslighter in einem Unternehmen und sie gab ihr Bestes, um angesichts der Anschuldigungen die Schuld von sich zu weisen und darauf zu bestehen, dass alle etwas sahen, was nicht wirklich vorhanden war. Aber ihre Fiktion brach letztlich zusammen, ähnlich wie die Geschichte Enrons, als der CEO Jeffrey Skilling die Medienvertreter attackierte und ihnen einredete, sie seien zu dumm, um sein Business zu verstehen – bis ein unnachgiebiger Reporter des *Wall Street Journal* sich nicht einschüchtern ließ.

◉ ◉ ◉

Diese fünf Archetypen decken ab, was man als Leader nicht tun sollte und welche Art von Menschen man nach Möglichkeit meiden sollte. Aber wie können wir das Ganze umkehren? Was können Sie tun, wenn Sie andere nicht niederhalten, sondern ihr Potenzial nutzen und letztlich dem Universum Recht und Gesetz zurückgeben wollen?

Das volle Potenzial anderer freisetzen – und dadurch selbst nach Höherem streben können

Die besten Leader steigen zu neuen Höhen auf, weil sie sich mit Menschen umgeben, die besser als sie selbst sind, wenn es darum geht, jedes Puzzleteil an seinen Platz zu legen, und sie befähigen sie dann, ihr Potenzial zu maximieren. Der größte Lohn, wenn man Großes im Leben erreicht, besteht darin, die Leute auf diesem Planeten zu finden, die genau das tun, wozu sie bestimmt sind, und diese mit auf die eigene Reise zu nehmen.

Sie können dies gleichzeitig auf selbstlose und selbstsüchtige Weise tun. Sie können andere unterstützen, sodass diese erfolgreich sind, aber Sie können auch sicherstellen, dass andere einen Anteil an Ihrem Erfolg haben. Ich liebe es, wenn Unternehmer, die ich unterstütze, so reich werden, wie sie es sich in ihren wildesten Träumen nicht hätten vorstellten können – und ich liebe es noch mehr, wenn ich dabei einen Anteil von 20 Prozent an deren Unternehmen halte und einen handfesten Lohn für die Arbeit erhalte, die ich investiert habe, um ihnen zu Wachstum zu verhelfen. Um ehrlich zu sein – man kann im Windschatten talentierter Leute sehr reich werden.

Deswegen besteht einer der bedeutendsten Erfolgsindikatoren, die ich sehe, darin, dass phänomenale Leute auf jeder Ebene eines Unternehmens arbeiten, egal, wie erfahren die Gründer selbst sind. Ich würde lieber einen durchschnittlichen Gründer sehen, der brillante Leute um sich hat, die diese Brillanz durch das gesamte Unternehmen verbreiten, als einen enorm talentierten Gründer, der nicht bereit ist, sich selbst mit Leuten zu umgeben, die ihn oder sie überstrahlen.

Ich würde sagen, dass B-Spieler gerne C-Spieler einstellen, um selbst wie Spieler der Kategorie A zu wirken. Aber wenn ein B-Spieler A-Spieler einstellt, dann ist er eigentlich kein B-Spieler mehr, sondern selbst ein A-Spieler. Sie werden nie von den exzellenten Leuten, die für Sie arbeiten, überstrahlt werden. Brillanz ist kein Nullsummenspiel. Innerhalb einer bestimmten Branche kann man völlig darin gefangen sein, um Marktanteile zu kämpfen und dabei vergessen, dass eine effizientere Wachstumsstrategie darin bestehen kann, stattdessen den gesamten Markt auszuweiten. Es muss nicht erst Ihr DTC-Lebensmittelunternehmen scheitern, damit meines erfolgreich ist und Ihr Erfolg kann sogar dazu führen, dass noch mehr Kunden auf der Suche nach großartigen Produkten sind, in der Gewissheit, dass es großartige Produkte gibt – und wir machen beide Gewinn.

◉ ◉ ◉

Ich will dieses Kapitel mit einer Geschichte abschließen, die einen der größten Erfolge beschreibt, zu denen ich je beigetragen habe, und der ein Beleg dafür ist, dass man wirklich etwas im Leben der Menschen und auf dieser Welt bewirken kann, wenn man die Talente anderer anerkennt und fördert.

Aidan Kehoe ist der Gründer von SKOUT CyberSecurity und hilft Unternehmen auf der ganzen Welt bei ihren Sicherheitsproblemen. Er wuchs in Verhältnissen auf, die den meinen gar nicht so unähnlich waren, allerdings jenseits des Atlantiks in Irland. Er wanderte in die Vereinigten Staaten aus, als er 23 Jahre alt war und fand seinen ersten Job als Tellerwäscher in einem Restaurant. Der Besitzer des Restaurants sah etwas in ihm und gestattete ihm, im Austausch für ein Arbeitsvisum eine Bar im Freien zu eröffnen. Aidan machte genau das, was ich bei McDonald's getan hatte – er machte sich unersetzlich in einer Rolle, die vielleicht nicht sein Traum gewesen war, aber eben die Chance, die man ihm gegeben hatte. Aidan stützte sich dabei auf seinen charmanten irischen Akzent und das Talent eines Bartenders im Geschichtenerzählen. Es dauerte nicht lange und er wurde vom visionären Bauunternehmer und Golfplatzbesitzer Michael Pascucci von der Bar abgeworben, der ihm eine Stelle im erstklassigen Sebonack Golf Club (dessen Golfplatz von der Golflegende Jack Nicklaus entworfen wurde) in Southampton anbot, dem Spielplatz der reichen New Yorker, nur wenige Stunden östlich von Manhattan.

Aidan, der im Herzen ein Unternehmer war, saugte wie ein Schwamm all die Weisheiten der Clubmitglieder um sich herum auf, suchte nach einem Mentor und baute sein Netzwerk aus. Irgendwann gründete er ein eigenes Unternehmen, das Versicherungen verkaufte und landete letztlich bei RSE. Im Laufe der Jahre konnte ich beobachten, wie Aidan eine noch größere Geschäftsgelegenheit entdeckte, als den Verkauf von Versicherungen: Cybersicherheit. Er durchlief den gleichen Prozess, den er anwendete, als er sein Maklerunternehmen gegründet hatte und holte sich von jedem Rat, der bereit war, ihm eine Minute Zeit zu opfern, um ein Bedürfnis innerhalb der Branche zu finden, das bisher von niemandem adressiert worden war. Wie sich herausstellte, fand er auch eines. Hacker griffen zunehmend kleine und mittlere Unternehmen an – leichte Ziele, die sich keine teuren Vorsichtsmaßnahmen leisten konnten und von den größeren kriminellen Netzwerken ignoriert wurden. Vorfälle mit Ransomware nahmen in den Jahren, bevor SKOUT gegründet wurde, sprunghaft zu und Aidan ließ sich die Chance nicht entgehen, diesen kleineren Unternehmen zu helfen.

Mit der Unterstützung der Familie Pascucci startete Aidan sein Unternehmen und wurde zum Selfmade-Experten in Sachen Cybersecurity, als der CEO von SKOUT. Trotz seines Mangels an formeller Ausbildung identifizierte er sich mit den Besitzern kleiner Unternehmen und konnte sich in ihrer Sprache ausdrücken. Wenn ihre Dateien als Geiseln genommen wurden, wollten die Besitzer kleiner Unternehmen nicht mit jemandem sprechen, der in einem Callcenter am anderen Ende der Welt saß. Sie vertrauten Aidan und er wurde zu einer wertvollen Ressource. Aidan wusste jedoch, dass der Aufbau des Unternehmens während der Anlaufphase jahrelang Geldmittel verschlingen würde. Er brauchte ein Investmentunternehmen mit tiefen Taschen und dem nötigen Durchhaltevermögen, um Verluste verkraften zu können. Er überzeugte Stephen und mich, ihm die aufsteigende Firma direkt abzukaufen.

In der Rückschau hätte mich Aidan, ehrlich gesagt, wohl dazu überreden können, in alles Mögliche zu investieren, denn wovon er mich am meisten überzeugt hatte, war sein eigenes verborgenes Genie, das entfesselt werden musste. Je besser ich ihn kennenlernte, desto mehr wandte ich mich an ihn, um die komplexesten Sachverhalte zu klären. Seine Gabe bestand darin, das Hintergrundrauschen zu durchblicken und zu verstehen, was tatsächlich vor sich ging. Er war und ist ein ernsthafter Mensch, gnadenlos ehrlich, bescheiden und ausgestattet mit einem enormen Maß an Selbsterkenntnis – aber ihm fehlten die Fähigkeiten, ein Unternehmen zu vergrößern. Sein tiefes Einfühlungsvermögen war in der Regel von Vorteil, aber wenn es um schwierige Personalentscheidungen ging, entschied sich Aidan dafür, die Schwachstellen zu umgehen und immer mehr Aufgaben selbst zu übernehmen, um einen Ausgleich zu schaffen. Aber wie ich schon gesagt habe, sind Märtyrer lernfähig und haben oft gute Absichten. Was tat ich also? Ich holte Dr. Laura Finfer hinzu.

Ich wollte, dass Dr. Finfer mithalf, Aidans Potenzial zu entfalten. Was ihrer Ansicht nach Aidan zu etwas Besonderem machte, war seine Bereitschaft, zu wachsen, zu lernen und sich zu verbessern. Sie sprach mit 15 Mitarbeitern von Aidan, um sich ein Bild von den Vorgängen im Unternehmen zu machen und stellte einen zehnseitigen Bericht zusammen, der brutal ehrlich war. Es gab Probleme mit der Kommunikation, mit der richtigen Rollendefinition der Mitarbeiter, mit der Vision des Unternehmens und vielem mehr. Dr. Finfer war der Meinung, dass die in dem Bericht genannten Herausforderungen unüberwindbar sein könnten und dass Aidan einfach nicht die richtige Führungspersönlichkeit sein würde, um sein Unternehmen auf die nächste Stufe zu heben.

Aber Aidan schockte uns beide damit, wie intensiv seine Reaktion auf den Bericht ausfiel. Nachdem er eine Woche gehabt hatte, um den Bericht zu verdauen, saß er mit Dr. Finfer und mir in einem Konferenzraum und lud die Ergebnisse des Berichts mit einer solchen Offenheit und Transparenz herunter, dass es nahezu unangenehm war. Er war nicht derjenige, der aus dem Zimmer rennen wollte, aber die Emotionen, die zutage traten, waren so ungeschminkt, dass ich es am liebsten getan hätte. Als er mit dem Download fertig war, entschuldigte er sich für einen Moment, damit er in den Konferenzraum nebenan gehen konnte, in dem ein Meeting des Führungsteams stattfand.

»Sie können das ruhig herumreichen und lesen, denn nichts darin wird einen von Ihnen überraschen. Ich habe eine Menge Arbeit vor mir.«

Er warf den Bericht mitten auf den Tisch und ging. Ich habe noch nie einen solchen Paukenschlag in meiner Karriere gesehen. Dr. Finfer hatte ebenfalls noch nie gesehen, dass jemand einen solchen kühnen Schritt getan hatte. Einerseits fand sie es firmenpolitisch gesehen ungeschickt – wer würde sich schon seinem Team gegenüber von einer so verletzlichen Seite zeigen? –, aber andererseits war es auf sehr wirkungsvolle Weise brillant. Indem man seine Schwächen zugibt – ja sie sogar seinem Team schwarz auf weiß auf einem Blatt Papier präsentiert –, zeigt man, dass man nicht perfekt ist und die anderen es ebenfalls nicht sind. Man steht zu seinen Fehlern, statt sie zu verstecken. Er bat sein Team, ihn darauf hinzuweisen, alle Fehler auf dieser Liste auszumerzen. Aidan gab zu, dass er Hilfe brauchte und er wollte alles für diesen Wandel tun.

»Der Bericht hat mich ziemlich aufgerüttelt«, erinnert sich Aidan. »Ich hatte noch nie solch professionelles und akkurates Feedback über mich selbst erhalten – aber das Gute daran war, dass es eine Anleitung dafür war, wie ich mich verbessern konnte. Ich hatte es buchstäblich jeden einzelnen Tag vor Augen und hatte einen Plan, wie man all die Probleme und Herausforderungen bewältigen konnte, die sich zeigten. Ich wusste, dass ich schneller wachsen musste als mein Unternehmen, sonst würde das Unternehmen von mir selbst und meinen Fähigkeiten ausgebremst.«

Den Bericht seinem Team offenzulegen, war Aidans Art, die Schiffe hinter sich zu verbrennen. Sobald sie ihn erst von seiner schlechtesten Seite gesehen hatten, gab es kein Zurück. Er verschrieb sich völlig der Aufgabe, sein Verhalten und sein Unternehmen umzukrempeln. Sein Team wusste von diesem Moment an, wie wichtig es ihm war. »Was immer du zu verbergen glaubst, wissen die anderen schon längst«, hätte ich angeblich zu ihm gesagt, wie sich Aidan erinnert. »Wenn es die anderen also schon wissen, wieso sollte ich ihnen nicht den Bericht zeigen? Ich wollte die Hand heben und sagen, ich weiß, ich bin nicht perfekt, aber ich werde mein Bestes geben, um mich zu verbessern. Und als dann andere im Unternehmen sahen, dass ich offen darüber sprach, wie ich mich verbessern sollte, waren sie in der Lage, das gleiche Gespräch über sich selbst zu führen.« Es wurde ein positiver Kreislauf aus Selbsteinsicht und massiv wirkungsvollen Verbesserungen.

Aber das hört sich an, als wäre es einfach gewesen. Nach Dr. Finfers Bericht war es eine unglaublich anstrengende Reise für Aidan. Er hatte mit einer Menge Herausforderungen zu Hause zu kämpfen – seinem ältesten Sohn war Autismus diagnostiziert worden und seine Tochter hatte ihre eigenen gesundheitlichen Probleme – und gleichzeitig hatten wir neue Investoren an Bord geholt, die Aidan ordentlich Feuer unter dem Hintern machten. Sie schienen ihren Kauf zu bereuen, was ihnen sauer aufstieß. Diese Investoren waren der Meinung, dass Aidan sie zu einer überhöhten Bewertung hereingebracht hatte, und sie waren entschlossen, ihr Pfund Fleisch herauszuholen, das ihnen zustand. Sie setzten Aidan gnadenlos unter Druck.

Ich hatte Aidan gewarnt, dass sein Team den gewieften Investoren nicht gewachsen war. Der Chef des Investmentunternehmens war ein wunderbarer Visionär, der aus den gleichen Gründen wie wir eingestiegen war, um den Firmenlenker zu unterstützen, aber an seiner Seite standen die Technokraten – ohne Gefühl, mit einem Mangel an Empathie und von den reinen Zahlen besessen – und ich wusste aus Erfahrung, dass sie Aidan auslaugen würden. Natürlich taten sie nur ihren Job. Technokraten im Private-Equity-Bereich sind stets misstrauisch, wenn die Soft Skills zu hoch gewichtet werden, also musste Aidan ein Team aufstellen, das mit beiden Aspekten zurechtkam und den Investoren Excel-Tabellen präsentieren konnte, während es zu den Kunden den menschlichen Zugang finden musste. Leichter gesagt als getan.

Aidan rief mich eines Abends an, als er am Boden lag. Er hatte mir ein Foto geschickt, auf dem seine Tochter ein EKG-Gerät trug, weil sie während der Nacht überwacht wurde, um die Ursache für ihre Anfälle zu finden. »Meine Tochter war im Krankenhaus«, erinnert sich Aidan, »und unsere neuen Investoren waren nicht sehr glücklich. Angestellte kündigten, wir hatten Probleme bei den Verkäufen und meine Welt stand vor dem Zusammenbruch. Ich hatte wochenlang nicht geschlafen und unsere Branche war sowieso schon so anstrengend, da die Kunden in Panik waren, ihre Computersicherheit könnte durchbrochen werden. Ich rief Matt an und sagte ihm, dass ich es nicht mehr aushalte und Ende des Jahres gehen werde.«

Ich verließ das Abendessen und lief vor der Tür hin und her. Aidan weinte, während er weiterredete. »Ich glaube, ich bin am Ende«, sagte er. »Dafür bin ich nicht geschaffen und es tut mir leid, dass ich dich enttäuscht habe.«

»Ich bin schon lang genug im Geschäft, um zu wissen, wenn jemand am Ende ist«, sagte ich zu ihm, »und du bist noch nicht mal nahe dran. Wenn du am Ende bist, rufe ich dich an und sage es dir. Bis dahin musst du erstmal Pause machen. Deine Tochter ist im Krankenhaus, du bist jede Nacht wach. Du musst jetzt die Bremse ziehen!«

Dieser Moment war ein Durchbruch für das Unternehmen und für Aidan persönlich. »Sobald du aufgibst, bist du erst einmal erleichtert«, erklärte Aidan später. »Ich wusste, es würde wieder in Ordnung kommen. Ich hatte mich emotional so sehr ins Unternehmen eingebracht, wollte unbedingt seinen Erfolg und die Mitarbeiter lagen mir am Herzen. Ich wollte einfach niemanden enttäuschen.« Nach dieser Unterhaltung zog er es durch. Im Verlauf des nächsten halben Jahres baute Aidan das gesamte Führungsteam neu auf, stellte zwei erfahrene Führungskräfte ein, die absolut fantastisch waren und es waren die wichtigsten Personalentscheidungen, die er je gemacht hatte; ein CFO und ein Verkaufsleiter, von denen ich wusste, dass sie die gesamte Stoßrichtung des Unternehmens verändern würden. Außerdem erfand er das gesamte Geschäftsmodell neu, veränderte die Kommunikation im Unternehmen, verbesserte seine eigene Gesundheit und fand schließlich am Ende des Regenbogens einen Topf Gold.

Zwei Jahre, nachdem er den Tiefpunkt erreicht hatte, wurde 2021 SKOUT CyberSecurity von Barracuda Networks zu einem gut neunstelligen Preis gekauft, noch bevor das Unternehmen fünf Jahre alt geworden war. Aidan hat durch den Deal genug Geld verdient, dass es bis zum Rest des Lebens und darüber hinaus reicht.

Eine der neuen Führungskräfte, die wir eingestellt hatten, sollte eigentlich bis ein Jahr nach dem Deal keine Bezahlung erhalten, um sicherzustellen, dass die Person nicht wieder kündigte. Auf Aidans Geheiß arbeitete ich daran, den Deal abzuändern, damit der Mitarbeiter vorher einen Scheck erhielt. Er hatte es verdient, genauso wie das gesamte Team. Wie Aidan das Ruder herumriss, war eine der unglaublichsten unternehmerischen Leistungen, die ich je gesehen habe.

Dr. Finfer ist der gleichen Meinung. »In meiner Welt«, so sagte sie, »ist das Coaching von Managern dann am effektivsten, wenn die Person intelligent, selbsteinsichtig und motiviert ist. Aidan verfügte über alle drei Eigenschaften auf einmal – und damit hatte er schon 75 Prozent des gesamten Kampfes überstanden. Der Rest ist Anleitung durch diejenigen, die neue Ideen oder eine neue Perspektive beisteuern können.« Dr. Finfer unterstützte Aidan auf diesem Weg. Ich tat es ebenso und auch eine Menge der Leute, mit denen er arbeitete. Aidan hat so viel geleistet, aber die Anstrengung des ganzen Teams war nötig, um das Steuer herumzureißen.

◉ ◉ ◉

Aidans Story erfüllt mich mit großer Freude. Als ich anfing, war mir nicht klar, wie lohnend es sein würde, das Potenzial anderer zu erschließen, ein Beleg dafür, dass Altruismus unser eigenes Wohlergehen mehrt.[65] Professorin

Carolyn Schwartz von der Medical School der University of Massachusetts hat herausgefunden, dass Helfer glücklicher und weniger deprimiert sind, als diejenigen, die nicht in diese Kategorie fallen.[66] Wir werden mit diesem »warmen Gefühl« belohnt, das man in den Gehirnscans von Leuten nachweisen konnte, die anderen helfen.[67]

Ich bewahre mir gerne mein Staunen über das, was andere erreichen können und liebe es, neue Weg zu finden, wie sie diese Talente der Welt zugänglich machen können. Ein großer Teil meines Pfades bestand darin, Mittel und Wege zu finden, wie ich mehr Zeit mit diesem Aspekt meines Lebens verbringen kann. Wie sollte ich auch mein Leben leben, ohne etwas für andere zu tun, wann immer ich dazu in der Lage bin?

Die Schiffe hinter sich zu verbrennen, kann Sie in die Lage versetzen, herauszufinden, was die stärksten Gefühle in Ihnen weckt. Man treibt sich weiter und weiter an, findet, was in der eigenen Seele widerhallt und baut sein Leben darauf auf, dieser Sache weiter nachzugehen. Was ist das Ende vom Lied? Das Beste daran ist, dass Sie sich nie entscheiden müssen. Man kann einfach immer weitermachen.

KAPITEL 9

MANIFESTIEREN SIE IHRE KÜHNSTEN TRÄUME

In meiner Kindheit war ich süchtig nach Baseballkarten und aus irgendeinem Grund, an den ich mich nicht wirklich erinnern kann, war ein Spieler vor allen anderen mein Idol – der Outfielder der Montreal Expos (und später der Chicago Cubs), Andre Dawson, auch bekannt als ›The Hawk‹. Dawson war ein unglaublicher Hitter und genauso beeindruckend auf dem Feld mit einer Latte an Preisen und er wurde schließlich in die Baseball Hall of Fame aufgenommen. Sein geschmeidiger Schwung am Schlagmal sorgte dafür, dass er 438 Homeruns in seiner Karriere schlug (unter den besten Hittern aller Zeiten war er damit auf Rang 46, während ich diese Zeilen niederschreibe) und es wirkte nahezu mühelos. Man sagt, man sollte nie seine Helden treffen oder zumindest damit rechnen, enttäuscht zu werden, wenn man es tut, aber ich bin ziemlich sicher, dass Andre Dawson eine Ausnahme zu dieser Regel war, angesichts dessen, was passierte, seitdem er sich 1996 vom Baseball zur Ruhe setzte.

Es kann wohl als einer der ungewöhnlichsten Karrierewechsel aller Zeiten angesehen werden, dass er seit 2003 ein Beerdigungsinstitut in Miami, Florida, leitet und immer noch dort arbeitet. ESPN und andere haben bereits darüber berichtet, dass er dort die Aufgaben verrichtet, die nun mal verlangt werden. Den einen Tag fährt er vielleicht den Leichenwagen, am nächsten begrüßt er die Trauergäste. »Man weiß nie, wohin Gott einen führt«, sagte er. »Und ich hätte mir in meinen wildesten Träumen nicht vorstellen können, mal so etwas zu tun, aber ich habe das Gefühl, dass dies vielleicht meine Berufung ist.«[68]

◉ ◉ ◉

Wenn man über diese Geschichte nachdenkt, kommt es einem vielleicht nicht ganz wie die typische Reise vor, auf der man die Schiffe hinter sich verbrennt, und über die ich in diesem Buch geredet habe. Möglicherweise nicht für Sie – und für mich auch nicht. Ich will kein Beerdigungsinstitut leiten. Ich kann es mir, ehrlich gesagt, nicht einmal vorstellen. Aber der Pfad von Andre Dawson ist nicht der meine. Ich rechne es ihm hoch an, dass er in der Lage war, den Status und Ruhm einer Profisportlerkarriere hinter sich zu lassen und nach persönlicher Erfüllung zu suchen. Und in diesem Sinne läuft diese Geschichte genau auf das hinaus, womit ich dieses Buch gerne abschließen will: Beim Verbrennen der Schiffe geht es darum, seinen eigenen Lebensweg zu bestimmen. Es geht darum, sich die beste Chance zu geben, den Pfad zu erkennen, der für einen selbst der richtige ist, seine Träume zu manifestieren, wie immer sie auch aussehen mögen, und sie bis zum Ende durchzuziehen, egal wie weit hergeholt, albern oder unplausibel sie erscheinen mögen.

Micah Johnson erklomm die Karriereleiter im Profibaseball genau wie Andre Dawson. Nach Spitzenleistungen in den Minor Leagues schaffte er es 2015 in die Startaufstellung der White Sox als Second Baseman des Teams und bereits bei seinem zweiten Einsatz gelang es ihm, einen Hit zu schlagen und die erste Base zu erreichen. Aber es sollte nicht von Dauer sein. Über die nächsten vier Spielzeiten ging es für Johnson auf und ab, er spielte in sechs verschiedenen Organisationen und verbrachte einen Großteil seiner Zeit wieder in den Minor Leagues. Nach der Spielsaison 2018 setzte er sich mit nur 28 Jahren zur Ruhe. Aber das ist nicht das Ende seiner Story. Während er noch Baseballspieler war, entdeckte er seine Liebe zur Kunst und begann zu malen, wann immer er dafür Zeit fand. »Meine Teamkameraden sagten, ihnen gefiel meine Kunst, und das war die Bestätigung, die ich brauchte, um das weiterzuverfolgen«, erzählte er mir. Und er ging der Malerei mit derselben Energie nach, die er in seinen Sport investiert hatte. »Ich hatte gesehen, was man mit harter Arbeit erreichen kann und welche Opfer es erfordert hatte, um im Baseball so weit zu kommen, wie ich gekommen war. Mir war klar, dass auf die Kunst dasselbe zutraf. Ich würde besser und besser werden, solange ich daran arbeitete«, sagt er. Johnson hatte seine erste Soloausstellung als Künstler 2017 im Woodruff Arts Center in Atlanta – während er immer noch Profibaseballspieler war – und begann an Aufträgen seiner Teamkameraden zu arbeiten, zeichnete Porträts und für einen Teamkollegen sogar ein Tattoo. Er hätte sich auch weiter durch die Ligen schlagen können, in der Hoffnung auf eine weitere Chance, im Baseball berühmt zu werden. Stattdessen beschloss er, sich zurückzuziehen und sich ganz auf seine Kunst zu konzentrieren, in der Gewissheit, dass er nur noch besser werden würde.

2019 hatte Johnson keinen Job und keine Verkäufe, aber er entdeckte NFTs und stieg voll ein. Sein kleiner Neffe fragte ihn, ob Astronauten schwarz sein könnten, und das war der Startschuss für eine künstlerische Mission, von der er wusste, dass sie weit über den Baseball hinausgehen würde: Er würde Kunst erschaffen, um Kinder zum Träumen anzuregen. Johnson verschrieb sich ganz diesem Projekt. Er zog während der Pandemie mit seiner Freundin und seiner kleinen Tochter von North Carolina nach New Hampshire und arbeitete manchmal die ganze Nacht in seinem Kunststudio, um eine perfekte Sammlung zu erschaffen. Und im vergangenen Jahr hat er mehr als zwei Millionen Dollar an Verkäufen über die Bühne gebracht, die auf seiner Figur Aku, einem schwarzen Astronauten beruhen, der zum ersten NFT wurde, an dem sich ein Fernsehsender eine Option sicherte. Damit ist er aber noch lange nicht am Ende seiner Karriere. »Ich habe den Wendepunkt noch nicht erreicht«, sagt Johnson. »Mein Ziel ist es, Millionen von Kindern auf der ganzen Welt zu erreichen; in ihnen das Gefühl hervorzurufen, dass sie alles werden können, egal in welchen Umständen sie leben und egal, welche Hindernisse sie überwinden müssen.«

Johnson hat weit mehr Geld als Künstler statt als Baseballspieler gemacht und als zweiter Akt seiner Karriere ist das einfach nur erstaunlich und ein Beleg dafür, dass man vielleicht erst am Beginn seines eigenen Schicksals steht, wenn man glaubt, den Höhepunkt der eigenen Karriere erreicht zu haben.

◉ ◉ ◉

Laurie Segall war fast ein Jahrzehnt lang Journalistin bei CNN und berichtete ab 2008 über Tech-Unternehmen wie Facebook und Apple. »Ich fing direkt nach der Rezession dort an«, erinnert sie sich, »als noch nicht spezialisiert über Start-ups berichtet wurde. Das iPhone war gerade erschienen und plötzlich war die Wall Street nicht mehr cool. Ich fühlte mich von diesen Kreativen angezogen, den Leuten, die unorthodox dachten und neu in der Tech-Szene erschienen. Ich interessierte mich nicht nur für ihre Produkte und Unternehmen, sondern auch dafür, wer sie als Menschen waren und ich wollte nicht nur über Technologie berichten, sondern über den Schnittpunkt von Technologie, Menschheit und Gesellschaft.«

Laurie wurde zu einer erfahrenen Technologiekorrespondentin und interviewte Tech-Leader von Marc Benioff von Salesforce bis zu Dara Khosrowshahi, und sie hat häufiger mit Mark Zuckerberg gesprochen als irgendein anderer Reporter. Doch sie sah, wie sich die Nachrichten bei den Kabelsendern veränderten, während der Trend wegführte von den traditionellen Inhalten und sie wollte dabei gerne selbst das Steuer in der Hand behalten. »Ich war schon immer motiviert, von selbst etwas Neues zu beginnen«, sagt sie. »Meinen ersten Job erhielt ich, als ich eine Nachrichtensparte pitchte, die noch gar nicht existierte, dann lancierte ich CNNs erste Streaming-Show und ich beschloss, dass ich nicht auf Erlaubnis warten musste, um wirklich loszulegen.

Ich sah ein YouTube-Video, in dem ein Rabbi über das Wachstum von Hummern sprach«, fährt Laurie fort, »und dass sie durch eine unbequeme Phase gehen, wenn sie ihre Schale abwerfen. Da machte es in meinem Kopf ›Klick‹. Das musste ich auch tun. Ich musste mein eigenes Medienunternehmen gründen, statt nur darüber zu berichten, was andere tun. Ich ging zu Jeff Zucker [ehemaliger Chef von CNN] und sagte ihm, dass ich aufhören wollte. Er bat mich, in irgendeiner Funktion weiterzumachen, aber ich wusste, dass ich nur dann Erfolg haben würde, wenn ich mich voll einbringe. Ich musste die Nabelschnur durchtrennen. Jeff war mein Mentor gewesen und ich vertraute ihm und ich fühlte mich sehr geschmeichelt, dass er mich zum Bleiben überreden wollte, aber ich sagte zu ihm: ›Jeff, ich erzähle dir mal, wie Hummer wachsen.‹ Und dann tat ich es.«

2019 gründete Laurie ihre eigene Produktionsfirma, Dot Dot Dot, die sich darauf konzentrierte, Storys über den Schnittpunkt von Technologie und menschlicher Gesellschaft zu erzählen. »Ich ließ eine Stelle hinter mir, für die Millionen Journalisten einen Mord begangen hätten, aber ich wusste, was ich erschaffen wollte.« Ihr Sprung war nicht frei von Angst. »Ich kann das sagen, weil ich meine gesamte Karriere im Medienbereich verbracht habe«, erläutert sie. »Wir lassen diesen Prozess hinterher so einfach aussehen. Wir drucken die Leute, die die Schiffe hinter sich verbrennen, auf Zeitschriftencover, nachdem sie unglaublich erfolgreich wurden – aber Fehlschläge und die Achterbahn aus Auf und Ab sind ein Teil jeder Reise. Ich liebte den Journalismus, ich liebte meine Arbeit und ich war sehr gut darin, aber es genügte nicht. Wie lange kann man sich mit dem Gefühl anfreunden, dass es nicht genügt? Wie lange kann man sich selbst fragen, ob man sich der Angst stellen kann, bevor man sich tatsächlich dazu entscheidet? Es war beängstigend und das ist es für jeden, und vielleicht sprechen wir einfach nicht genug über die Angst.«

Ich hätte es selbst nicht besser ausdrücken können. Als ich Laurie kennenlernte, war ich beeindruckt von ihrem Mut und Ehrgeiz. Während wir uns unterhielten, wurde uns beiden klar, dass ihre Zukunft sich um mehr drehen würde als nur Storytelling und Content Creation. Während ich diese Zeilen schreibe, ist sie gerade dabei, Dot Dot Dot zu einem plattformübergreifenden Unternehmen zu machen, das das Metaverse – Web 3.0, NFTs, die Zukunft des Internets – zu den Massen bringen will. Ihre weitreichenden Beziehungen in der Technologiebranche werden es ihr ermöglichen, nicht nur Geschichten zu erzählen, sondern uns allen zu helfen, in der neuen Onlinewelt etwas zu erschaffen und aufzubauen, indem sie die Nutzer mit dem NFT-Marktplatz, der Kryptowährung und der Blockchain verbindet und Anlaufstelle für Menschen wird, die etwas über die enormen neuen Möglichkeiten da draußen erfahren, darauf zugreifen und davon profitieren möchten. Laurie und ihr Unternehmen werden das Tor zum Metaverse.

All das war nur dadurch möglich, dass sie CNN verließ und auf eigenen Füßen stand. »Ich hatte keine Ahnung, wie man ein Unternehmen aufbaut«, gibt sie zu, »aber aus meinem Beruf als Reporterin wusste ich: Wenn du etwas nicht weißt, frag jemanden, der sich damit auskennt. Ich glaube, vor allem Frauen haben die Befürchtung, dass man kein Unternehmen gründen kann, wenn man nicht weiß, wie man ein Unternehmen gründet – aber es gibt so viele unglaubliche Frauen, die es getan haben, und ich fühle mich privilegiert, dass ich ihren Fußstapfen folgen kann. Die Unabhängigkeit, die ich erlangt habe, die Möglichkeit, meine eigene Vision zu entwickeln, anstatt meine Ideen von jemand anderem absegnen zu lassen – das war das Schwierigste und Lohnendste, was ich je gemacht habe.«

◉ ◉ ◉

Laurie weist auf etwas Entscheidendes hin – die Unabhängigkeit, die sie erlangte, weil sie einer Welt entkam, in der sie ihre Ideen von jemand anderem absegnen lassen musste. Das ist das tatsächliche Geheimnis eines Lebens und einer Karriere, für die man begeistert jeden Morgen aufsteht: Sie müssen einen Pfad finden, der es Ihnen gestattet, ganz Sie selbst zu sein, sich ausdrücken zu können und Ihre eigene Macht vollumfänglich freizusetzen. Als ich meine Pilotfolge fürs Fernsehen drehte, machte mir das so viel Freude, von der ich vorher nicht einmal bemerkt hatte, dass sie in meinem Leben fehlte. So viele Jahre, über so viele verschiedene Projekte und Unternehmungen hinweg hatte ich mich selbst zensiert, einen Teil meiner selbst zurückgehalten, weil ich dachte, ich müsste mich anderen fügen oder von ihnen Unterstützung erhalten. Ich spielte das Spiel aus Angst; versuchte, mich selbst auszubremsen, weil ich mir des Tall-Poppy-Syndroms bewusst war, das ich in

Kapitel 2 erläuterte. Mit anderen Worten: Ich wollte nicht, dass mir jemand den Kopf abschneidet.

Heute, wo ich das »Talent« im Zentrum des Projektes bin, kann ich endlich ganz ich selbst sein – und es war faszinierend, diese Freiheit auszuloten. Wie Curt Cronin sagen würde, wenn es um ein Schlachtfeld geht – ich habe den Sicherheitsbügel umgelegt. Es ist schwierig, wahre Größe zu erlangen, wenn man mentale Energie verschwenden muss, um sich selbst zu zügeln. Wenn ich davon spreche, alles zu geben, wenn es um die eigenen Träume geht, dann meine ich damit nicht nur, irgendwelche Ersatzpläne und Absicherungen aufzugeben – es geht auch buchstäblich darum, sich ganz in ein Vorhaben einzubringen und sich nicht zurückzuhalten.

Manchmal führt der Pfad zu diesen Träumen weiter voran und nach oben, manchmal aber auch nicht. Sugared + Bronzed ist eine erfolgreiche Kette für Bräunen ohne Sonnenbank und natürliche Haarentfernung, die von dem Paar Courtney Claghorn und Sam Offit geleitet wird. Sie haben mit einem Geschäft angefangen, als sie 23 Jahre alt waren und das Unternehmen über fast ein Jahrzehnt auf zehn Geschäftsstellen im ganzen Land vergrößert. Die Profitmargen waren beträchtlich und ich konnte mir gut vorstellen, dass ihnen noch enormes Wachstum bevorstand.

Während ich mit der Due-Diligence-Prüfung für das Unternehmen beschäftigt war, schaltete sich ein weiterer Investor ein und wollte einen Mehrheitsanteil daran kaufen. Courtney und Sam standen vor der Wahl: Das Geld nehmen und den Lohn für ihre harte Arbeit oder sich weiter antreiben, um noch größer zu werden und letztlich noch mehr Geld zu verdienen? Es gibt keine richtige oder falsche Entscheidung, wenn man die Möglichkeiten abwägt, entweder mit genug Geld fürs ganze Leben und das Leben der eigenen Kinder versorgt zu sein oder versuchen, das Unternehmen weiter zu vergrößern. Vieles hängt von den Details ab, aber auch davon, wer man ist und welche Art Leben man führen will.

»Ich glaube, als Unternehmer sehen wir nicht immer nur das Negative und bedenken das Risiko«, sagte Courtney zu mir, »und deswegen dachte ich angestrengt darüber nach, wie riskant es war, alles auf eine Karte gesetzt zu haben. Ich glaube heute, wo wir einen Mehrheitsanteil verkauft haben, gibt es weniger diesen Druck des ›friss oder stirb‹ und wir können mit freiem Kopf über das Leben und das Unternehmen nachdenken. Wir konnten ein tolles Zuhause kaufen und haben uns damit eine Zuflucht geschaffen. Und jetzt können wir mit größerer Klarheit darüber nachdenken, was unser nächstes geschäftliches Projekt sein soll, wie wir anderen Start-ups helfen und zu ihrem Erfolg beitragen können, und ich selbst kann viel mehr wohltätige Arbeit leisten. Insgesamt gesehen bin ich wirklich glücklich.«

Wer könnte es ihr schon vorhalten? Ich meine, für so viele Menschen ist das der Traum. Deswegen gründen sie überhaupt ein Unternehmen. Sie wollen letztlich Freiheit finden und nicht mehr unter Druck stehen.

Wäre ich an ihrer Stelle gewesen, hätte ich vielleicht verkauft, vielleicht aber auch nicht. Ich verkaufe Unternehmen, während wir gleichzeitig welche kaufen. Während der Arbeit an diesem Buch hat mein Team SKOUT verkauft. Wir kauften Magnolia Bakery. Wir machen ständig Deals. Aber die Lektion aus diesem Buch ist: Wenn ich etwas tue, behalte ich ständig meine Situation im Auge und überlege mir, was als Nächstes kommt.

Nicht jeder steht Schlange, um seinen Baseballhandschuh abzugeben (und ein Millionengehalt) und ihn gegen einen Mopp einzutauschen, um in einem Beerdigungsinstitut den Boden zu wischen. Nicht jeder würde einen Job als Journalistin bei CNN aufgeben. Aber das ist der Punkt. Es sind die Lebenspfade dieser *bestimmten* Personen. Ihrer wird ganz anders aussehen, während Sie Ihre Begabungen, Leidenschaften und Ihre Berufungen finden. Ihr Pfad wird auf einzigartige Weise der Ihre sein, meiner ist einzig nur meiner, und ich habe dieses Buch nicht geschrieben, um Ihnen den richtigen Pfad zu zeigen. Ich habe es geschrieben, weil ich Ihnen sagen wollte, wie man diesen Pfad findet und ihm folgt, um ein beeindruckendes Leben zu führen und etwas zu bewirken.

Was können Sie, was niemand anderes kann? Wozu haben Ihre Lebenserfahrungen Sie geführt, und wie können Sie diese Erfahrungen in der Welt umsetzen? Wie wollen Sie Ihre Tage verbringen und welches Vermächtnis wollen Sie hinterlassen?

Die Freude liegt auf dem Weg

Es gibt fast eine Million Google-Ergebnisse, wenn man nach ›postmarathon blues‹ sucht. Und die Wissenschaft hat tatsächlich bewiesen, dass Marathonläufer nach dem Ende des Rennens in ein emotionales Loch fallen.[69] Es ist eine unvermeidliche Melancholie damit verbunden, etwas zu erreichen, für das man lange trainiert und geplant hat. Die Vorfreude übersteigt die Freude, wenn man es tatsächlich erreicht. Ein Ziel zu verfolgen, ist die wahre Quelle der Freude und die tatsächliche Handlung – ob das ein Marathon ist oder ein großer Deal in der Arbeit – kann niemals die Vorfreude übertreffen. Kaitlin Woolley und Ayelet Fishbach, deren Forschung über die Macht des Unbehagens ich in Kapitel 4 erwähnte, sind auch die Autorinnen einer Forschungsarbeit mit dem Titel »Die Erfahrung ist wichtiger, als Sie denken« (»The Experience Matters More Than You Think«), in der sie herausgefunden haben, dass es mehr darauf ankommt, wie wir uns fühlen, wenn wir tatsächlich einer Aktivität nachgehen, als darauf, wie wir sie uns vorher ausmalen oder wie wir uns danach daran erinnern.[70]

Selbst Olympioniken bemerken diesen Effekt.[71] Ob sie gewinnen oder verlieren, sie fühlen sich psychisch ausgelaugt, wenn sie nach Hause zurückkehren und laufen Gefahr, in eine ernsthafte Depression zu verfallen – besonders, wenn sie keinen Plan haben, was als Nächstes kommt. Das schmutzige kleine Geheimnis eines erfolgreichen Lebens ist, dass man tatsächlich nie diesen Ort des Glücks erreicht, an dem man dann einfach aufhört zu arbeiten, aufhört, sich zu bemühen, aufhört, nach noch mehr zu streben. Erfolg und Zufriedenheit bauen darauf auf, ständig ein Ziel zu verfolgen. Selbst Leistungen auf höchstem Niveau zu erbringen, mildert das nicht ab. Es gibt jede Menge Forschungen über den emotionalen Absturz, den Menschen nach einem großen Erfolg empfinden. In der *Harvard Business Review* wurde es folgendermaßen ausgedrückt: »Um sich voll und ganz engagieren zu können, müssen wir das ständige Gefühl haben, in unserem Job wachsen zu können.«[72] Deswegen hat sich Michael Jordan auf dem Höhepunkt seines Erfolgs zur Ruhe gesetzt und deswegen hat Jon Stewart *The Daily Show* verlassen. »Ich glaube, es gibt Momente, in denen einem klar wird, dass [exzellent in etwas zu sein] nicht mehr genügt«, sagte Steward, »oder dass es vielleicht an der Zeit ist, etwas Unbehagen zuzulassen.«[73]

»Ich hatte tatsächlich Angst, eine Festanstellung zu erhalten«, hat mir Francesca Gino, Professorin an der HBS, erzählt. »Ich hatte gesehen, dass Kollegen eine bekommen haben und hinterher diese Momente der Depression durchlebten. Sie arbeiteten so hart auf etwas hin und dann war es zu Ende und es war nicht so, wie sie erwartet hatten. Wir glauben, dass es eine gewaltige Wirkung auf unser Glücksempfinden hätte, wenn wir zum Beispiel in der Lotterie gewinnen würden, aber wenn es tatsächlich passiert, gewöhnen wir uns wirklich schnell daran. Ereignisse, die wir für so wichtig halten, machen am Ende wenig Unterschied. Stattdessen ist es wichtig, auf etwas hinzuarbeiten. Ich habe tatsächlich versucht, die Idee einer Festanstellung an der Universität nicht als Ziel zu sehen, sondern als Meilenstein auf einer längeren Reise, auf der ich etwas in der Welt bewirken kann. Ich musste damit aufhören, es als Ziel an sich zu sehen.«

Sie können stolz auf das sein, was Sie erreichen – Sie können zurückblicken und sagen: »Ich kann nicht glauben, dass ich so weit gekommen bin« –, aber dann muss Ihr nächster Schritt darin bestehen, nach vorne zu blicken und zu realisieren, wie viel weiter Sie vielleicht noch kommen könnten.

◉ ◉ ◉

Joshua Becker ist ehemaliger Pastor, der zum Bestsellerautor wurde und Bücher über Minimalismus schreibt. Es macht ihm so viel Spaß, dieses Evangelium des Entrümpelns mit anderen zu teilen und er erläutert dabei, wie befriedigend es sein kann, unser Leben von den Besitztümern zu befreien, die wir nicht wirklich brauchen.[74] Ich kann nicht behaupten, dass ich seine minimalistische Philosophie voll und ganz teile – ich liebe schnelle Autos –, aber ich stimme ihm völlig bei der Idee zu, dass Dinge, ob greifbar oder eher die Art von Erfolgen, die wir uns erträumen, nicht annährend das Belohnungsgefühl mit sich bringen, das wir erwarten.

Becker schreibt darüber, dass man die Leere des Sports am meisten im Sieg verspürt.[75] »Wenn man gewinnt«, sagt er, »verfolgt man kein Ziel mehr.

Es gibt niemanden mehr, den man besiegen kann. Kein Hindernis mehr, das man überwinden kann … Aber es ändert das eigene Leben in keiner Weise. Tatsächlich beginnt die Arbeit wieder am nächsten Morgen.«[76]

◉ ◉ ◉

Es gibt Leute, die widersprechen, wenn ich über das Verbrennen der Schiffe spreche. Sie sagen mir, die Schiffe hinter sich zu verbrennen, hört sich nach einem Rezept für ein Leben ständiger Unzufriedenheit an.

»Mach mal langsamer, Matthew«, sagen sie. »Wieso all die harte Arbeit und das ständige Streben nach dem nächsten Erfolg, wenn du dich einfach im Ruhmesglanz dessen baden könntest, was du schon erreicht hast, und einfach ein gemütliches Leben hättest?«

Die Antwort lautet, dass es natürlich schwer ist, die Schiffe hinter sich zu verbrennen, aber etwas Schweres zu tun, sorgt für anhaltendes Glück. Die Freude liegt nicht im Müßiggang, sie liegt im Kampf, im Streben, darin, ein sinnerfülltes Leben zu führen. Es ist schwer und deswegen ist es lohnend und wert, dass man es tut.

Fragen Sie einfach Marc Lore. Er hätte sich zur Ruhe setzen können, nachdem er Diapers.com verkauft hatte. Aber stattdessen gründete er Jet und das führte zu einem noch größeren Exit. Und er hat immer noch neue Pläne – mit Wonder, mit den Timberwolves und mit seiner Stadt der Zukunft.

Oder fragen Sie meine Freundin Bobbi Brown. Sie verkaufte das Recht an der Verwendung ihres Namens für Schönheitsprodukte, als sie vor Jahrzehnten ihr Make-up-Sortiment lancierte – also konnte sie den Namen nicht mitnehmen, als sie 2016 das Mutterunternehmen Estée Lauder verließ. Jahrelang trug sie eine Halskette mit dem Datum, an dem diese Wettbewerbsklausel auslief. Als es soweit war, gründete sie sofort eine neue Marke, Jones Road, mit der sie zum ersten Mal direkt zum Kunden gehen wollte – und sie wurde mit 65 Jahren ein TikTok-Star.

Oder fragen Sie Gary Vaynerchuk. »Ich brauche keine Bestätigung von außerhalb«, berichtet er mir, »denn ich liebe es einfach, das Spiel zu spielen.

Erfolg verschafft mir Nervenkitzel und ich liebe außerdem schicke Sachen, aber das ist weit entfernt an zweiter und dritter Stelle hinter meiner absoluten Besessenheit, wenn es um das Spiel und den Prozess dahinter geht. Ich rechne im Business auch mit Verlusten, aber das motiviert mich beim nächsten Mal nur mehr. Ich bin einfach dankbar, dass ich beim Spiel mitspielen kann und das auch noch jeden Tag.«

◉ ◉ ◉

John Skipper war der Präsident von ESPN, Co-Vorsitzender des Disney Media Networks und dann Kopf des britischen Sportmedienunternehmens DAZN Group, bevor er beschloss, ein eigenes Projekt zu starten, Meadowlark Media, ein Content-Produktionsstudio, das er 2021 mit dem Sportjournalisten und Podcast-Host Dan Le Batard gründete. Johns Erfahrung als Leiter eines milliardenschweren Medienunternehmens macht deutlich, dass die Freude an der Reise nicht unbedingt bedeutet, dass größer besser ist, und nichts die Freiheit ersetzen kann, mit den Menschen arbeiten zu können, die man wertschätzt und das an Projekten, bei denen man weiter lernt und wächst.

»Nach 27 Jahren als erfahrener Leader«, so erklärt er, »gab mir die Leitung von DAZN die Chance, ein Disruptor zu werden und die Branche aus einer völlig neuen Perspektive zu sehen, mich damit auch einer sehr viel internationaler aufgestellten Unternehmenslandschaft zu stellen, und zu sehen, wie es ist, mit einem völlig neuen Geschäftsmodell zu experimentieren.«

Darüber hinaus führte die Gründung eines eigenen Studios – als er Mitte 60 war – zu neuer Begeisterung und neuen lohnenden Erfahrungen. »Ich habe so viel gelernt«, sagt er. »Ich hatte noch nie selbst ein Unternehmen gegründet. Und jetzt kann ich das tun, was ich will, kann sagen, was ich will und mit großartigen Menschen arbeiten. ESPN hatte die Verpflichtung, das zu tun, was sich für das Unternehmen am besten bewährt hatte, aber das bedeutete manchmal, dass wir es hinnehmen mussten, wenn jemand ein talentierter Idiot war. Hier gilt das nicht mehr so wirklich. Und deswegen macht es viel mehr Spaß. Ich kann mit den Leuten arbeiten, die einfach menschlich und anständig sind – und darüber hinaus auch noch auf kreative Weise interessant.«

Sich auf die richtige Reise zu begeben, muss nicht heißen, dass man aus der Perspektive des Umsatzes immer noch eine Schippe drauflegen muss. Ich sagte bereits, dass die Größe einer Gelegenheit nicht notwendigerweise mit der Energie korreliert, die man hineinstecken muss. Und zudem muss die Größe auch nicht unbedingt damit übereinstimmen, wie lohnend es ist. »Leute glauben, sie müssten ganz oben an der Spitze der Pyramide stehen, aber das Wichtige ist, dass man glücklich bei dem ist, was man tut«, sagt John. »Ich leitete ein Unternehmen mit Milliardenumsätzen und heute habe ich 20 Angestellte … aber es ist so viel befriedigender, weil es mein eigenes Unternehmen ist. Man muss sich nicht immer steigern, wenn es um das Finanzielle geht. Man sollte stattdessen lieber etwas tun, was wirklich interessant ist.« Während ich diese Zeilen niederschreibe, hat Meadowlark Media eine First-Look-Vereinbarung mit Apple über mehrere Jahre unterzeichnet, um Dokumentationen und nicht geskriptete Serien für Apple TV zu produzieren. Da ich John kenne, kann ich es kaum erwarten, zu sehen, was dabei herauskommt.

Leben Sie einen Traum nach dem anderen

Die Footballspieler, mit denen ich über ihre Karriere nach dem Ende des Sportlerdaseins sprach, fielen in eine Falle, die vorhersagbar war. »Belästige mich jetzt nicht mit all dem Quatsch«, sagen sie. »Ich konzentriere mich aufs Spielen, also will ich damit erstmal fertig sein und dann kann ich mich um den Rest meines Lebens kümmern.« Aber wir alle treten manchmal in diese Falle, glauben Sie nicht auch?

Ich kann das nicht machen, ich bin zu beschäftigt.

Lass mich erstmal dieses Projekt beenden, dann habe ich Zeit, um das nächste zu übernehmen.

Ich gründe mein Unternehmen, wenn es in der Arbeit mal etwas ruhiger zugeht.

Ich habe noch Zeit, meinen Passionen zu folgen … wenn ich in Rente gegangen bin.

Das sind alles Rationalisierungen, die darauf abzielen, den Status quo zu erhalten. Aber es wird einfach nie der richtige Zeitpunkt kommen. Man kann nicht vorhersagen, wie sich die Dinge entwickeln werden und man kann seine Triumphe nicht planen. Die Welt wird nicht auf Sie warten. Um ein Leben des konstanten Wachstums zu führen, müssen Sie das nutzen, was Sie heute haben, um dem näherzukommen, was Sie morgen tun wollen – selbst wenn das bedeutet, zwei, drei, vier oder siebzehn Dinge auf einmal zu tun. Der Welt ist es egal, ob Sie bereits beschäftigt sind. Erkenntnisse warten nicht auf Sie und Instinkte lehnen sich nicht gemütlich zurück, um auf bessere Zeiten zu warten. Es wird nie eine bessere Zeit geben als heute. Sie werden immer beschäftigt sein – oder zumindest *sollten* Sie immer beschäftigt sein.

Und wissen Sie was? Die Dinge sind viel leichter zu bewältigen, wenn man nicht auf den richtigen Moment wartet. Den größten Hebel können Sie einsetzen, wenn Sie am meisten zu tun haben, wenn Sie mit aufregenden Projekten beschäftigt sind, eine Stelle in der Vorstandsetage haben, Ihr Unternehmen auf Volldampf arbeitet, Deals in der Pipeline sind und Sie mit jeder Menge Menschen zu tun haben. Dann können Sie Ihre nächste große Idee pitchen und nicht dann, wenn alles abgeschlossen ist, und Sie nur Däumchen drehen. Nicht in dem Moment, wenn Sie verzweifelt darauf angewiesen sind, dass jemand Ja sagt, damit Sie ein neues Ziel haben und etwas tun können. Es gibt einen beliebten Spruch von Pokerspielern, der aber auf das Spiel des Lebens genauso zutrifft: Ängstliches Geld gewinnt nicht. Sie müssen diese flüchtigen Momente nutzen, wenn alles prima läuft, um Ihre neuen Projekte auf den Weg zu bringen, lange bevor Sie es tatsächlich tun müssen. Das Problem mit der Hebelwirkung besteht darin, dass es zu spät ist, diese zu schaffen, wenn man sie dringend braucht.

Sie müssen immer einer neuen Gelegenheit offen gegenüberstehen, selbst wenn gerade nicht der richtige Moment ist. Sie müssen »Raum für die göttliche Gnade schaffen«, wie es Curt Cronin gerne ausdrückt. Das ist ein guter Ausdruck dafür, dass man nicht alle Antworten braucht, bevor man den großen Schritt tut. Sie müssen nur die ersten zaghaften Schritte in Richtung Ihres Ziels unternehmen. Darüber hinaus kann man darauf vertrauen, dass das Universum unseren Bemühungen auf die Sprünge hilft. Sie müssen offen dafür sein, Ideen, Menschen und glückliche Zufälle in Ihr Leben zu lassen.

Mein 82 Jahre alter Geschäftspartner, Stephen Ross, lebt nach dieser Philosophie. Ihm gehören die Dolphins, er hat die West Side von Manhattan neu errichtet – aber wieso sollte man danach Halt machen? Er hat neulich den Plan gefasst, Palm Beach zu einer Post-COVID- und Work-from-anywhere-Gesellschaft umzugestalten. Er holte ein Formel-1-Rennen nach Miami und baute einen fast 486 Hektar großen Golfplatz, nur so zum Spaß. Stephen hat bei dem Künstler Peter Tunney ein Gemälde in Auftrag gegeben, das in seinem Firmensitz hängt und auf dem die Worte stehen: »Ich werde den Rest meines Lebens beschäftigt sein.« Das wird er sicher – und er liebt jede Minute.

Finden Sie den Punkt, an dem die Wirkung am größten ist

Wenn es eine enttäuschende Erfahrung in meinem Leben gibt, die mich antreibt, dann ist es das Wissen, dass alles so viel besser für mich und meine Mutter hätte laufen können, wenn uns nur jemand eine helfende Hand gereicht hätte, als wir am Tiefpunkt waren. Wenn nur jemand eingeschritten wäre und erkannt hätte, wie schlecht es uns ging, und sichergestellt hätte, dass ich in die Schule gehen konnte, sichergestellt hätte, dass meine Mutter die medizinische Fürsorge erhielt, die sie so dringend gebraucht hätte, dafür gesorgt hätte, dass wir etwas zu essen haben, und dass unsere Wohnung sicher und sauber war … dann hätte meine Kindheit ganz anders ausgesehen.

Michael Rubin, CEO von Fanatics, weiß, was es bedeutet, wenn man Kindern in Not Hilfe anbietet. Angesichts des Erfolgs seiner Firma hat er die REFORM Alliance gegründet, eine Organisation, die auf die Ungleichheit in Amerikas Rechtssystem aufmerksam macht. Unterstützt von mehr als 50 Millionen Dollar – inklusive einer 10-Millionen-Dollar-Spende von Jack Dorsey von Twitter – hilft die Gruppe Familien, die durch unfaire Bewährungsbedingungen und -gesetze benachteiligt werden, und setzt sich für einen Systemwechsel ein. Im Dezember 2021 haben Rubin und der Rapper Meek Mill 25 Kindern ein NBA-»Weihnachtserlebnis« auf dem Spielfeld ermöglicht, bei dem Mill und ein weiterer Rapper namens Lil Baby in Philadelphia vor dem Spiel der 76ers dabei waren.[77] »Jedes Kind hier hat eine Mutter oder einen Vater, die oder der gerade aufgrund einer Formalität im Gefängnis sitzt oder gesessen hat«, sagte Rubin. »Sie haben kein Verbrechen begangen, aber sind ins Gefängnis gegangen.« Die Kinder spielten ein Trainingsspiel auf dem Feld und durften dann dem Spiel der 76ers gegen die Miami Heat von Sitzplätzen direkt am Spielfeldrand aus zusehen. »Wir wollten, dass es der schönste Tag ihres Lebens wird«, sagte Rubin.[78]

◉ ◉ ◉

Mein Freund Curtis Martin war elf Saisons lang Running Back in der NFL und wurde in die Hall of Fame des Profifootballs aufgenommen. Er wuchs in Umständen auf, die meine Kindheit wie ein Zuckerschlecken erscheinen lassen. Seine Großmutter wurde erstochen in ihrem Schlafzimmer aufgefunden, als Curtis neun Jahre alt war. Zwei Jahre lang war der Mörder auf der Flucht – und Curtis und seine Mutter lebten in Angst, dass er hinter ihnen her sein würde, weil ihre Adresse in der Zeitung veröffentlicht worden war. In der Innenstadt von Pittsburgh verlor Curtis als Kind zwei Dutzend Freunde durch Gewalt auf der Straße, darunter seinen besten Freund, der vor Curtis' Augen erschossen wurde, als die beiden die Straße entlanggingen. Er fing erst in seinem letzten Jahr auf der Highschool mit dem Footballspielen an und doch wollte ihn bald jede Hochschule im Land in ihrer Mannschaft haben. Aber er fühlte sich nutzlos und sah keinen Sinn im Leben, bis er zur Religion fand und erkannte: Der Football könnte ihm eine Plattform geben, eine Stimme, eine Möglichkeit, anderen zu helfen und seinem eigenen Leben damit Sinn zu geben.

Für ihn war der Football immer ein Mittel zum Zweck, eine Möglichkeit, Gutes zu tun. An seinem einzigen freien Tag in der Woche, jeden Dienstag, zog er durch New York City, um Zeit mit verschiedenen Obdachlosen zu verbringen, die er über die Jahre kennengelernt hatte, setzte sich zu ihnen, redete mit ihnen und behandelte sie wie Menschen. Am anderen Ende des Spektrums versammelte er einige der berühmtesten Leute der Welt in geheimen Treffen, um einen sicheren Ort zu schaffen, an dem sie ihre Sorgen offen aussprechen konnten. Er wollte etwas Licht in das Leben so vieler Menschen wie möglich bringen, die Sorgen und Nöte hatten. Curtis' schlimme Kindheit hätte ihn verbittert und wütend machen können, aber stattdessen wurde er enorm empathisch, freigiebig und weise. Er ist ein Beispiel dafür, wie wir das, was wir gut können, nutzen können, um das Leben anderer Leute zu verändern und sie aufzubauen, selbst wenn sie ganz am Boden liegen.

◉ ◉ ◉

Ich weiß, was es bedeutet, wenn man sich auf der Suche nach einem besseren Leben völlig machtlos fühlt. Ich verbrenne die Schiffe hinter mir, weil ich danach strebe, mich in eine Position zu bringen, von der aus ich anderen die Hilfe geben kann, die ich nie erhalten habe. Das ist im Grunde das, worauf für mich alles hinausläuft. Ich sehe den Punkt, an dem ich am meisten bewirken kann, und weiß, dass ich darauf hinarbeiten kann, immer mehr Menschen zu helfen, das Schlimmste zu überstehen.

In den Jahren nach dem Tod meiner Mutter habe ich ihr zu Ehren einen Stipendienfonds am Queens College eingerichtet, das Linda J. Higgins Empowerment Scholarship, das jedes Jahr an mehrere alleinerziehende Mütter vergeben wird. Ich weiß, wie schwer es für sie war, Mutterschaft und Ausbildung unter einen Hut zu bringen und wollte anderen die Vorteile bieten, in deren Genuss meine Mutter niemals kam. Diese Frauen machen das Unmögliche wahr und stehen schließlich mit dem Diplom in der Hand auf der Bühne.

Als ich 2019 an der Schule die Rede vor den Absolventen hielt, ließ ich die Empfängerinnen des Stipendiums aufstehen. Genau wie es meine Mutter mit mir gemacht hatte, hatten sie ihre Kinder an diesem Nachmittag mit auf den Campus gebracht und ich fühlte mich in die Zeit zurückversetzt, als ich vor 30 Jahren auf demselben Stückchen Gras gespielt hatte. Das ist eine der wenigen glücklichen Erinnerungen an meine Kindheit. Den Rest habe ich verdrängt.

»Tameka und Rosanna«, sprach ich sie an. »Wie meine Mutter habt ihr es gegen jede Wahrscheinlichkeit geschafft, hier zu stehen. Ihr habt nicht nach Ausreden gesucht. Ihr seid keine Opfer geworden. Und ihr habt niemals aufgegeben.«

Die Frauen, die dieses Stipendium erhalten, sind eine große Inspiration. Ich spreche jedes Jahr mit ihnen und versuche, auch über das Finanzielle hinaus zu helfen. Eines der jüngsten Treffen versetzte mir einen Stich ins Herz. Eine alleinerziehende Mutter, die aus Lateinamerika hierher eingewandert war, erinnerte sich, wie sie eines Abends keinen Babysitter für ihre elfjährige Tochter finden konnte, also brachte sie sie mit auf den Campus. Die Professorin ließ nicht zu, dass sie ruhig hinten im Seminarraum saß, da sie es für irgendeinen blödsinnigen Verstoß gegen die Etikette hielt. Die Mutter erzählte der Gruppe, wie sie ihre Tochter vor die Tür brachte, wo sie auf dem Boden sitzen konnte, und ihr sagte, sie solle leise etwas lesen – danach hatte sie einen Zusammenbruch. Ihre Tochter, das kleine Energiebündel, umarmte sie und sagte: »Nein, nein, Mommy, ist schon gut. Mir geht's gut. Ich bin so stolz auf dich. Du kannst das!«

Eine weitere Stipendiatin, Ekaterina Kalmanson, war vor Jahren aus Russland und vor ihrem gewalttätigen Ehemann geflohen. Als sie hierherkam, sprach sie kein Wort Englisch und hätte nie geglaubt, dass sie ein College besuchen würde. Schließlich bewarb sie sich – und dann wurde bei ihr Brustkrebs diagnostiziert. An dem Tag, an dem sie die Diagnose erhielt, hatte sie auch den Brief vom Queens College erhalten, in dem ihr das Stipendium im Namen meiner Mutter zugesagt worden war. Sie weinte also am Telefon – das Stipendium war das Einzige, was es ihr ermöglicht hatte, auf eine Hochschule zu gehen.

Sie erzählte mir, dass sie meine Rede vor den Absolventen noch einmal gelesen hatte, um Kraft aus der Geschichte meiner Mutter zu ziehen. »Wenn Ihre Mutter das konnte«, sagte sie zu mir, »kann ich das auch.«

Meine Mutter sagte immer voraus, dass ihr Leben nichts bedeutete und sich niemand an sie erinnern würde. Das war für mich eine unerträgliche Vorstellung. Nach ihrem Tod fragte mich der Bürgermeister, ob wir irgendetwas Besonderes tun konnten, um sie zu ehren. Es war eine sehr nette Geste und ich sagte ihm, dass sie tatsächlich eine letzte Bitte vor ihrem Tod gehabt hatte. In ihren letzten Tagen in ihrer Wohnung bat sie mich inständig, sie noch einmal zum Campus des Queens College zu fahren. Es war wirklich der einzige Ort, der ihr je Freude bereitet hatte. Damals war ich zu sehr damit beschäftigt, mich auf den neuen Job vorzubereiten und nun, nach ihrem Tod, quälte es mich. Also sorgte der Bürgermeister dafür, dass ihr Sarg ein letztes Mal über den Campus gefahren wurde.

Heute geben mir diese Stipendien das Gefühl, dass ich meiner Mutter dabei helfe, ein neues Ende für ihre Lebensgeschichte zu schreiben. Ihr Vermächtnis endete nicht einfach alleine in diesem traurigen Apartment am Springfield Boulevard. Sie lebt weiter in diesen starken, unnachgiebigen Frauen – und ich bin ihr Botschafter.

◉ ◉ ◉

Ich bewarb mich als Student um die Stelle als Jahrgangssprecher der Studentenschaft am Queens College und wurde vernichtend geschlagen. Es war meine erste wirkliche Niederlage. Mein Gegner war der mittlerweile verstorbene José Peralta, ein freundlicher, anständiger Mann. Die Kampagne um die Präsidentenstelle sorgte dafür, dass José sein ganzes Leben im öffentlichen Dienst tätig war und eine enorm erfolgreiche Karriere hatte, die ihn in die New York State Assembly und den New York State Senate führte. Sein Mitbewerber um die Position als Jahrgangssprecher war Alan van Capelle. Als Alan 1997 seinen Abschluss machte, waren 60 Prozent aller Amerikaner gegen die Anerkennung der gleichgeschlechtlichen Ehe. Alan hätte den Status quo akzeptieren können, aber stattdessen unternahm er etwas. Er wurde der Leiter der Interessengruppe Empire State Pride Agenda. Er kämpfte dafür, Herz und Verstand der Gegner für sich zu gewinnen und als das nicht funktionierte, kämpfte er dafür, dass die Politiker ihre Meinung änderten.

Nachdem die Gesetzesvorlage zur Anerkennung der gleichgeschlechtlichen Ehe im New York State Senate nur knapp abgeschmettert worden war, half Alan seinem alten Rivalen vom Queens College, José Peralta, beim Wahlkampf, um in den State Senate einzuziehen. José gewann und zwei Jahre später war er eine der entscheidenden 33 Stimmen, um die Anerkennung der gleichgeschlechtlichen Ehe im Staat New York zum Gesetz zu machen.

Ich erzähle diese Geschichte, um darauf hinzuweisen, dass wir alle die Macht haben, durch unsere Handlungen etwas Bedeutendes zu verändern. Sitzen Sie nicht herum und drehen Däumchen. Wenn Sie die Augen weit genug öffnen, werden Sie sehen, dass in der Welt um uns herum genau in diesem Moment Dinge passieren, die wir vielleicht jetzt noch akzeptabel finden – für die wir uns aber morgen schämen werden. Sie können sich aussuchen, wofür Sie kämpfen wollen, und es ist nicht so wichtig, was es ist, solange es in Ihnen etwas auslöst. Und dann können Sie einen Weg finden, um das System zu verbessern, ein Schritt nach dem anderen, ein Schiff nach dem anderen, und nach den Punkten suchen, an denen Sie die größte Wirkung erzielen können. Und dann tun Sie alles, was Sie können, um der Welt einen Schubs in die richtige Richtung zu geben.

◉ ◉ ◉

Mein Freund Darren Rovell ist ein Beispiel dafür, wie Kleinigkeiten, wie ein kleiner Schubs, das Leben eines anderen völlig verändern können. Darren war jahrelang Reporter bei ESPN, aber seine wahre Superpower war es, Informationen gekonnt einzusetzen. Er kaufte Fanartikel bei Auktionshäusern – entweder kleine Häuser, die wenig Publicity erhielten oder solchen, die interessante Artikel zu tief in ihren Katalogen versteckt hatten oder es versäumten, die Geschichte eines Artikels angemessen zu erläutern – von denen er wusste, dass sie unterbewertet waren. Die Gegenstände würden schon am Tag, an dem Darren sie kaufte, einfach dadurch mehr wert, weil er so gekonnt ihre Geschichten erzählen konnte. Er verkaufte diese Artikel später an Jahrestagen, die etwas damit zu tun hatten – zum Beispiel dem Jahrestag eines bestimmten Konzerts oder einer bestimmten Sportveranstaltung – für ein Mehrfaches dessen, was er ursprünglich dafür bezahlt hatte.

So hat Darren beispielsweise jahrelang in Warren Buffett investiert und dabei eine Diskrepanz zwischen der Liebe zu dem als Orakel von Omaha bekannten Mann und dem Fehlen von Sammlern festgestellt. Das lohnte sich für ihn im Jahr 2022, als Darren sein bestes Stück für Millionen verkaufte, mehr als 200-mal so viel, wie er selbst dafür bezahlt hatte: die größte bekannte Unterschrift von Buffett (43 Zentimeter lang) auf einem Blatt mit Dollarnoten der Kansas City Treasury, die nicht ausgeschnitten wurden und nie im Umlauf waren. So funktionierte einfach Darrens Verstand: Er stellte Verbindungen her, die andere nicht sahen, und überlegte sich, wie er daraus ein fesselndes Narrativ machen konnte, das Menschen bewegte. Das hat ihn zu einem so beeindruckenden Reporter gemacht.

Mir war klar, dass Darrens Fertigkeiten dann am besten und gewinnbringendsten eingesetzt werden konnten, wenn er ausreichend Autonomie hatte, um seinen Geist schweifen zu lassen. Seine ungewöhnlichen Fähigkeiten bei der Mustererkennung würden ihm in einem Reporterjob nicht die nötige Freiheit verschaffen. Er konnte so viel mehr Wert schaffen, wenn er in einem geschäftlichen Kontext tätig war, bei dem er selbst auch Anteile am Unternehmen besaß. Also ermutigte ich Darren, die Schritte zu unternehmen, von denen ich wusste, dass er das Potenzial dazu besaß und die er sowieso hatte unternehmen wollen.

Aber es war nicht einfach, den Mut aufzubringen, um das große, prestigeträchtige Schiff namens ESPN hinter sich zu lassen. Es fiel ihm schwer, das zu sichern, was er in seiner Karriere erreicht hatte, den vollen Nutzen aus seinem Beruf als Reporter zu ziehen und sich dann neue ehrgeizige Ziele zu setzen. Ich wollte, dass er einen Investmentfonds gründete und mit seinem genialen Verstand daran arbeitete oder wenigstens bei einem jungen Unternehmen einstieg, bei dem er seine einzigartigen Fähigkeiten erfolgreich einsetzen konnte. Ich erkannte so viel Talent in ihm, das nur darauf wartete, freigesetzt zu werden.

Und dann stellten wir bei RSE einen Scheck aus, um einem jungen Unternehmen für Sportwetten zu helfen. Mir wurde klar, dass das die Gelegenheit war: Wenn Darren Inhalte für diese Marke gestaltete und einen Anteil am Unternehmen hielt, würde es sein Leben verändern. Es passte wie die Faust aufs Auge. »Ich war noch nicht bereit, völlig zum Unternehmer zu werden«, erinnerte sich Darren, »aber ich zweifelte auch an den Leuten, die die Kontrolle über meine Karriere hatten. Ich hatte den Eindruck, dass sie zwar in einem Meeting überzeugen konnten, es aber an der Umsetzung mangelte. Dadurch, dass ich zu einem Start-up ging, hatte ich weniger Vorgesetzte und zum ersten Mal in meinem Leben hatte ich das Gefühl, die Geschicke meines Unternehmens wirklich selbst in der Hand zu haben.«

Sein Deal führte dazu, dass er in vorderster Front stand, wenn es um Inhalte und Markenbildung ging und erhielt eine Beteiligung am Unternehmen. Er verbrannte die Schiffe hinter sich und das änderte sein Leben. Das Unternehmen wurde weniger als drei Jahre nach Darrens Einstieg verkauft, und er ging mit genug Geld weg, um sein nächstes Projekt anzugehen. »Ich habe die letzten 21 Jahre jeden Tag das getan, was ich liebe«, erklärt er. »Aber sich für den Sprung zu entscheiden, war die beste Entscheidung meines Lebens.«

◉ ◉ ◉

Meine Freundin Julianne Hough ist ein weiteres Beispiel für jemanden, der beschloss, das eigene Leben in eine neue Richtung zu steuern, die ihr mehr Erfüllung gab und lohnender war, indem sie den Punkt fand, an dem sie die größte potenzielle Wirkung erzielen konnte. Sie baute auf ihrer Erfahrung als Tänzerin, Sängerin und Schauspielerin auf – sie hatte mehrmals *Dancing with the Stars* gewonnen und war dort eine der Preisrichterinnen – und wollte den Massen das Tanzen schmackhaft machen. Sie hat KINRGY ins Leben gerufen, eine Wellness-Plattform, die den Usern eine Möglichkeit an die Hand gibt, mental und physisch fit zu bleiben, mithilfe von Workouts, die auf Tanzen aufbauen und Bewegungen, Krafttraining, Atemübungen, Visualisierungen und Meditation beinhalten. KINRGY begann als eine

Reihe von Kursen, an denen man vor Ort teilnahm, wurde aber während der COVID-19-Pandemie zu einer Online-Veranstaltung umgewandelt, bei der Julianne und eine Reihe ausgebildeter und handverlesener Trainer Tausenden von Usern und Abonnenten dabei halfen, in die beste Form ihres Lebens zu kommen.

»Tanz war schon immer meine Superpower gewesen«, erzählte sie mir, »und ich glaube, jeder kann über diese Superpower verfügen. Auf der ganzen Welt tanzt man bei Feiern, man tanzt für eine bessere Ernte, für Fruchtbarkeit, für Heilung. Es ist eine universelle Sprache.« Julianne sieht Tanz als die schnellste Möglichkeit, wie jemand seinen Geisteszustand ändern kann, weil Bewegungen emotionale Reaktionen hervorrufen, und sie wollte diese wirkungsvolle Methode der Öffentlichkeit zugänglich machen. Sie realisierte, dass sie etwas von der Welt wegnahm – aber stattdessen wollte sie etwas geben und beschloss daher, ihre Leidenschaft zu nutzen, um ihr Unternehmen aus der Taufe zu heben.

»Wann bringst du denn Dancing with the Stars unter die breite Bevölkerung?«, fragten viele und sie versuchte, dieselbe holistische, allumfassende Erfahrung den Menschen in einem größeren Maßstab zu bieten, um ihnen zu helfen, das Gefühl zu entwickeln, als wäre alles möglich. Julianne wusste, über welche Fertigkeiten sie verfügte und stellte ein Team zusammen, um die Lücken zu schließen. Sie stellte Menschen ein, die wussten, wie man ihre Talente und ihre Ideen in ein Unternehmen verwandelt. So wurde KINRGY geboren und Julianne konnte sich selbst nun nicht mehr nur als Tänzerin und Prominente sehen, sondern als jemanden, der der Welt helfen kann, ihre Träume zu erreichen. Ein Jahr nach Gründung des Unternehmens stand Julianne vor meinen Studenten und gab eine Gastvorlesung in meinem Kurs an der HBS – nicht als Fernsehstar, nicht als Schauspielerin, nicht als Sängerin, sondern als Gründerin eines beeindruckenden Unternehmens und als Leaderin einer Bewegung. Mit KINRGY hat sich für sie der Vorhang zum nächsten Akt gehoben.

Es gibt keinen letzten Hafen

Je mehr Territorium wir erobern, desto mehr Kapazität haben wir, anderen zu helfen, zu dienen und etwas zurückzugeben, und desto mehr Kapazität haben wir, um unser Leben und unsere Zukunft zu verbessern.

Aber wie machen Sie das? Wenn Sie dieses Buch aus der Hand legen, wie können Sie dann tatsächlich damit beginnen, die Schiffe hinter sich zu verbrennen? Meistens scheitern Wachstum und die meisten Unternehmen deswegen, weil wir uns einzig darauf konzentrieren, die richtigen Antworten zu finden, statt zu eruieren, ob wir auch die richtigen Fragen stellen. Es gibt nur einige wenige Fragen, die Sie sich selbst stellen müssen, während Sie die Lektionen dieses Buches verinnerlichen und sich bereit für Ihre nächste Reise machen:

- Was kann ich von meiner einzigartigen Position aus tun, das niemand anderes tun kann?
- Welche Einsichten wurden mir zuteil, die anscheinend niemanden bisher zum Handeln veranlasst haben?
- Was macht mich besonders und wie kann ich das im größtmöglichen Umfang nutzen?
- Was will ich im Innersten meines Herzens *wirklich tun*?

Sie müssen noch nicht alles begriffen haben und wenn Sie glauben, dass dem so ist, kann ich Ihnen schon jetzt garantieren, dass Sie scheitern werden. Ein Indikator für mangelnde Selbsterkenntnis ist ein absolutes Vertrauen in den eigenen Plan und Ihre Fähigkeit, diesen umzusetzen. Probleme gebären Lösungen. Versetzen Sie sich in eine Situation, auf die Sie keine Antworten haben und überraschen Sie sich selbst mit Ihrem Einfallsreichtum und Ihren Problemlösungsfertigkeiten.

◎ ◎ ◎

Wenn ich sage, es gibt keinen letzten Hafen, habe ich den Eindruck, dass manche dagegen fast eine körperliche Abneigung verspüren. Sie glauben, ich meine damit, man könne niemals entspannen, sich niemals ausruhen und niemals mit etwas fertig sein. Das ist nicht ganz die Botschaft, die ich rüberbringen will. Während Sie auf Ihrer Reise sind, finden Sie vielleicht tatsächlich eine Insel, auf der Sie ein Haus bauen, eine Weile bleiben wollen, es sich gemütlich machen und Ihr Leben frei von dem Druck leben, immer etwas Neues erreichen zu müssen. Sie laden die Batterien auf und dazu haben Sie jedes Recht. Wir alle müssen mal auftanken. Aber letztlich werden Sie wieder diesen Antrieb spüren. Sie können nicht ewig an einem Ort bleiben. Es sei denn, Sie sind ein ungewöhnlicher Mensch, der anders veranlagt ist als fast alle, die ich bisher kennengelernt habe, dann wird Ihnen Stillstand nicht dieselbe Freude bereiten, wie sich anhaltend um etwas zu bemühen und sich mit vollem Einsatz einem neuen Abenteuer zu widmen.

Das größte Bedauern, das Menschen auf dem Sterbebett empfinden, ist, dass sie nie ihre kühnsten Träume verfolgt haben. Als ich dem Buch den letzten Feinschliff verpasste, ging ich zum Frühstück mit Scott Tannen, dem Gründer und CEO von Boll & Branch, einem Unternehmen, das Luxusartikel für den Heimbedarf verkauft. Ich war direkt dabei und habe das Unternehmen wachsen sehen. Tannen selbst ist die perfekte Verkörperung so vieler Ideen in diesem Buch. Er hatte bereits einen gewaltigen Exit hingelegt, als er Candystand.com gründete und später verkaufte, eine der größten Websites für Onlinespiele, aber als er und seine Frau, Missy, ihr Zuhause renovierten, kam ihnen die Erleuchtung.

Sie sahen sich Ausstattungsartikel für ihr Haus an und dabei fiel Scott und Missy auf, dass dem Markt eine Luxusmarke fehlte, die auch die Werte der Kunden verkörperte, an die sie verkaufen wollten. Er sah eine Chance, die Lieferkette neu zu erfinden und auf ethische und faire Weise direkt mit Erzeugern auf der ganzen Welt zusammenzuarbeiten – und sieben Jahre später hat sein Unternehmen mehr als 100 Millionen Dollar umgesetzt.

»Wir konnten nicht glauben, dass es keine Marke oder kein Produkt gab, das eindeutig die besten Bettwaren bot, also erschufen wir sie«, erzählte mir Scott.

Das war eine Erkenntnis, die auch andere hätten haben können, was aber nicht der Fall gewesen war, »etwas Unübersehbares, das viele für lange Zeit übersehen hatten«, sagt Scott.

Beim Frühstück an diesem Morgen erwähnte Scott zufällig, dass er nach einer langen Suche endliche eine Firma gefunden hatte, die ihre Strategie für die sozialen Medien erfolgreich vorantreiben konnte. Er bezahlte 10.000 Dollar und die Firme generierte 300.000 Dollar Umsatz zu einer Marge von 80 Prozent. Er meinte zu mir, es sei unglaublich gewesen und er gab zu, dass sie mehrere erfolglose Versuche angestellt hatten, bis sie auf diese Agentur gestoßen waren. Als er den Namen der Firma sagte, klingelte es sofort bei mir, denn es war dieselbe Firma – Village Marketing –, von der ich schon unzählige Male in den letzten paar Jahren gehört hatte. Ich sagte Scott, dass ich mich mit der Gründerin treffen muss, um zu sehen, ob wir sie für mein gesamtes Portfolio in Betracht ziehen können.

Als ich den Anruf von Vickie Segar erhielt, die die Agentur 2013 gegründet hatte, erinnerte sie mich daran, dass wir uns schon mal getroffen hatten. Sie war von 2010 bis 2013 die Marketingdirektorin bei Equinox gewesen und hatte gerade dort aufgehört, als wir das erste Mal über einen Job geredet hatten – eine der ersten Stellen bei Jesse Derris' damals gerade gegründeter PR-Firma. Damals hatte Vickie eine Vision gehabt, wie Marketing ihrer Meinung nach aussehen sollte, aber hatte das Gefühl, dass ihr niemand zuhörte. »Es war keine Frage, dass die Konsumenten immer mehr Zeit in den sozialen Medien verbrachten«, erklärt Vickie, »aber sie verbrachten keine Zeit mit Marken, sie verbrachten Zeit mit Menschen. Während die meisten Brands immer noch versuchten, potenzielle Kunden auf ihre eigenen Websites in den sozialen Medien zu drängen, wollte ich die Konsumenten dort abholen, wo sie sich bereits aufhielten, und die Marken in die Gespräche ihrer Kunden mit anderen einbeziehen.

Die Erkenntnis, dass Konsumenten Zeit auf den sozialen Medien lieber mit Menschen statt Marken verbrachten, erschien mir offensichtlich«, fährt

Vickie fort, »war es aber anscheinend nicht für jeden. Das bestehende Agenturmodell bestand nicht darin, mit Influencern zu arbeiten und stand der Idee auch nicht offen gegenüber. Damit stand die Tür weit offen für kleinere Player wie mich, diese Kategorie zu besetzen.«

Es war das gleiche Gefühl, das mich beschlichen hatte, als ich das erste Mal Gary Vaynerchuk traf. Vickie hatte den absoluten Durchblick und beherrschte ihr Fach meisterlich. Ich versuchte verzweifelt, sie dazu zu überreden, sich unserem Team anzuschließen. Ich wusste, dass Derris groß rauskommen würde und dass er genau die Art von Genie ist, die wir brauchen. Und dann gab er uns einen Korb.

Vickie erinnert sich, dass sie den Job ablehnte, weil sie wusste, dass sie vor der einzigen Chance stand, sich selbst ihren Platz in der Welt zu erarbeiten und zu sehen, ob sie es schaffte. Als ich acht Jahre später mit ihr sprach, hatte sie es geschafft. Sie beschäftigte 150 Mitarbeiter, machte 14 Millionen Dollar Jahresumsatz und war zur Besten in dieser Nische der Industrie geworden – das alles balancierte sie, während sie zwei kleine Kinder zu Hause hatte. Sie wäre meine Angestellte gewesen, aber jetzt war sie eine enorm erfolgreiche Firmengründerin.

»Als Frau in der Start-up-Branche vor zehn Jahren riet einem jeder ab, eine Familie zu gründen – oder sich sogar Mutterschaftsurlaub zu nehmen«, erklärte mir Vickie. »Ich gründete mein eigenes Unternehmen, weil ich einfach eine Umgebung erschaffen wollte, in der ich die Mutter sein konnte, die ich sein wollte, während ich gleichzeitig der Karriere nachgehen konnte, der ich so leidenschaftlich zugetan war. Ich brauchte Flexibilität. Außerdem wusste ich, dass ich damit die Möglichkeit hatte, den Weg für andere Frauen zu ebnen, was mich dazu brachte, ein Unternehmen nur mit Frauen zu gründen, das von Anfang an eine flexible Arbeitsumgebung mitbringt.«

Es ist eine solch inspirierende Erfolgsgeschichte – ein erfolgreiches Unternehmen und, was noch wichtiger ist, ein erfolgreiches Leben. Im Februar 2022 verkaufte sie das Unternehmen an die größte Werbeagentur der Welt, WPP und erlangte damit finanzielle Freiheit für sich und ihre Familie – zufälligerweise nur Monate bevor Jesse ebenfalls sein Unternehmen verkaufte.

Der eine Moment, als sie beschloss, eher an sich selbst zu glauben, als unsere Angestellte zu werden, hat den Verlauf ihres Lebens völlig geändert.

◉ ◉ ◉

Und das ist doch eigentlich das Ziel, oder? Damit das Verbrennen von Schiffen Ihnen wahre Befriedigung verschafft, muss es auch ein *Wieso?* dahinter geben – ein Ziel, für das sich das ganze Streben lohnt. Die Freude liegt in der Reise, aber man muss dennoch von einem Ziel angetrieben werden, das über persönliche Bereicherung oder Befriedigung des Egos hinausreicht. Nach Exzellenz zu streben, kann natürlich auch eine stark motivierende Kraft sein, aber wenn es nicht noch etwas darüber hinaus gibt, können sich die errungenen Siege irgendwann leer anfühlen.

Für mich beruht immer wieder alles auf meiner Kindheit. Ich fühle mich getrieben, eine Plattform zu erschaffen – und die nötige Finanzierung dafür –, um die Art Leiden zu lindern, die meine Mutter und ich ertragen mussten. Es bricht mir das Herz allein beim Niederschreiben, aber das Letzte, was meine Mutter zu mir sagte, als ich an diesem Morgen die Tür verließ, um zum Rathaus in New York zu gehen, war das Versprechen, von diesem Moment an mehr Apfelmus zu essen. Sie wollte das Gewicht verlieren, sie wollte leben. Sie sagte mir, dass sie das erste Mal in ein Flugzeug steigen und am Ozean sitzen wollte. An ihrem letzten Tag auf Erden hatte sie immer noch Träume und wünschte sich verzweifelt eine weitere Chance, die Veränderungen herbeizuführen, die vielleicht ihr Leben hätten retten können. Ich wusste es an diesem Morgen noch nicht, aber es war zu spät.

Für den Rest von uns ist es noch nicht zu spät. Die Schiffe hinter sich zu verbrennen ist ein Rezept dafür, keinen Traum unerfüllt zu lassen und seinen Ambitionen freien Lauf zu lassen. Wir alle müssen uns selbst die Chance geben, das Limit unserer Talente auszuloten, die Grenzen zu finden, die wir vielleicht nie ganz erreichen werden, uns selbst zu kennen und unsere eigene Macht anzuerkennen, etwas zu bewegen. Es gibt keine höhere Berufung in meinem Leben, als anderen auf dieser Reise zu helfen. Diese Lektion, die ich als Kind lernte, dass niemand kommen würde, um uns zu retten, stimmte zwar, aber war nicht unbedingt ausgemachte Sache. Wir haben alle eine Wahl zu treffen. Intervenieren wir oder sehen wir weg? Selbst eine kleine Geste kann den Verlauf eines ganzen Lebens einer anderen Person ändern, wenn damit vielleicht etwas Hoffnung inmitten der Finsternis geweckt wird. Heute kann ich dieser Lichtschein für jemand anderen sein, der ihn verzweifelt braucht.

Als ich mich damals mit Vater Leonir traf, redeten wir über meine Reise und er sagte mir, dass das Trauma meiner Kindheit nicht wirklich heilen konnte, weil ich meine Energie sinnlos mit dem Versuch verschwendete, die Zeit zurückzudrehen und meine Mutter zu retten, bevor sie ihrem eigenen Leiden erlag. Ich würde niemals in der Lage sein, sie oder den kleinen Jungen an ihrer Seite zu heilen – aber was ich tun *konnte*, war andere zu retten, die ertranken. »Gehe an den Fluss«, sagte Vater Leonir. So sollte ich meinen eigenen Pfad zum Frieden finden.

◉ ◉ ◉

Und so fand ich mich selbst im September 2021 auf einer Bühne im Central Park wieder und genoss das Privileg, zu einer Menge von 60.000 Menschen auf dem Great Lawn darüber zu sprechen, wie wir alle in der Welt etwas bewirken konnten. Die letzten drei Jahre hat ein interreligiöser Ableger der Katholischen Kirche mit dem Namen Global Solidarity Fund (GSF) im Stillen Geld aufgebracht, um Migranten und Geflüchteten auf der ganzen Welt zu helfen und den Einfluss von religiösen Organisationen zu stärken, die Hunderten Millionen Menschen dienen. Migranten gehen mir ans Herz. Wenn wir die schrecklichen Bilder einer Massenmigration im Fernsehen sehen, sollten wir uns nicht fragen, *wieso kommen sie hierher?*, sondern eher, *wovor rennen sie weg?* Wie schlimm muss es sein und wie verzweifelt muss man sein, um aus seinem Heimatland zu fliehen – und wie einfallsreich und wie hart arbeitend muss man sein, um eine solche Reise unternehmen zu können? Ich bin schon eine Weile beim GSF aktiv, versuchte, etwas zurückzugeben und andere für diese Mission zu gewinnen. Auf dieser Bühne verkündete ich, dass wir eine Kampagne starten würden, um 100 Millionen

Dollar für Lebensmittel, Impfstoffe und Berufsausbildung aufzubringen – und dass wir bereits die ersten 28 Millionen Dollar beisammen hatten, die uns diesem Ziel näherbrachten.

Meine Aufgabe war es, die Vision von Papst Franziskus über die Gleichheit aller Menschen den Anwesenden zu vermitteln, unabhängig von ihren eigenen persönlichen religiösen Überzeugungen, und ihnen ein Gefühl für die Botschaft der globalen Solidarität zu geben. Mitten in einem Rockkonzert … in einem Park … in 47 Sekunden! Man sagte mir, ich sollte beim Skript bleiben, es war zeitlich genau abgestimmt und ich sollte kurz nach Prinz Harry und Meghan Markle auf die Bühne gehen. Ich war nervös, aber als ich die Stufen zur Bühne hinaufstieg, sah ich die wunderbare Skyline von Manhattan, die mich begrüßte, die Gebäude entlang der Fifth Avenue, wo einige der reichsten Menschen der Welt leben und arbeiten, die sich über uns erhoben. In diesem Moment dachte ich über jemanden nach, der gemütlich seinen teuren Tee in einem dieser Gebäude trinkt, von denen aus man den Central Park überblicken kann und stellte das in Kontrast zu Vater Leonir, der in einem Kriegsgebiet einer Familie hilft, die vor Mord und Vergewaltigung flieht. Ich wusste sofort, dass ich das Skript beiseitelassen musste, wenn ich eine Verbindung zum Publikum herstellen wollte. Ich musste die Schiffe hinter mir verbrennen, für Vater Leonir und Papst Franziskus.

»Sehen Sie die Gebäude da drüben am Central Park direkt hinter Ihnen?«, fragte ich das Publikum, das die Köpfe drehte, während die Kamera ihnen folgte, um es den Millionen weiterer Menschen zu zeigen, die auf der ganzen Welt zusahen. Der Teleprompter raste dahin, als wäre er ein Flugzeug, das in einer tödlichen Spirale zu Boden geht. »Ich bin nicht dort aufgewachsen. Ich wuchs an einem Ort namens Queens in New York auf. Und wie eine Menge Menschen in New York bin ich arm aufgewachsen und war auf die Wohlfahrt angewiesen und oft wusste ich nicht, woher meine nächste Mahlzeit kommen würde und war dankbar für die Unterstützung, die ich erhielt. Aber ich erinnere mich, dass ich in den Momenten größter Verzweiflung, wenn mein Magen leer war, so oft bei der örtlichen katholischen Essensausgabe von einem übervollen Herzen und einer Kiste voller Lebensmittel begrüßt wurde. Deswegen bin ich heute Abend hier …«

Ich entschuldigte mich später für die 42 Extrasekunden. Einen Monat später wurde mir die Ehre meines Lebens zuteil – eine Privataudienz bei Papst Franziskus im Vatikan. Papst Franziskus warf die Tradition über den Haufen, als er 2013 zum Stellvertreter Christi auf Erden gewählt wurde und versagte sich all die weltlichen Verlockungen des Amtes – zu denen nicht zuletzt der päpstliche Palast zählte – und beschloss stattdessen, permanent im Gästehaus zu wohnen und mit einem alten Renault, Baujahr 1984, durch Rom zu fahren.

Es gab eine Botschaft, die seinem revolutionären Ansatz zugrunde lag. Kurz nach seiner Wahl besuchte der Papst das Casal del Marmo in Rom – ein Gefängnis – und wusch zwölf Insassen die Füße. »Der Höchste unter uns sollte anderen zu Diensten sein«, erklärte Papst Franziskus. »Euch die Füße zu waschen, ist ein Symbol, ein Zeichen, dass ich euch zu Diensten stehe.«[79]

Ich sah ihm zu, während er das unscheinbare Zimmer im Vatikan betrat, in dem wir alle, die das Privileg hatten, ihn zu treffen, in einem Kreis versammelt standen. Papst Franziskus ging von einem zum anderen und unterhielt sich mit jedem von uns, wobei er uns das Gefühl gab, die einzige Person auf der Welt zu sein. Ich sagte ihm, dass ich aufgrund seines Mitgefühls inspiriert worden war, zu kommen, dass ich arm aufgewachsen bin und von der örtlichen Essensausgabe meiner Diözese profitiert hatte. Ich war hier – brachte Geld auf und versuchte der Kirche zu helfen –, um den Gefallen zu erwidern.

Er erläuterte, das Gegenteil von Gleichgültigkeit sei Solidarität, und dass wir alle etwas geben müssen, nicht nur aus der Distanz, sondern in einem intimen Rahmen. »Bringen Sie die Armen nahe zu sich«, sagte er. »Gehen Sie an die Peripherie, nicht nur die des Körpers, sondern die der Seele.« Mit diesen Worten fühlte ich mich in die Vergangenheit zurückversetzt und erinnerte mich daran, als meine Mutter gegen Ende ihres Lebens so verzweifelt wollte, dass jemand ihr die Haare wusch, damit sie sich wenigstens wieder ein wenig menschlich fühlen konnte, aber im örtlichen Haarsalon auf Abscheu stieß, weil sie sich damals schon nicht mehr selbst baden konnte. Sie wollte so sehr von jemandem gesehen werden. Geld half, aber menschlicher Kontakt war das, wonach sie sich wirklich sehnte. Solidarität. Hoffnung. Verbindung.

◉ ◉ ◉

Ich habe versucht, auf diesen Seiten eine Verbindung herzustellen. Ich habe versucht, eine Verbindung zu den Gründern und Partnern herzustellen, mit denen ich arbeite und den Menschen, die ich in meinem Leben treffe, die meine Hilfe brauchen könnten. Meinen Besuch bei Papst Franziskus werde ich niemals vergessen, besonders die Worte, mit denen er das Treffen beendete, die perfekten Worte, um selbst ein paar Schiffe hinter sich zu verbrennen: »Seien Sie mutig.«

Ich weiß, wie einfach es sich anhört, aber wie schwer es tatsächlich ist. Als ich die Jets hinter mir ließ, sagte mir jeder, dass es ein unglaublich riskanter, unglaublich dummer Schritt war. Sie sagten, niemand würde mehr ans Telefon gehen, wenn ich anrief, und ich hätte gar nichts ohne das Team. Ich sagte ihnen: Nein – die Jets sind nicht die Plattform, ich bin meine eigene Plattform.

Sie sind Ihre eigene Plattform. Ihre Brillanz ist die Plattform. Werden Sie sich bewusst, worin Sie wirklich großartig sind und werfen Sie keinen Blick zurück.

Seien Sie mutig.

◉ ◉ ◉

Ich war vor nicht allzu langer Zeit im Urlaub in Lake George, New York. Wir mieteten ein Boot und es gab ein absolut hinreißendes hölzernes Bootshaus am See, das schon mehr als ein halbes Jahrhundert dort stand. Ich unterhielt mich mit einem der Besitzer, ein Nachkomme des Mannes, der das gesamte Unternehmen aufgebaut hatte – das Bootshaus und all die Boote. Ein wunderschönes Holzboot war auf einer Helling daneben aufgestellt, liebevoll gepflegt und scheinbar in der Zeit stehen geblieben. Es sah aus, als würde es auf einen Kanal in Venedig gehören.

»Was hat das für eine Geschichte?«, fragte ich.

»Ah, das Boot ist was ganz Besonderes.«

Vor 60 Jahren war das Bootshaus abgebrannt. Eine Zeitungsmeldung vom 5. Mai 1957 bestätigte die Geschichte. »Smiths Bootshaus bei Bolton Landing ist abgebrannt. Feuerwehren aus Bolton Landing, Lake George, Chestertown und Warrensburg arbeiteten über fünf Stunden vor Ort, um den Brand zu löschen.«

Der ursprüngliche Besitzer arbeitete an dem Tag, als das Feuer ausbrach. Die alten Balken des Bootshauses waren trocken wie Zunder. Er wusste, dass das Gebäude ersetzt werden konnte, aber er hatte Angst, dass das Feuer die Boote erreichen könnte und alles zerstören würde, wofür er sein ganzes Leben gearbeitet hatte. Er beeilte sich, viele der Boote auf den See hinauszuschieben, aber die Zeit lief ihm davon. In der Sekunde hatte er einen Geistesblitz. Während um ihn herum ein Inferno loderte, rannte er in die Werkstatt und nahm eine Axt von der Wand. Er stand über dem letzten verbliebenen Boot, das ihm besonders wichtig war, und schwang die Axt wild gegen den Rumpf. Wenn er das Boot versenkte, würde der Motor zwar geflutet werden, aber der Rest des Bootes würde den Flammen widerstehen. Wenn das Feuer gelöscht war, konnte er das Boot heben, die Teile ersetzen und sein Unternehmen wieder aufbauen.

Wenn Sie irgendetwas aus diesen Lektionen mitnehmen wollen, hoffe ich, dass es mein unerschütterlicher Glaube ist, dass Sie über eine unerschöpfliche Fähigkeit verfügen, einfach selbst die Probleme zu lösen. Glauben Sie mir, wenn Sie mit dem Rücken zur Wand stehen, und es anscheinend keinen Ausweg gibt, werden Sie den Weg hinaus finden.

Statt diese Schiffe zu verbrennen, müssen Sie sie vielleicht einfach versenken.

DANKSAGUNG

Ich habe mir mein unwahrscheinliches Leben immer als eine Reihe von Staffelübergaben in einem nie endenden Staffellauf vorgestellt. Beginnend mit meinem ersten Job in Queens, New York, gab es immer die eine Person, die einen Blick dafür hatte, wohin ich unterwegs war und nicht darauf achtete, woher ich kam, und den Stab aufnahm und mich zum nächsten Abschnitt trug. Diane Cohen, Alan Gershuny, Kongressabgeordneter Gary Ackerman, Michael Shenkler, Michael Nussbaum, David Oats, Cristyne Lategano-Nicholas, Colleen Roche, Sunny Mindel, Lou Tomson, Kevin Rampe, Michael McKeon, Governor George Pataki, John Cahill, Lisa Stoll, Jay Cross, Woody Johnson, Len Schlesinger, Jeff Frost, Holly Jacobs, Clay Newbill, Rob Mills, Mark Burnett, Barry Poznick, Mark Hoffman und natürlich mein Partner, Mentor und Ersatzonkel, Stephen Ross. An verschiedenen Kreuzungen im Verlauf meiner Karriere habt ihr alle mein Potenzial für wichtiger gehalten als meinen Stammbaum und mir den Weg für jeden neuen beruflichen Durchbruch geebnet. Es gibt noch viele weitere, die mehr an meine Fähigkeiten glaubten als ich selbst. Ich trage euch jeden Tag mit Dankbarkeit in meinem Herzen.

Ich hoffe, Sie finden dieses Buch manchmal auf unangenehme Weise ungeschminkt und verletzlich. Ich stehe in der Schuld all der außergewöhnlichen Visionäre aus allen Gesellschaftsschichten, deren Geschichten illustrieren, was es bedeutet, die Schiffe hinter sich zu verbrennen. Ich danke besonders Aidan Kehoe und Mike Tannenbaum dafür, dass sie sich nicht zurückgehalten haben und mich an ihrer nie nachlassenden Hingabe an die Verbesserung des eigenen Selbst teilhaben ließen.

Ich bin all den Lesern dankbar, die die noch ungeschliffenen Versionen des Manuskripts durchgegangen sind. Ihr habt das Endresultat so viel besser gemacht, durch eure scharfsinnigen Einsichten, euer behutsames Feedback und der liebevollen Unterstützung der Idee, dass *Vergesst Plan B!* das Leben anderer verändern könnte: Claudia Lezcano del Campo, Susanne Norwitz, Dave Warren, Eric Van Wagenen, Elyse Propis, John Ciorra, Vanessa Ballesteros. Eure Kommentare sorgen dafür, dass *Vergesst Plan B!* noch mehr in den Blick nahm, um auch zu denjenigen zu sprechen, die nicht in den Genuss der Gelegenheiten kamen, die mir über die Jahre zuteilwurden.

Wie habe ich es in die Sendung *Shark Tank* geschafft oder die Gelegenheit erhalten, eine Pilotfolge meiner eigenen Fernsehsendung zu drehen? Mein Agent Reed Bergman sah in mir unerwarteterweise eine Fernsehpersönlichkeit und sorgte dafür, dass diese Dinge Wirklichkeit wurden.

Und an mein unglaublich engagiertes Team bei RSE Ventures: Gibt es eigentlich etwas, das ihr nicht schaffen könnt? Wir sind ein Team von Ameisen, die das Mehrfache ihres Körpergewichts tragen können. Eure Fertigkeit, jede Situation in den Griff zu bekommen, verschaffte mir den geistigen Freiraum, den ich brauchte, um dieses Buch zu schreiben und auch mal nur von zu Hause mit dem Telefon meine Arbeit für das Unternehmen zu erledigen. Uday Ahuja, Corrine Glass, Ljena Dedvukovic – danke dafür, dass ihr dieses außergewöhnliche Team geleitet habt. Jessica Rizzo, ohne dich gäbe es RSE gar nicht und deine unerschütterliche positive Energie über die letzten zehn Jahre ist ein Geschenk an uns alle. Lou Majano, danke für deine Hilfe dabei, die endlosen Details zu koordinieren, die erforderlich sind, um ein Buch zu schreiben und dafür, dass du über 50 Interviews sortiert hast!

Vergesst Plan B! schuldet seine Existenz meinem Literaturagenten Michael Palong, der große Pläne für mich hatte und diesem Buch durch eine Reihe koffeingestärkter Marathonsitzungen vor dem Whiteboard seinen Stempel aufgedrückt hat. Meine Liebe für Bücher begann mit Beverly Cleary, also erfüllt es mich mit Stolz und Nostalgie, in dem Imprint zu erscheinen, den sie ihre Heimat nannte – William Morrow. Mauro DiPreta bei HarperCollins sah sofort das Potenzial von *Vergesst Plan B!*, das Leben der Leser zu verändern und schenkte diesem Erstlingsautoren sein volles Vertrauen, es zum Leben zu erwecken. Danke an Andrew Yackira, weil er dieses Buch mit jeder weiteren Überarbeitung besser machte. Carol Lehmann, du bist eine wahre Künstlerin, die ein Buchcover erschaffen hat, das wirkungsvoll ist und die Blicke auf sich lenkt, sodass man es gar nicht übersehen kann. Bei jedem Schritt, der *Vergesst Plan B!* zum Leben erweckte, war Jeremy Blachman mein Partner. Durch zahllose Sessions im Verlauf eines Jahres vergruben wir uns tiefer in die Ideen auf diesen Seiten und betrachteten dann genau die Geschichten und Themen, mit denen wir jedes Konzept unterstreichen wollten. Man kann sich kaum vorstellen, dass jemand anderem das Buch noch mehr am Herzen liegt als mir selbst, aber genauso fühlte es sich an, mit Jeremy zu arbeiten.

An meine wundervollen Kinder: Das Schwerste beim Schreiben dieses Buches war, euch alle komplett herauszuhalten, so wie ich euch auch über all die Jahre aus dem Blick der Öffentlichkeit herausgehalten habe. Es ist der eine unauthentische Teil von *Vergesst Plan B!*, der sich wie eine Lüge anfühlt, denn die ganze Welt soll wissen, dass ihr mein gesamtes Leben seid. Mein weiser 15-jähriger Sohn, danke für das Lesen des Manuskripts. Dir wird auffallen, dass jede deiner brillanten Ideen in die Überarbeitung eingeflossen ist (und ja, es wird einen Test über den Stoff geben).

Meine Mutter, Linda, hatte noch 100 Dollar auf dem Konto, als sie starb, aber ich habe das wertvollste Geschenk geerbt, das ein Elternteil einem Kind machen kann: den unbegrenzten Glauben an meine Fertigkeit, mir immer was einfallen zu lassen. Jeder größenwahnsinnige Plan, den ich hatte, wurde mit irrationaler Unterstützung bedacht. Der Plan für *Vergesst Plan B!* wurde vor langer Zeit an unserem Küchentisch entworfen. Ein Großteil meiner Kindheit wurde in diesem Buch verkürzt und meine Brüder Todd, Timmy und Tommy haben ebenfalls einen teuren Preis dafür bezahlt, wie wir aufgewachsen sind, aber ich habe nicht versucht, es auf diesen Seiten darzustellen. Aber ihr sollt wissen, dass ihr mir wichtig seid. Todd, du warst schon seit

Kindertagen stets mein Berater. Jeder braucht einen anderen Menschen, der die ganze Geschichte kennt. Für mich bist du das.

Und letztlich meine liebe Frau, Sarah. Wie konnten wir so viel Glück haben? Du bist alles auf einmal – meine beste Freundin, meine Seelenverwandte, mein Polarstern, wenn ich den Weg nicht finde und meine Mitverschwörerin, wenn ich gerade nicht will. Es gibt niemanden, den ich mehr bewundere.

Dieses Buch ist dir gewidmet.

ÜBER DEN AUTOR

Matt Higgins ist ein Selfmade-Serien-Unternehmer mit viel Erfahrung aus erster Hand über verschiedene Branchen hinweg in einer Karriere, die 25 Jahre andauert. Higgins hat eine Doppelfunktion als Mitbegründer und CEO der privaten Investmentfirma RSE Ventures inne. Seine Expertise beim Aufbau von Unternehmen hat ihm auch wiederholt Auftritte als »Gast-Shark« in der ABC-Sendung *Shark Tank* in Staffel 10 und 11 eingebracht. Er ist ein erfahrener Investor im Bereich Direct-to-Consumer und hat diese Expertise genutzt, um Executive Fellow an der Harvard Business School zu werden, wo er als Co-Dozent den Kurs »Moving Beyond DTC« leitet. Als jemand, der sein ganzes Leben in New York verbrachte, wurde Higgins im Alter von 26 zum – damals jüngsten – Pressesprecher des New Yorker Bürgermeisteramts ernannt und managte die globale Medienreaktion auf die Terrorattacken des 11. Septembers 2001, bevor er letztlich COO der Lower Manhattan Development Corporation wurde. Nachdem er in den privaten Sektor wechselte, verbrachte er 15 Jahre in hochrangigen Führungspositionen bei zwei Teams der National Football League, beginnend als EVP für Business Operations bei den New York Jets, bevor er fast ein ganzes Jahrzehnt als Vice Chairman der Miami Dolphins tätig war. Higgins erhielt 2019 die Ellis-Island-Ehrenmedaille für seine Arbeit zur Verbesserung der Gesellschaft, womit er sich den Rängen von sieben ehemaligen US-Präsidenten, Nobelpreisgewinnern und anderen Führungspersonen anschloss. Außerdem ist er langjähriges Vorstandsmitglied von Autism Speaks, einer Organisation, die die wissenschaftliche Erforschung von Neurodiversität fördert und für mehr Akzeptanz ihr gegenüber wirbt.

QUELLENVERZEICHNIS

Einleitung

1 Hoff, Rabbi Dr. Naphtali. 2017. »Learn to Burn Your Boats«. Jewishlinknj.com. 9. November 2017. https://jewishlink.news/features/21533-learn-to-burn-your-boats.

2 »The Annotated Art of War (Parts 11.38-40: No Way Back)«. Ohne Datum. Changingminds.org. Abgerufen am 11. August 2022. http://changingminds.org/disciplines/warfare/art_war/sun_tzu_11-8.htm.

3 Bishop, Greg. 2011. »Channeling Churchill, Ryan Inspires His Team«. *New York Times*, 7. Januar 2011, Sportressort. http://changingminds.org/disciplines/warfare/art_war/sun_tzu_11-8.htm.

Kapitel 1: Vertrauen Sie Ihren Instinkten

4 Emerson, Ralph Waldo. 1993. *Self-Reliance and Other Essays*. Mineola, New York: Dover Publications.

5 Jasper. 2019. »Airbnb Founder Story: From Selling Cereals to a $25B Company«. *Get Paid for Your Pad*. 9. August 2019. https://getpaidforyourpad.com/blog/the-airbnb-founder-story/.

6 »Stephen Ross«. Ohne Datum. *Forbes*. Abgerufen am 31. August 2022. https://www.forbes.com/profile/stephen-ross/?sh=4df40b506220.

7 Williams, Keith. 2016. »The Evolution of Hudson Yards: From ›Death Avenue‹ to NYC's Most Advanced Neighborhood«. Curbed NY. 13. Dezember 2016. https://ny.curbed.com/2016/12/13/13933084/hudson-yards-new-york-history-manhattan.

8 Schulman, Pansy. 2019. »New York Citadel: A Future History of Hudson Yards«. https://digitalcommons.bard.edu/cgi/viewcontent.cgi?article=1286&context=senproj_s2019.

9 Skid, Nate und Jonathan Fazio. 2021. »How Abhi Ramesh Built a $1 Billion Start-up Called Misfits Market«. CNBC. 23. Mai 2021. https://www.cnbc.com/video/2021/05/23/how-abhi-ramesh-built-a-1-billion-start-up-called-misfits-market.html.

10 Wilco, J. R. 2011. »The Stonecutter's Creedo«. Pounding the Rock. 27. Dezember 2011. https://www.poundingtherock.com/pages/the-stonecutters-creedo.

Kapitel 2: Überwinden Sie Ihre Dämonen und Feinde

11 Nishant, Niket. 2021. »Impossible Foods Raises $500 Mln in Funding Round Led by Mirae«. Reuters, 23. November 2021, Abschnitt: U.S. Markets. https://www.reuters.com/markets/us/impossible-foods-raises-500-mln-latest-funding-2021-11-23/.

12 Connor, Andrea. 2017. *The Political Afterlife of Sites of Monumental Destruction: Reconstructing Affect in Mostar and New York*. United Kingdom: Taylor & Francis.

13 Wolfson, Elizabeth. 2017. »The ›Black Gash of Shame‹—Revisiting the Vietnam Veterans Memorial Controversy«. *Art21 Magazine*. 15. März 2017. http://magazine.art21.org/2017/03/15/the-black-gash-of-shame-revisiting-the-vietnam-veterans-memorial-controversy/#.YvU8TezMLoZ.

14 Kapp, Matt. 2016. »Of Stone and Steel: The Story behind the 9/11 Memorial«. *Vanity Fair*. 9. September 2016. https://www.vanityfair.com/news/2016/09/the-story-behind-the-911-memorial.

15 Jensen, Michael, Torsten Twardawski und Nadja Younes. 2021. »The Paradox of Awards: How Status Ripples Affect Who Benefits from CEO Awards«. *Organization Science* 33 (3). https://doi.org/10.1287/orsc.2021.1475.

16 Billan, Dr. Rumeet und Todd Humber. Ohne Datum. »The Tallest Poppy: Successful Women Pay a High Price for Success«. Viewpoint Leadership, Women of Influence, Canadian HR Reporter, Thomson Reuters. Abgerufen am 11. August 2022. https://static1.squarespace.com/static/5760345a044262a766b7a699/t/5bc4aa0f4785d3ab4d047fd7/1539615256731/TPS+Whitepaper.pdf.

17 Billan und Humber.

18 Kross, Ethan, Emma Bruehlman-Senecal, Jiyoung Park, Aleah Burson, Adrienne Dougherty, Holly Shablack, Ryan Bremner, Jason Moser und Ozlem Ayduk. 2014. »Self-Talk as a Regulatory Mechanism: How You Do It Matters«. *Journal of Personality and Social Psychology* 106 (2): 304–324. https://doi.org/10.1037/a0035173.

19 Jordt, Hannah, Sarah L. Eddy, Riley Brazil, Ignatius Lau, Chelsea Mann, Sara E. Brownell, Katherine King und Scott Freeman. 2017. »Values Affirmation Intervention Reduces Achievement Gap between Underrepresented Minority and White Students in Introductory Biology Classes«. Hrsg: Jeff Schinske. *CBE—Life Sciences Education* 16 (3): ar41. https://doi.org/10.1187/cbe.16-12-0351.

20 Logel, Christine und Geoffrey L. Cohen. 2011. »The Role of the Self in Physical Health«. *Psychological Science* 23 (1): 53–55. https://doi.org/10.1177/0956797611421936.

21 *National Geographic.* 2015. »The Power of Positivity | Brain Games «. www.youtube.com. 22. Juni 2015. https://www.youtube.com/watch?v=kO1kgl0p-Hw&t=1s.

22 Hendricks, Jaclyn. 2021. »Rex Ryan's ›Toe Expert‹ Joke Causes ›Get Up‹ Cast to Completely Lose It«. *New York Post.* 13. Dezember 2021. https://nypost.com/2021/12/13/espn-get-up-cast-loses-it-over-rex-ryans-toe-expert-joke.

23 Wenders, Wim, Regie. 2018. Pope Francis: *A Man of His Word.* Focus Features.

24 Vatican News. 2019. »Pope Francis Reflects on Meaning of Death«. YouTube Video. YouTube. https://www.youtube.com/watch?v=fjhoVsUl0UI.

Kapitel 3: Wagen Sie den Sprung

25 Ruiz, Eric M. 2016. »Meet Sarah Cooper, the Ex-Googler behind the Cartoons That Have Captured the Internet«. *Observer.* 4. Oktober 2016. https://observer.com/2016/10/meet-sarah-cooper-the-ex-googler-behind-the-cartoons-that-have-captured-the-internet/.

26 Johnson, Eric. 2018. »For Comedian Sarah Cooper, a Job at Google Was Plan B«. Vox. 10. Januar 2018. https://www.vox.com/2018/1/10/16871786/sarah-cooper-comedian-google-dick-costolo-kara-swisher-recode-decode-podcast.

27 Shin, Jihae und Katherine L. Milkman. 2016. »How Backup Plans Can Harm Goal Pursuit: The Unexpected Downside of Being Prepared for Failure«. Papers.ssrn.com. Rochester, NY. 10. April 2016. https://ssrn.com/abstract=2538889.

28 M, Marvis. 2020. »I HATE PLAN B -Arnold Schwarzenegger- the Most Inspiring Speech Ever«. www.youtube.com. 9. Dezember 2020. https://www.youtube.com/watch?v=uGHI58Fhrgk.

Kapitel 4: Optimieren Sie Ihre Ängste

29 Diamond, David M., Adam M. Campbell, Collin R. Park, Joshua Halonen und Phillip R. Zoladz. 2007. »The Temporal Dynamics Model of Emotional Memory Processing: A Synthesis on the Neurobiological Basis of Stress-Induced Amnesia, Flashbulb and Traumatic Memories, and the Yerkes-Dodson Law«. *Neural Plasticity* 2007: 1–33. https://doi.org/10.1155/2007/60803.

30 Woolley, Kaitlin und Ayelet Fishbach. 2022. »Motivating Personal Growth by Seeking Discomfort«. *Psychological Science* 33 (4): 9567976211044685. https://doi.org/10.1177/09567976211044685.

31 Hood, Julia. 2001. »Higgins Steers Kozmo with Political Gusto«. Prweek.com. PR Week Global. 5. März 2001. https://www.prweek.com/article/1238055/analysis-profile-higgins-steers-kozmo-political-gusto-matt-higgins-sees-symmetry-political-pr-dot-com-pr-demand-strong-conviction-willingness-brave.

32 McCallum, Jack. 2019. »Have You Heard the One about My Crippling Depression?« *Boston*-Magazin. 2. Dezember 2019.

[33] McCallum, 2019.

[34] Wilstein, Matt. 2020. »The 10 Best Stand-up Specials to Stream While Quarantined«. *The Daily Beast*, 17. März 2020, Ressort: Entertainment. https://www.thedailybeast.com/10-best-stand-up-specials-to-stream-under-coronavirus-quarantine.

[35] Posnanski, Joe. 2009. »Zack Greinke Is in Total Control«. *Sports Illustrated*. 28. April 2009. https://www.si.com/more-sports/2009/04/28/zack-greinke.

[36] Wulf, Steve. 2015. »The Mastery and Mystery of Zack Greinke«. ABC News. 15. Oktober 2015. https://abcnews.go.com/Sports/mastery-mystery-zack-greinke/story?id=34499251.

[37] Plaschke, Bill. 2013. »Zack Greinke Gets through Anxious Moments«. *Los Angeles Times*. 15. Februar 2013. https://www.latimes.com/sports/la-xpm-2013-feb-15-la-sp-0216-plaschke-greinke-20130216-story.html.

[38] Helder, T. Van und M. W. Radomski. 1989. »Sleep Deprivation and the Effect on Exercise Performance«. *Sports Medicine* 7 (4): 235–247. https://doi.org/10.2165/00007256-198907040-00002.

[39] Kozan, Kayla. Ohne Datum. »Huge List of CEOs That Meditate at Work | 2020«. Peak Wellness. Abgerufen am 11. August 2022. https://peakwellnessco.com/ceos-that-meditate-at-work/.

[40] Seppälä, Emma. 2015. »How Meditation Benefits CEOs«. *Harvard Business Review*. 16. Dezember 2015. https://hbr.org/2015/12/how-meditation-benefits-ceos.

[41] Novak, Viveca. 2011. »Bum Rap for Rahm«. FactCheck.org. 13. Januar 2011. https://www.factcheck.org/2011/01/bum-rap-for-rahm/.

Kapitel 5: Begrüßen Sie jede Krise

[42] Fredrickson, Barbara L., Michele M. Tugade, Christian E. Waugh und Gregory R. Larkin. 2003. »What Good Are Positive Emotions in Crisis? A Prospective Study of Resilience and Emotions Following the Terrorist Attacks on the United States on September 11th, 2001«. *Journal of Personality and Social Psychology* 84 (2): 365–376. https://doi.org/10.1037/0022-3514.84.2.365.

[43] Panja, Tariq. 2022. »Rare Champions League Rights Sale Produces Two Winners«. *New York Times*, 3. Februar 2022, Ressort: Sports. https://www.nytimes.com/2022/02/03/sports/soccer/champions-league-relevent-uefa.html.

[44] »Year of Wonders 1665–1667«. Ohne Datum. National Trust. https://www.nationaltrust.org.uk/woolsthorpe-manor/features/year-of-wonders.

[45] Freke, Timothy. 2002. *Tao*. Harry N Abrams.

[46] Daniels, Cora. 2004. »The Man Who Changed Medicine«. Money.cnn.com. 29. November 2004. https://money.cnn.com/magazines/fortune/fortune_archive/2004/11/29/8192713/index.htm.

[47] Schwartz, Barry. 2006. »More Isn't Always Better«. *Harvard Business Review*. Juni 2006. https://hbr.org/2006/06/more-isnt-always-better.

Kapitel 6: Durchbrechen Sie die Muster, die Ihnen im Weg stehen

[48] Greenberg, Jason und Ethan R. Mollick. 2018. »Sole Survivors: Solo Ventures versus Founding Teams«. SSRN Electronic Journal. https://doi.org/10.2139/ssrn.3107898.

[49] Howell, Travis, Christopher Bingham und Bradley Hendricks. 2022. »Don't Buy the Myth That Every Startup Needs a Co-Founder«. *Harvard Business Review*. 20. April 2022. https://hbr.org/2022/04/dont-buy-the-myth-that-every-startup-needs-a-co-founder.

[50] Reilly, Claire. 2018. »Juicero Is Still the Greatest Example of Silicon Valley Stupidity«. CNET. 1. September 2018. https://www.cnet.com/culture/juicero-is-still-the-greatest-example-of-silicon-valley-stupidity/.

[51] Lanxon, Nate. 2009. »The Greatest Defunct Web Sites and Dotcom Disasters«. CNET. 18. November 2009. https://www.cnet.com/tech/computing/the-greatest-defunct-web-sites-and-dotcom-disasters/.

[52] »Theranos«. 2016. Web.archive.org. 22. Juni 2016. https://web.archive.org/web/20160622193253/https://www.theranos.com/test-menu.

[53] Katz, Ariel. 2021. »The Theranos Fiasco Shows How Much Startup Advisory Boards Matter«. TechCrunch. 10. Oktober 2021. https://techcrunch.com/2021/10/10/the-theranos-fiasco-shows-how-much-startup-advisory-boards-matter/.

[54] Kuran, Timur und Cass Sunstein. 2007. »Availability Cascades and Risk Regulation«. The University of Chicago. https://papers.ssrn.com/sol3/papers.cfm?abstract_id=138144.

Kapitel 7: Konsolidieren Sie Ihre Gewinne

[55] Del Rey, Jason. 2021. »Walmart's E-Commerce Chief Is Leaving to Build ›a City of the Future‹«. Vox. 15. Januar 2021. https://www.vox.com/recode/2021/1/15/22232033/marc-lore-walmart-leaving-jet-city-future-capitalism.

[56] Souhan, Jim. 2021. »New Owners Have Some Wild Ideas — like Turning Timberwolves into Winners«. *Star Tribune*. 28. September 2021. https://www.startribune.com/timberwolves-alex-rodriguez-marc-lore-wild-ideas-jim-souhan/600101481/.

[57] Alsever, Jennifer. 2021. »Why Tech Billionaire Marc Lore Wants to Build a Utopian City«. *Fortune*. 1. September 2021. https://fortune.com/2021/09/01/billionaire-marc-lore-utopian-city-equitism/.

[58] Gould, Jennifer. 2021. »Jet.com Founder Marc Lore Has Fleet of Trucks Ready to Deliver Bobby Flay to You«. *New York Post*. 14. Dezember 2021. https://nypost.com/2021/12/13/jet-com-founder-marc-lore-has-fleet-of-trucks-ready-to-deliver-bobby-flay-to-you/.

[59] Geng, Joy J., Bo-Yeong Won und Nancy B. Carlisle. 2019. »Distractor Ignoring: Strategies, Learning, and Passive Filtering«. *Current Directions in Psychological Science* 28 (6): 600–606. https://doi.org/10.1177/0963721419867099.

60 Braverman, Harry. 1998. *Labor and Monopoly Capital: The Degradation of Work in the Twentieth Century*. New York: Monthly Review Press.

61 Kasra Design. 2020. »Dwayne Johnson - Back against the Wall | Collage Animation«. Vimeo. 23. November 2020. https://vimeo.com/482895699.

Kapitel 8: Würdigen Sie die Größe anderer

62 Cook, John. 2011. »Jeff Bezos on Innovation: Amazon ›Willing to Be Misunderstood for Long Periods of Time‹« GeekWire. 7. Juni 2011. https://www.geekwire.com/2011/amazons-bezos-innovation/.

63 »›A Voice for the Underdog and Underprivileged‹«. Ohne Datum. Www.pulitzer.org. Abgerufen am 11. August 2022. https://www.pulitzer.org/article/voice-underdog-and-underprivileged.

64 Bloomberg. 2020. »Ark's Cathie Wood Has ›No Regrets‹ on Tesla Call«. www.youtube.com. 18. Dezember 2020. https://www.youtube.com/watch?v=ORrZMaX8VQc.

65 Weinstein, Netta und Richard M. Ryan. 2010. »When Helping Helps: Autonomous Motivation for Prosocial Behavior and Ist Influence on Well-Being for the Helper and Recipient«. *Journal of Personality and Social Psychology* 98 (2): 222–244. https://doi.org/10.1037/a0016984.

66 Farino, Lisa. 2017. »New Research Shows That Helping Others May Be the Key to Happiness. –G. O. Community Development Corporation«. G.O. Community Development Corporation. 25. April 2017. https://www.go-cdc.org/2017/new-research-shows-that-helping-others-may-be-the-key-to-happiness/.

67 Santi, Jenny. 2015. »The Science behind the Power of Giving (Op-Ed)«. Livescience.com. 1. Dezember 2015. https://www.livescience.com/52936-need-to-give-boosted-by-brain-science-and-evolution.html.

Kapitel 9: Manifestieren Sie Ihre kühnsten Träume

68 Keating, Peter. 2020. »The Baseball Hall of Famer Who Runs a Funeral Home«. ESPN.com. 28. Mai 2020. https://www.espn.com/mlb/story/_/id/29224947/the-baseball-hall-famer-runs-funeral-home-andre-dawson-second-act.

69 Scott, Ellen. 2018. »Why You Feel Down after Running a Marathon«. *Metro*. 15. Juni 2018. https://metro.co.uk/2018/06/15/get-post-marathon-blues-7633314/.

70 Woolley, Kaitlin und Ayelet Fishbach. 2015. »The Experience Matters More than You Think: People Value Intrinsic Incentives More inside than Outside an Activity«. *Journal of Personality and Social Psychology* 109 (6): 968–982. https://doi.org/10.1037/pspa0000035.

71 Florio, John und Ouisie Shapiro. 2016. »The Dark Side of Going for Gold«. *The Atlantic*. 18. August 2016. https://www.theatlantic.com/health/archive/2016/08/post-olympic-depression/496244/.

72 Friedman, Ron. 2015. »Staying Motivated after a Major Achievement«. *Harvard Business Review*. 3. Februar 2015. https://hbr.org/2015/02/staying-motivated-after-a-major-achievement.

73 Friedman, 2015.

74 Becker, Joshua. 2012. »About Becoming Minimalist«. Becoming Minimalist. 8. Mai 2012. https://www.becomingminimalist.com/becoming-minimalist-start-here/.

75 Becker, Joshua. Ohne Datum. »The Emptiness of Sports Is Most Felt in Victory«. www.becomingminimalist.com. Abgerufen am 11. August 2022. https://www.becomingminimalist.com/emptiness/.

76 Becker, »The Emptiness of Sports Is Most Felt in Victory«.

77 Young, Jabari. 2021. »Fanatics Owner Michael Rubin Put His $18 Billion Empire aside to Focus on Families Affected by Unfair Justice System«. CNBC. 24. Dezember 2021. https://www.cnbc.com/2021/12/24/fanatics-owner-michael-rubin-reform-alliance-hosts-76ers-experience.html.

78 Young, 2021.

79 Parham, Robert. 2013. »Pope Francis Models Humility in World That Practices Humiliation«. Good Faith Media. April 2, 2013. https://goodfaithmedia.org/pope-francis-models-humility-in-world-that-practices-humiliation-cms-20624/.

STICHWORTVERZEICHNIS

H

I

J

K

L

M

N

O

P

R

S

T

U

V